施工现场业务管理细节大全丛书

测 量 员

第 3 版

王红英　主编

机械工业出版社

本书主要介绍施工测量组织管理、建筑施工测量的基本知识、水准测量、角度测量仪、距离丈量和直线定线、小地区控制测量、地形图测绘、建筑施工测量、现代的数字化技术、房地产开发与规划测量、总平面图的应用、建筑物的变形观测、竣工总平面图的测绘以及建筑工程测量常用数据及技术资料等多项工程测量员应掌握的最基本、最实用的专业知识和测量细则。

　　本书可供现场测量员阅读，现场施工技术及管理人员，以及相关专业大、中专院校师生参考。

图书在版编目（CIP）数据

测量员/王红英主编. —3 版. —北京：机械工业出版社，2015.6（2021.7 重印）
（施工现场业务管理细节大全丛书）
ISBN 978-7-111-51039-0

Ⅰ.①测…　Ⅱ.①王…　Ⅲ.①建筑测量　Ⅳ.①TU198-44

中国版本图书馆 CIP 数据核字（2015）第 176191 号

机械工业出版社（北京市百万庄大街 22 号　邮政编码 100037）
策划编辑：何文军　责任编辑：李宣敏
责任校对：丁丽丽　封面设计：马精明
责任印制：常天培
固安县铭成印刷有限公司印刷
2021 年 7 月第 3 版第 2 次印刷
184mm×260mm · 17.75 印张 · 437 千字
标准书号：ISBN 978-7-111-51039-0
定价：56.00 元

凡购本书，如有缺页、倒页、脱页，由本社发行部调换
电话服务　　　　　　　　网络服务
服务咨询热线：010-88361066　机 工 官 网：www.cmpbook.com
读者购书热线：010-68326294　机 工 官 博：weibo.com/cmp1952
　　　　　　　010-88379203　金 书 网：www.golden-book.com
封面无防伪标均为盗版　　　教育服务网：www.cmpedu.com

《施工现场业务管理细节大全丛书·测量员》（第3版）
编 写 人 员

主　编　王红英

参　编　（按姓氏笔画排序）

双　全	王洪德	王钦秋	王　静
王燕琦	白桂欣	白雅君	卢　玲
孙　元	石云峰	李方刚	刘香燕
刘家兴	刘　捷	刘　磊	陈煜淼
陈洪刚	谷文来	邱　东	宋砚秋
张　军	张吉文	张　彤	张建铎
张　慧	官国盛	胡　风	胡　君
胡　俊	姜　雷	姚　鹏	唐　颖
徐芳芳	徐旭伟	袁嘉仑	崔立坤
董文晖	韩实彬	解　华	

第 3 版前言

《测量员》自 2007 年出版以来，已经修订过一次，对第 1 版的修订使本书对提高测量员素质和工作水平起到了较好的作用，并深受广大读者欢迎。

本次修订是基于编者多年的施工经验，对建筑工程测量知识进行重新组织，参照各种相关新规范，对本书进行修订，供读者参阅。

由于编者的经验和学识有限，书中难免有疏漏或未尽之处，敬请有关专家和广大读者予以批评指正。

编　者
2015 年 8 月

第2版前言

  《测量员》自2007年出版以来深受广大读者欢迎,对提高测量员素质和工作水平起到了较好的作用。

  鉴于国家标准《工程测量规范》(GB 50026—2007)于2008年5月1日实施,原《工程测量规范》(GB 50026—1993)同时废止,还有一些相关测量的标准规范也已做了修订,这样本书第1版的相关章节已经不能适应发展的需要。编者以多年的一线施工经验,对建筑工程测量知识进行重新组织,参照各种相关新规范,对本书进行了修订,供读者参阅。

  由于编者的经验和学识有限,书中难免有疏漏或未尽之处,敬请有关专家和广大读者予以批评指正。

编 者

2010年4月

第1版前言

使人疲惫不堪的不是远方的高山，而是鞋里的一粒沙子。许多事情的失败，往往是由于在细节上没有尽心尽力而造成的。我们应该始终把握工作细节，而且在做事的细节中，认真求实、埋头苦干，从而使工作走上成功之路。

改革开放以来，我国建筑业发展很快，城镇建设规模日益扩大，建筑施工队伍不断增加，建筑工程基层施工组织中的测量员肩负着重要的职责。工程项目能否高质量、按期完成，施工现场的基层业务管理人员是最终决定因素，而测量员又是其中非常重要的角色，是工程项目能否有序、高效、高质量完成的关键。

为了进一步健全和完善施工现场全面质量管理工作，不断提高测量员素质和工作水平，以更多的建筑精品工程满足日益激烈的建筑市场竞争需求。根据国家现行的规范和标准的规定，编写了本书。

本书主要介绍施工现场测量技术管理的细节要求，以及高程测量、角度观测、距离丈量、小地区控制测量、建筑施工测量、市政工程施工测量、房地产开发与规划测量、园林工程施工测量和建筑物的变形观测等分项工程测量员应掌握的最基本、最实用的专业知识和测量细则。其主要内容都以细节中的要点详细阐述，表现形式新颖，易于理解，便于执行，方便读者抓住主要问题，及时查阅和学习。本书通俗易懂，操作性、实用性强，也可供施工技术人员、现场管理人员、相关专业大中专院校及职业学校的师生学习参考。

我们希望通过本书的介绍，对施工一线各岗位的人员及广大读者均有所帮助。由于编者的经验和学识有限，加之当今我国建筑业施工技术水平的迅速发展，尽管编者尽心尽力，但书中难免有疏漏或未尽之处，敬请有关专家和广大读者予以批评指正。

编　者

2007 年 4 月

目　　录

1 施工测量组织管理

细节：地球的形状与大小

测量工作的主要研究对象是地球的自然表面。众所周知，地球表面是极不规则的。研究表明，地球近似于一个椭球，其长、短半轴之差约为 21.3km。地球北极高出椭球面 19m 左右，地球南极凹下椭球面约 26m，如图 1-1 所示。

由于地球的自转运动，地球上每个点都有一个离心力，另一方面，地球本身具有巨大的质量，对地球上每一点又有一个吸引力，使地面上的物体不致自由离散。所以，地球上每一点都受着两个力的作用，即离心力与地球吸引力。这两个力的合力称为重力，重力的方向线称为铅垂线。在图 1-2 中，O 为地面上任意一点，地球对它的引力为 OF，这点受到的离心力为 OP。点上所受两种力的合力为 OG，称为重力，重力的作用线 OG 又称铅垂线。

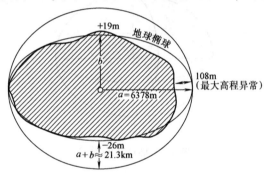

图 1-1 北凸南凹的地球

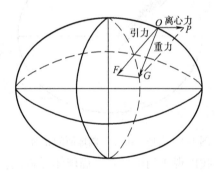

图 1-2 地球上单点的受力图

由于地球的自转，其表面的质点除受吸引力的作用外，还受到离心力的影响。该质点所受的吸引力与离心力的合力称为重力，重力的方向称为铅垂线方向。如图 1-3 所示。

当液体表面处于静止状态时，液面必与重力方向垂直，也就是液体表面与铅垂线相垂直，不然液体是会流动的。这种包围着地球静止的液体表面就是水准面，所以水准面具有处处与铅垂线相垂直的特性。

铅垂线与水准面是测量工作所依据的线和面。因为水准面很多，实际作为基准的面应该选用大地水准面。由于铅垂线的方向取决于地球的吸引力，吸引力的大小与地球内部的质量有关，而地球内部的质量分布又不均匀，引起地面上各点的铅垂线方向产生不规则的变化，因而大地水准面实际上是一个有微小起伏的不规则曲面。如果把地表面的形状投影到这个不规则的曲面上，将无法进行测量的计算工作，因为计算工作必须在一个能用数学表达式表示的规则曲面上进

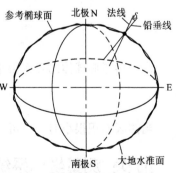

图 1-3 地球上各种面、线之间的关系

行。这个规则曲面的形状要很接近大地水准面，在测量工作中就是用这样一个规则的曲面代替大地水准面作为测量计算的基准面，并在这个曲面上建立大地坐标系。

经过几个世纪的实践，人们逐渐认识到地球的形状近似于一个两极略扁的椭球，即一个椭圆绕它的短轴旋转而成的形体。现在又进一步认识到，地球的南北两极是不对称的，其形状似梨形。椭球面可以用数学式表达，所以采用椭球面作为测量计算的基准面是合适的。

地球的形状确定后，还应进一步确定大地水准面与椭球面的相对关系，才能将观测成果换算到椭球面上。如图1-4所示，在适当地点，选择一点P，设想把椭球体和大地体相切，切点P′位于P点的铅垂线方向上，这时，椭球面上P的法线与该点对大地水准面的铅垂线相重合，这个椭球体的形状和大小与大地体很相近。在相应位置上与大地水准面的关系固定下来的这个椭球体就称为参考椭球体。

椭球体是绕椭圆的短轴NS旋转而成的（图1-5），也就是说包含旋转轴NS的平面与椭球面相截的线是一个椭圆，而垂直于旋转轴的平面与椭球面相截的线是一个圆。椭球体的基本元素是：长半轴 a、短半轴 b、扁率 $\alpha = \dfrac{a-b}{a}$。

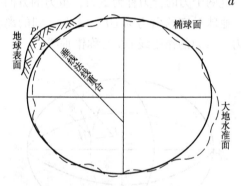

图1-4 大地水准面与椭球面的相对关系

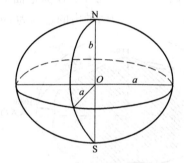

图1-5 椭球体的形成

我国现在利用的参考椭球体元素是：

1954 年北京坐标系

$$a = 6378245 \text{m}$$

$$\alpha = \frac{1}{298.3}$$

1980 年国家大地坐标系

$$a = 6378140 \text{m}$$

$$\alpha = \frac{1}{298.257}$$

由于参考椭球体的扁率很小，在普通测量中，可把地球当做圆球看待，其半径为

$$R = \frac{1}{3}(2a+b) = 6371(\text{km})$$

当测区面积很小时，也可以用水平面代替水准面，作为局部地区小面积测量的基准面。

细节：测量坐标系统和高程系统

测量工作的基本任务是确定地面上点的空间位置，确定地面上点的空间位置需要三个量，即确定地面点在球面上或平面上的投影位置（即地面点的坐标）和地面点到大地水准面的铅垂距离（即地面点的高程）。

1. 大地坐标系

在图1-6中，NS为椭球的旋转轴，N表示北极，S表示南极。通过椭球旋转轴的平面称为子午面，而其中通过原格林尼治天文台的子午面称为起始子午面。子午面与椭球面的交线称为子午圈，也称子午线。通过椭球中心且与椭球旋转轴正交的平面称为赤道面，它与椭球面相截所得的曲线称为赤道。其他平面与椭球旋转轴正交，但不通过球心，这些平面与椭球面相截所得的曲线称为平行圈或纬圈。起始子午面和赤道面，是在椭球面上确定某一点投影位置的两个基本平面。在测量工作中，点在椭球面上的位置用大地经度 L 和大地纬度 B 表示。

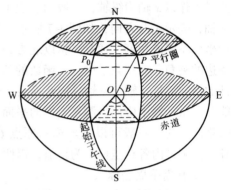

图1-6　大地坐标系在椭球体上的位置

所谓某点的大地经度，就是该点的子午面与起始子午面所夹的二面角；大地纬度就是通过该点的法线（与椭球面相垂直的线）与赤道面的交角。大地经度 L 和大地纬度 B 统称为大地坐标。大地经度与大地纬度是以法线为依据的，也就是说，大地坐标是以参考椭球面作为基准面。

由于 P 点的位置通常是在该点上安置仪器用天文测量的方法来测定的。这时，仪器的竖轴必然与铅垂线相重合，即仪器的竖轴与该处的大地水准面相垂直。因此，用天文观测所得的数据是以铅垂线为准，也就是说以大地水准面为依据。这种由天文测量求得的某点位置，可用天文经度 λ 和天文纬度 ϕ 表示。

不论大地经度 L 或是天文经度 λ，都要从起始子午面算起。在格林尼治以东的点从起始子午面向东计，由0°到180°称为东经；同样，在格林尼治以西的点则从起始子午面向西计，由0°到180°称为西经，实地上东经180°与西经180°是同一个子午面。我国各地的经度都是东经。不论大地纬度 B 或天文纬度 ϕ 都从赤道面起算，在赤道以北的点的纬度由赤道面向北计，由0°到90°，称为北纬，在赤道以南的点，其纬度由赤道面向南计，也是由0°到90°，称为南纬。我国疆域全部在赤道以北，各地的纬度都是北纬。

在测量工作中，某点的投影位置一般用大地坐标 L 及 B 来表示。但实际进行观测时，如量距或测角都是以铅垂线为准的，因而所测得的数据若要求精确地换算成大地坐标则必须经过改化。在普通测量工作中，由于要求的精确程度不是很高，所以可以不考虑这种改化。

大地经、纬度是根据大地原点（该点的大地经、纬度与天文经、纬度相等）的起算数据，再按大地测量得到的数据推算而得。我国曾采用"1954年北京坐标系"，并于1987年废止。现在采用陕西省泾阳县永乐镇某点为国家大地原点，由此建立新的统一坐标系，称为"1980年国家大地坐标系"。

2. 平面直角坐标系

在小区域内进行测量工作若采用大地坐标系表示地面点位置是不方便的，通常是采用平面直角坐标系。某点用大地坐标系表示的位置，是该点在球面上的投影位置。研究大范围地面形状和大小时必须把投影面作为球面，由于在球面上求解点与点间的相对位置关系是比较复杂的问题，测量上，计算和绘图最好是在平面上进行。所以在研究小范围地面形状和大小时常把球面的投影面当做平面看待。也就是说测量区域较小时，可以用水平面代替球面作为投影面。这样就可以采用平面直角坐标系来表示地面点在投影面上的位置。测量工作中所用的平面直角坐标系与数学中的直角坐标系基本相同，只是坐标轴互换，象限顺序相反。测量工作以 x 轴为纵轴，一般用它表示南北方向，以 y 轴为横轴，表示东西方向，如图 1-7 所示，这是由于在测量工作中坐标系中的角度，通常是指以北方为准按顺时针方向到某条边的夹角，而三角学中三角函数的角则是从横轴按逆时针计的缘故。把 x 轴与 y 轴纵横互换后，全部三角公式都同样能在测量计算中应用。测量上用的平面直角坐标系的原点有时是假设的。一般可以把坐标系原点 O 假设在测区西南以外，使测区内各点坐标均为正值，以便于计算应用。

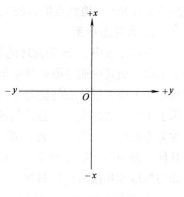

图 1-7 平面直角坐标系

3. 高斯平面坐标系

当测区范围较小，把地球表面的一部分当做平面看待，所测得地面上点的位置或一系列点所构成的图形，可直接用相似而缩小的方法描绘到平面上去。但如果测区范围较大，由于存在较大的差异，不能用水平面代替球面。而作为大地坐标投影面的旋转椭球面又是一个"不可展"的曲面，不能简单地展成平面。这样就不能把地球很大一块地表面当做平面看待，必须将旋转椭球面上的点位换算到平面上，测量上称为地图投影。投影方法有多种，投影中可能存在角度、距离、面积三种变形，必须采用适当的投影方法来解决这个问题。测量工作中通常采用的是保证角度不变形的高斯投影方法。

为简单起见，把地球作为一个圆球看待，设想把一个平面卷成一个横圆柱，把它套在圆球外面。使横圆柱的轴心通过圆球的中心，把圆球面上一根子午线与横圆柱相切，即这条子午线与横圆柱重合，通常称它为"中央子午线"或称"轴子午线"。因为这种投影方法把地球分成若干范围不大的带进行投影，带的宽度一般分为经差 6°、3° 和 1.5° 等几种，简称为 6°带、3°带和 1.5°带。6°带是从 0°子午线算起，以经度每差 6° 为一带，此带中间的一条子午线，就是此带的中央子午线或称轴子午线。以东半球来说，第一个 6°投影带的中央子午线是东经 3°，第二带的中央子午线是东经 9°依此类推。对于 3°投影带来说，它是从东经 1°30′开始每隔 3°为一个投影带，其第一带的中央子午线是东经 3°，而第二带的中央子午线是东经 6°，依此类推。图 1-8 表示两种投影的分带情况。中央子午线投影到横圆柱上是一条直线，把这条直线作为平面坐标系的纵坐标轴即 x 轴。所以中央子午线也称轴子午线。另外，扩大赤道面与横圆柱相交，这条交线必然与中央子午线相垂直。若将横圆柱沿母线切开并展平后，在圆柱面上（即投影面上）即形成两条互成正交的直线，如图 1-9 所示。这两条正交的直线相当于平面直角坐标系的纵横轴，故这种坐标系既是平面直角坐标系，又与大地坐标的经纬度发生联系，对大范围的测量工作也就适用了。这种方法是根据高斯创意并经克吕格改进的，因而通常称它为高斯-克吕格坐标系。

在高斯平面直角坐标系中，以每一带的中央子午线的投影为直角坐标系的纵轴 x，向北为正，向南为负；以赤道的投影为直角坐标系的横轴 y，向东为正，向西为负；两轴交点 O 为坐标原点。由于我国领土位于北半球，因此，x 坐标值均为正值，y 坐标可能有正有负，如图 1-10 所示，A、B 两点的横坐标值分别为

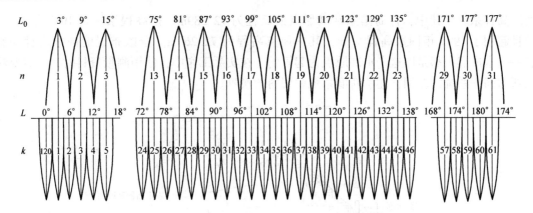

图 1-8　两种投影的分带情况图

$$y_A = +148680.54(\text{m}), \quad y_B = -134240.69(\text{m})$$

为了避免出现负值,将每一带的坐标原点向西平移400km,即将横坐标值加400km,如图1-10所示,则A、B两点的横坐标值为

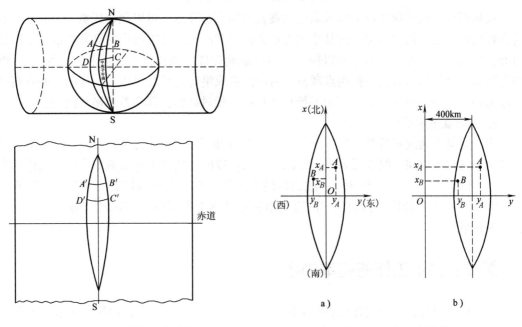

图 1-9　圆柱面切割线正交直线　　　　图 1-10　直角坐标系

$$y_A = 400000 + 148680.54 = 548680.54(\text{m})$$

$$y_B = 400000 - 134240.69 = 365759.31(\text{m})$$

为了根据横坐标值能确定某一点位于哪一个6°(或3°)投影带内,再在横坐标前加注带号,例如,如果A点位于第22°带,则其横坐标值为

$$y_A = 22548680.54(\text{m})$$

4. 地面点的高程

地面点到大地水准面的距离,称为绝对高程,又称海拔,简称高程。在图1-11中的A、B两点的绝对高程为 H_A、H_B。由于受海潮、风浪等的影响,海水面的高低时刻在变化着,我国在青岛设立验潮站,进行长期观测,取黄海平均海水面作为高程基准面,建立1956年

黄海高程系统。其中，青岛国家水准原点的高程为 72.289m。该高程系统自 1987 年废止，并且起用了 1985 年国家高程基准，其中原点高程为 72.260m。全国布置的国家高程控制点——水准点，都是以这个水准原点为起算的。在实际工作中，使用测量资料时，一定要注意新旧高程系统的差别，注意新旧系统中资料的换算。

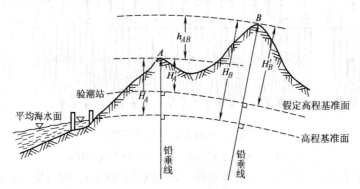

图 1-11 地面点的高程示意图

在局部地区或某项建设工程远离已知高程的国家水准点，可以假设任意一个高程基准面为高程的起算基准面：指定工地某个固定点并假设其高程，该工程中的高程均以这个固定点为准，即所测得的各点高程都是以同一任意水准面为准的假设高程（也称相对高程）。将来如有需要，只须与国家高程控制点联测，再经换算成绝对高程就可以了。地面上两点高程之差称为高差，一般用 h 表示，不论是绝对高程还是相对高程，其高差均是相同的。

5. 空间直角坐标系

由于卫星大地测量日益发展，空间直角坐标系也被广泛采用，特别是在 GPS 测量中必不可少。它是用空间三维坐标来表示空间一点的位置的，这种坐标系的原点设在椭球的中心 O，三维坐标用 x、y、z 三者表示，故也称地心坐标。它与大地坐标有一定的换算关系。随着 GPS 测量的普及使用，目前，空间直角坐标系已逐渐在军事及国民经济各部门用来作为实用坐标系。

细节：测量工作的基本内容

地面点的位置，是用它在投影面上的坐标（x、y）和高程（H）来表示的，如果一个点为已知点，则它的坐标和高程就是已知的。确定地面点的位置，就是用测量的方法来测定地面点的坐标和高程。但是，坐标和高程不是直接测定的，而是测量其他的值，用计算的方法求出来的。

如图 1-12 所示，在测量直角坐标系里，有 A、B、C、D 四点，如果 A 点的坐标和高程为已知，要确定 B、C、D 点的位置，就得测量 AB、BC、CD 的水平距离，测量相邻两个边之间的角度，

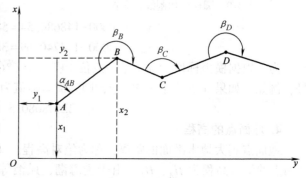

图 1-12 点位的确定

再用水准测量的方法测得相邻两点之间的高差。再如起始边 AB 的方位角 α_{AB} 也已知，就可以推算出 B、C、D 点坐标的高程了。

由此可知，测量工作的主要内容就是水准测量、角度观测和距离丈量，这三项工作也称为测量的三大要素。

测量工作是各类工程的先导工序，测量工作的质量直接关系到工程的质量与工期。从事测量工作，首先要遵守国家法律、法令和法规，如《中华人民共和国计量法》《中华人民共和国建设法》《中华人民共和国计量法实施细则》以及钢卷尺仪器的检验、检定规程。为了保证工程放线定位的准确，必须遵守有关的测量规程、规范和操作规程，防止误差的积累，在测量过程中必须遵守先整体后局部，高精度控制低精度的原则。

各级测量组织，必须建立各种健全的规章制度，如人员培训、仪器使用保管和维修、安全生产、全员责任制、技术资料的保管使用与交接等都要有严格的制度。为提高企业的整体素质，应将测量管理纳入企业的整体，按 ISO 9000 系列的要求统一进行管理。

各级测量放线人员应遵循以下的基本准则：

1）认真学习执行国家法令、政策与规范，明确为工程服务，对按图施工与工程进度负责的工作目的。

2）遵守先整体后局部的工作程序。即先测设精度较高的场地整体控制网，再以控制网为依据进行各局部建筑物的定位、放线。

3）必须严格审核测量起始依据（设计图纸、文件、测量起始点位数据等）的正确性，坚持测量作业与计算工作步步有校核的工作方法。

4）坚持测法要科学、简捷，精度要合理、相称的工作原则。仪器选择要适当，使用要精心。在满足工程需要的前提下力争做到省工、省时、省费用。

5）定位、放线工作必须执行经自检、互检合格后，由有关主管部门验线的工作制度。此外，还应执行安全、保密等有关规定，用好、管好设计图纸与有关资料，实测时要当场做好原始记录。测后要保护好桩位。

6）紧密配合施工，发扬团结协作、不畏艰难、实事求是、认真负责的工作作风。

7）虚心学习，及时总结经验，努力开创新局面，以适应建筑业不断发展的需要。

细节：测量仪器保养知识

1. 建立测量仪器档案及台账

通常，测量组建立本部门所属测量仪器的档案及台账，并且填写仪器使用动态。使用动态则由仪器责任人负责填写，使用动态每月填写一次，测量组负责人检查。

一般工程部通知项目经理部把所有属于固定资产的测量装置、台账及检定证书上报至工程部。所报资料如为传真件，则应在资料的每一页都标明项目经理部及工地名称，以防止混淆。台账中所有在用仪器都必须附有检定证书，停用的仪器必须附有停用报告。

项目部所属的全部或者部分测量仪器，由一个工地向另外一个工地转移后的十五天内，仪器的接收工地技术室将属于固定资产的监测装置及 2000 元以上主要监测装置的台账及检定证书报工程部一份。

项目经理部所有属于低值易耗品的测量设备台账和检定证书的建立及保存应由技术室负

责，工程部进行不定期检查。

2. 对测量仪器的检定和维修

仪器的定期检定根据《监视和测量装置的控制程序》有关规定执行。检定和正常维修费用均由仪器使用单位所承担。仪器检定后10月内，把属于固定资产仪器的检定证书报工程部一份备案。对于未能按照要求执行者，工程部可按照《管理体系运行奖罚规定》的有关规定予以处罚。

3. 测量仪器的停用要求

测量仪器检定有效期到期时，若没有该监测项目，可申请停用，由原使用单位填写监测装置停用申请报告，通过工程部审批后生效。停用的仪器由原使用单位保管，以备其他工地需要时调拨。停用的装置再次启用前必须经检定之后才能使用。

4. 完工后，测量仪器的处理

凡工程完工后，项目经理部的测量仪器经过工程部批准后首先在本项目经理部进行内部调拨。调拨后的剩余仪器，由项目经理部负责将其进行检修、保养以及包装后就地封存停用，并把封存停用的仪器，停用报告报工程部批准，当其他工地需要时再进行调拨。

仪器保存	仪器应存放在通风、干燥、温度稳定的房间里。各种仪器均不可受压、受冻、受潮或受高温。仪器柜不要靠近火炉或暖气管、片，不可靠近强磁场。存放仪器时，特别是在夏天和车内，应保证温度在一定的范围之内（-20~+50℃）。注意防止未经许可的人员接触仪器
仪器运输	仪器长途运输时，应切实做好防碰撞、防振及防潮工作。装车时务必使仪器箱正放，不可倒置。测量人员携带仪器乘坐汽车时，应将仪器放在腿上并抱持怀中，或背起来以防颠簸振动损坏仪器。如发生仪器损坏，按照相关规定对运输过程中的仪器责任人进行处理
操作保养规程	1）仪器负责人必须精通仪器使用知识，必须遵循仪器生产厂家列出的安全须知，能向其他使用者讲述仪器的操作和安全防护知识并进行有效的监督 2）不可自行拆卸、装配或改装仪器 3）操作前应先熟悉仪器。一切操作均应手轻、心细、动作柔稳 4）仪器开箱前，应将仪器箱平放在地上。严禁手提或怀抱着仪器箱子开箱，以免开箱时仪器落地摔坏。开箱后注意看清楚仪器在箱中安放的状态，以便在用完后按原样安放。熟悉怎样对测量仪器设备进行维护与管理 5）仪器自箱中取出前，应松开各制动螺栓。提取仪器时，用手托住仪器基座，另一手握持支架，将仪器轻轻取出，严禁用手提望远镜的横轴。仪器及所用附件取出后，及时合上箱盖，以免灰尘进入箱内。仪器箱放在测站附近，箱上严禁坐人 6）测站应尽量选在容易安牢脚架、行人车辆少的地方，保证仪器及人员安全。安置脚架时，以便于观测为原则，选好三条腿的力向，高度与观测者身高相适应 7）安置仪器时，应保附件（如脚架、基座、测距仪、连接电缆等）正确地连接，安全地固定并锁定在其正确位置上，避免设备引起机械振动。千万不要不拧仪器的连接螺栓就将仪器放在脚架、平面上，螺栓松了以后应立即将仪器从脚架上卸下来 8）仪器安置后，必须有人看护 9）转动仪器前，先松开相应制动螺栓，用手轻扶支架使仪器平稳旋转。当仪器失灵或有杂音等不正常的情况出现时，应首先查明原因，妥善处理。严禁因强力扳扭或拆卸、锤击而损坏仪器。仪器故障不能排除或查明时，要向有关人员声明，及时采取维护措施，不应继续勉强使用，以免使仪器损坏程度加重或产生错误的测量结果 10）制动螺栓应松紧适当，应尽量保持微动螺旋在微动行程的中间一段移动 11）在工作过程中，短距离迁站时先将仪器各制动螺栓旋紧，物镜朝下，检查连接栓是否牢固，然后将三脚架合拢，一手挟持脚架于肋下，另一手紧握仪器基座置仪器于胸前。严禁单手抓提仪器或将仪器扛在肩上。抱着仪器前进时，要稳步中速走。若需跨越沟谷、陡坡或距离较远时，应装箱背运

（续）

操作保养规程	12）观测结束后，先将脚螺旋和各制动、微动螺旋旋到正常位置并用镜头纸轻轻除去仪器上的灰尘、水滴等。然后按原样装箱，将各制动螺旋轻轻旋紧，检查附件齐全后轻合箱盖，箱口吻合后方可上锁，若箱口不吻合，应检查仪器各部位状态是否正确，切不可用力强压箱盖，以免损坏仪器
	13）仪器应尽量避免日晒、雨淋，烈日下或在雨中测量时，应给仪器打伞
	14）仪器尽量避免在雨中使用，如必须使用时，时间不要太长，使用后要及时擦干水，并放在阴凉处晾干后装箱，不可放在太阳光下曝晒
	15）仪器清洗前，应先吹掉光学部件上的灰尘。不可用手触摸物镜、目镜、棱镜等光学部件的表面。清洗镜头时，要用干净、柔软的布或镜头纸进行擦拭。如有必要，可稍微蘸点纯酒精（不要使用其他液体，否则会破坏仪器部件）
	16）不要用仪器去直接观测太阳，这样不仅有可能损坏测距仪或全站仪的内部部件，还有可能会造成眼睛受伤
	17）雷雨天进行测量时，可能会有受雷击的危险，因此，雷雨天不要进行野外测量
	18）电子仪器的充电器只能在干燥的房间里使用，不应该在潮湿和酷热的地方使用，如果这些装置受潮，使用时将可能会发生电击
	19）仪器如有激光发射，不可用眼睛直接观测激光束，也不要用激光束对准其他人
	20）使用金属水准尺、对中杆等装置，在电气设备如电缆或电气化铁路附近工作时，应与电气设备保持一定的距离，遵从有关电气安全方面的规定
	21）仪器从温度低的地方安置到温度较高的地方时，仪器表面及其光学部分将产生水汽，可能影响到观测，可用镜头纸将其轻轻擦去，也可以在使用前将仪器用衣服包住，使仪器温度尽快与环境温度相适应，这样，水汽会自动消除
	22）应保持电缆和插头的清洁、干燥，经常清理插头上的灰尘。仪器工作时，不要拔掉连接电缆

5. 测量用具的保养

钢尺	使用中不可抛掷、脚踏或车轧，以免折断或劈裂。在城市道路上量距时，应设专人护尺。钢尺由尺盘上放开后，应保证平直伸展，如有扭结或打环，应先解开而后拉紧，以防折断。为保护尺上刻划及注记不被磨损或锈蚀，携尺前进时应将尺提起，不要拖地而行。钢尺尽量避免接触泥、水，若接触泥、水后应尽早擦干净，使用完毕后尺面需涂凡士林油，再收入卷盘中
皮尺	量距时拉力要均匀适当，不要用力过大，以免拉断。使用中避免接触泥水、车轧或折叠成死扣，如受潮或浸水时应及时将尺面由尺盘中放出，晾干后再收拢
水准尺、花杆、脚架	尺面刻划应精心保护，以保持其鲜明、清晰。使用过程中不可将其自行靠放在电杆、树木或墙壁上撒手不管，以免倒下摔坏。塔尺使用完毕后，应将抽出的部分及时收回，使接头处保持衔接完好。扶尺时不得用塔尺底部敲击地面，以保持塔尺零点位置精确可靠。暂时不用时，应平放在地面上，不许靠在水准尺、花杆及脚架上。也不许用以上工具抬、挑物品。对于木质测量用具来说，使用及存放时还应注意防水、防潮，以免变形
垂球	不可用垂球尖在地面上刻划，也不可将垂球当作工具敲击其他物体

细节：施工测量

前面已经明确，测量学是研究运用专门的测绘工具对地面上点的位置进行量度的一门综合性科学。按其涉及的对象和方法手段的不同，分为大地测量、地形测量、摄影测量和工程测量等许多学科。

在科学技术日益发展的今天，尽管各学科间互相渗透、互相影响，但直接为各种工程建设服务的工程测量仍独树一帜，在城乡建设中有着举足轻重的作用。工程测量在工业与民用建筑、给水排水、地下建筑、建筑学及城市规划等专业的工作中有着广泛的应用，例如：在勘测设计阶段，要测绘多种比例尺的地形图，供选择厂址和管道线路之用，供总平面图设计和竖向设计之用。在施工阶段，要将设计的建筑物、构筑物的平面位置和高程测设于实地，以便进行施工。施工结束后，还要进行竣工测量，施测竣工图，供日后扩建和维修之用。即使竣工以后，对某些大型及重要的建筑物和构筑物还要进行变形观测，以保证建筑物的安全使用。

因此，工程测量包括工程勘察测量、施工测量、变形观测和竣工测量等。对一般的建筑施工企业来说，测量工作的重要方面乃是施工测量。

项　目	主　要　内　容
施工测量的基本任务	无论何种建筑物，在其规划设计阶段，设计部门都要根据建筑区的地理位置、地形条件和建筑物本身的结构要求来确定其位置，并标明在图纸上。这中间的测量工作就是勘察测量，其任务是：把图纸上已经设计好的建筑物的位置，按设计要求测设到地面上去，并用各种标志表示出来，为施工提供定位和放线依据 图纸上建筑物的位置通常是用角度、距离和高度来表示的。角度和距离反映建筑物的平面位置，高度反映建筑物的高程。因此，在施工测量的既定任务中，主要的工作内容就是测设建筑物的平面位置和高程
施工测量的重要意义	精心设计的建筑物，必须通过精心施工才能实现。而要做到精心施工，必须依靠施工测量提供的各种施工标志。施工测量作为一种控制手段，无论是在房屋建筑的场地平整，基槽开挖、基础和主体的砌筑，构件安装和屋面处理中，或者是在烟囱、水塔施工及管道敷设等工程的施工中，都有着十分重要的实际意义。施工测量贯穿于整个施工的全过程。可以这样说，不进行测量，施工就无从做起 施工单位在接到工程任务后，测量人员往往最先进场。为检测施工的质量，当工程竣工后，又常常是最后撤离施工现场。担负施工测量的广大测量人员，是工程建设的"开路先锋"，是确保工程质量的"千里眼"。为此，施工测量人员必须明确自己工作的重要意义，牢记自己的职业道德——实事求是，认真负责，为配合施工作出应有的贡献
施工测量的发展	当前，随着电子技术和计算机技术的不断发展，施工测量工作得到了很快的发展，达到了一个崭新的阶段。现在，很多工程在施工测量中使用了全站仪、电子经纬仪等光电测量仪器，但也还有部分施工单位的测量仪器仍比较陈旧，广大施工测量工作者仍采用常规测量仪器进行施工测量。但有理由相信随着社会经济的不断发展和测量仪器的价格不断降低，将会有更多的测量施工单位能够使用新型的电子测量仪器，广大测量工作人员的工作强度将会大大降低，工作效率将会不断提高
学习施工测量的途径	施工测量既然在施工中有着极为重要的作用，那么，作为一个现场测量员，应该掌握施工测量的基本知识和各种测量方法。首先，应从基本知识入手，弄清表示建筑物位置的基本概念，比如角度、高程、平距等。然后学习它们的测量方法 其次，在学习施工测量的各种具体方法时，把书本知识和生产实践结合起来。每当学习一种测量方法，就回顾(或走访)一下工作中曾遇到过的同类问题，看书上是怎么讲的，实际上又是怎样做的，并权衡一下优劣繁易。这样势必加深印象，从而指导工作 另外，在学习过程中，一定要多增加感性认识。特别是测量仪器，一定要动手去操作。亲手动一遍，胜过看十遍。又准又快地操作仪器，是搞测量工作的基本功

细节：施工测量基本工作

项　目	主　要　内　容
施工测量的目的	施工测量的目的是将图纸上设计的建筑物的平面位置、形状和高程标定在施工现场的地面上，并在施工过程中指导施工，使工程严格按照设计的要求进行建设

（续）

项　目	主　要　内　容
施工测量的内容	施工测量工作贯穿于整个施工过程中。其内容包括：施工前，施工控制网的建立；建筑物定位和基础放线；工程施工中各道工序的细部测设，如基础模板的测设、工程砌筑和设备安装的测设；工程竣工时，为了便于以后管理、维修和扩建，还必须编绘竣工图；有些高大或特殊的建筑物在施工期间和运营管理期间要进行沉降、水平位移、倾斜、裂缝等变形观测。总之，施工测量贯穿于施工的全过程
施工测量的特点	（1）施工测量的精度要求较测图高　测图的精度取决于测图比例尺大小，而施工测量的精度则与建筑物的大小、结构形式、建筑材料以及放样点的位置有关。例如，高层建筑测设的精度要求高于低层建筑；钢筋混凝土结构的工程测设精度高于砖混结构工程；钢架结构的测设精度要求更高。再如，建筑物本身的细部点测设精度比建筑物主轴线点的测设精度要求高。这是因为建筑物主轴线测设误差只影响到建筑物的微小偏移，而建筑物各部分之间的位置和尺寸，设计上有严格要求，破坏了相对位置和尺寸就会造成工程事故 　　（2）施工测量与施工密不可分　施工测量是设计与施工之间的桥梁，贯穿于整个施工过程中，是施工的重要组成部分。放样的结果是实地上的标桩，它们是施工的依据，标桩定在哪里，庞大的施工队伍就在哪里进行挖土、浇捣混凝土、吊装构件等一系列工作，如果放样出错并没有及时发现纠正，将会造成极大的损失。当工地上有好几个工作面同时开工时，正确的放样是保证它们衔接成整体的重要条件。施工测量的进度与精度直接影响着施工的进度和施工质量。这就要求施工测量人员在放样前应熟悉建筑物总体布置和各个建筑物的结构设计图，并要检查和校核设计图上轴线间的距离和各部位高程注记。在施工过程中对主要部位的测设一定要进行校核，检查无误后方可施工。多数工程建成后，为便于管理、维修以及扩建，还必须编绘竣工总平面图。有些高大和特殊建筑物，例如，高层楼房、水库大坝等，在施工期间和建成以后还要进行变形观测，以便控制施工进度，积累资料，掌握规律，为工程严格按设计要求施工、维护和使用提供保障
施工测量的原则	由于施工测量的要求精度较高，施工现场各种建筑物的分布面广，且往往同时开工兴建。所以，为了保证各建筑物测设的平面位置和高程都有相同的精度并且符合设计要求，施工测量和测绘地形图一样，也必须遵循"由整体到局部、先高级后低级、先控制后碎部"的原则组织实施。对于大中型工程的施工测量，要先在施工区域内布设施工控制网，而且要求布设成两级，即首级控制网和加密控制网。首级控制点相对固定，布设在施工场地周围不受施工干扰、地质条件良好的地方。加密控制点直接用于测设建筑物的轴线和细部点。不论是平面控制还是高程控制，在测设细部点时要求一站到位，减少误差的累计
施工测量的准备工作	在施工测量之前，应建立健全测量组织和检查制度，并核对设计图纸和数据，如有不符之处就要向监理或设计单位提出，进行修正。然后对施工现场进行实地踏勘，根据实际情况编制测设详图，计算测设数据并拟定施工测量方案。对施工测量所使用的仪器、工具应进行检验与校正，否则，不能使用。工作中必须注意人身和仪器的安全，特别是在高空和危险地区进行测量时，必须采取妥善的防护措施
施工测量的工作程序	施工测量的全过程大致可概括为： 　　1）准备工作。熟悉图纸，了解设计意图，踏勘现场，掌握测区概况，弄清建筑物定位、放线依据，根据设计意图和施工要求，并参照相应的规范，拟订测量方案 　　2）内业计算。把设计部门提交的有关数据，结合现场情况，换算为定位、放线的必须数据 　　3）外业实测。把拟订的测量方案付诸实现 　　4）连标做点。把实测成果在地场上标定下来，作为施工的相应标志 　　5）实地校核。按设计要求校核已作出的标志，以保证测量精度和施工质量

细节：测设的基本工作

1. 水平距离的测设

水平距离的测设是从地面上一个已知点出发，沿给定的方向，量出已知（设计）的水平距离，在地面上定出另一端点的位置。其测设方法如下。

方　法	主　要　内　容	图　　示
钢卷尺测设水平距离	如图1-13所示，A为地面上已知点，D为设计的水平距离，要在AB方向上测设出水平距离D，以定出B点。具体方法是将钢卷尺的零点对准A点，沿AB方向拉平钢卷尺，在尺长读数为D处插测钎或吊垂球，以定出一个点位。为了校核，降钢卷尺的零端移动10~20cm，同法再定一点，当两点相对误差在容许范围（1/3000~1/5000）内时，取其中点作为B点的位置	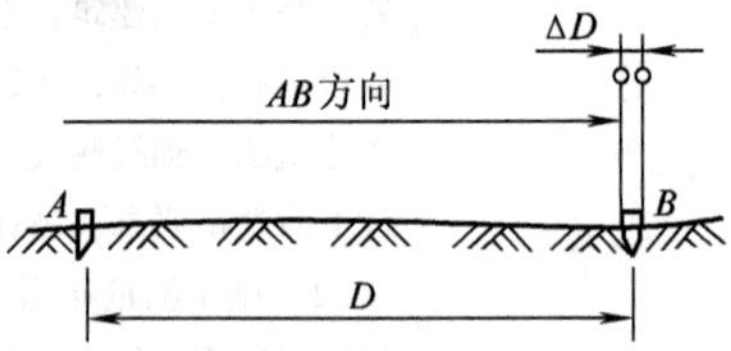 图1-13　钢卷尺测水平距离
全站仪（测距仪）测设水平距离	如图1-14所示，安置全站仪（测距仪）于A点，瞄准已知方向。沿此方向移动棱镜位置，使仪器显示值略大于测设的距离D，定出B'点。在B'点安置棱镜，测出至棱镜的竖直角α及斜距L。计算水平距离$D'=L\cos\alpha$（使用全站仪测设时可自动解算），求出D'与应测设的水平距离D之差$\Delta D=D-D'$。根据ΔD在实地用小钢卷尺沿已知方向改正B'至B点，并在木桩上标定其点位。为了检核，应将棱镜安置于B点，再实测AB的水平距离，与要测设的D比较，若不符合要求，就应再次进行改正，直到测设达到要求的精度为止	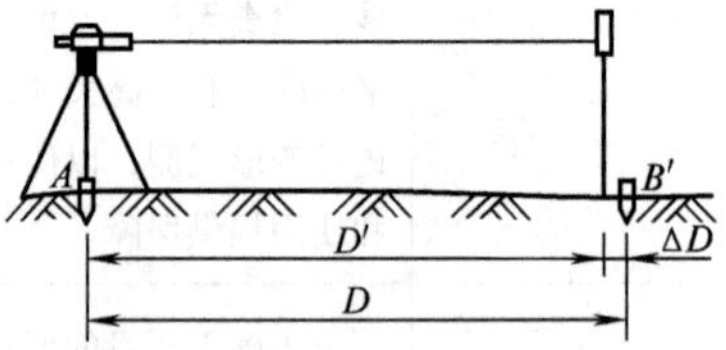 图1-14　测距仪测水平距离

2. 水平角的测设

水平角测设是根据已知（设计）水平角值和地面上已知方向，在地面上标定出另一方向。测设方法如下。

方　法	主　要　内　容	图　　示
一般方法	对于一般精度要求的水平角的测设，可以采用盘左、盘右分中法。如图1-15所示，设AB为已知起始方向，欲从AB向右测设一个已知角β，定出AC方向。具体方法是在A点安置经纬仪，盘左瞄准B点，把水平度角置为0°00′00″，转动照准部，当度盘读数为β时，在视线方向上定出C_1点；盘右，同样方法在地面上定出C_2点，如果两点不重合，取其中点为C，则$\angle BAC$即为测设的β角	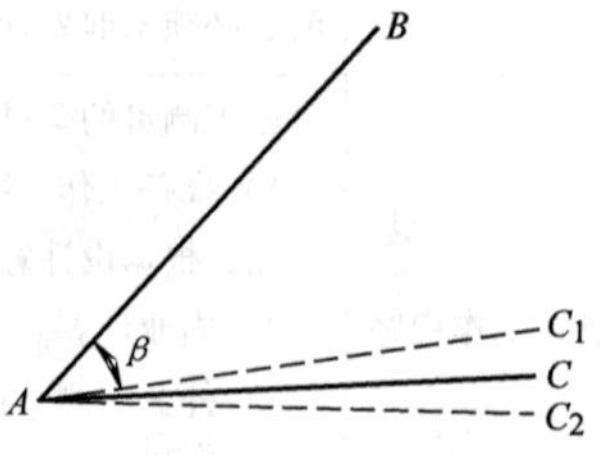 图1-15　盘左、盘右分中法

(续)

方 法	主 要 内 容	图 示
精密方法	当水平角测设的精度要求较高时，按上述方法难以满足要求，则可以采用下述的精密测设方法。如图 1-16 所示，安置经纬仪于 A 点，先用盘左测设 β 角，定出 C' 点，然后用测回法对 $\angle BAC'$ 观测 2～3 测回，求出其平均角值 β'，该值如果比 β 小 $\Delta\beta$，则根据 AC' 边长 L 用 $\Delta\beta$ 计算改正支距 δ $$\delta = L\tan\Delta\beta \approx \frac{L\Delta\beta}{\rho''} \qquad (1\text{-}1)$$ 式中 $\rho'' = 206265''$ 从 C' 点沿 AC' 的垂直方向向外量取 δ 以定出 C 点，则 $\angle BAC$ 即为要测设的 β 角。若 β' 比 β 大 $\Delta\beta$，则向内量 δ 定 C 点	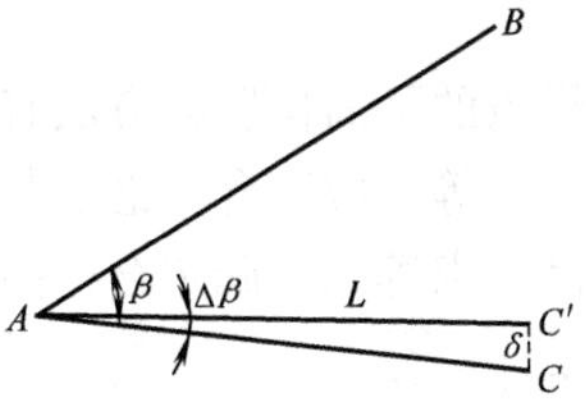 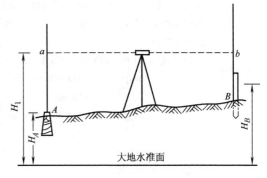 图 1-16 精密测设法

3. 高程的测设

高程的测设是根据已知水准点的高程，用水准测量的方法，将设计高程测设到地面上。测设时，先安置水准仪于水准点 A 与待测设点 B 之间，如图 1-17 所示。后视 A 点的已知高程为 H_A，水准尺的读数为 a，要在木桩上测设出 B 点的设计高程 H_B 的位置，则 B 点的前视读数 $b_{应}$ 就为视线高 H_{A+a} 减去设计高程 H_B。即

$$b_{应} = (H_{A+a}) - H_B \qquad (1\text{-}2)$$

测设时，上、下移动水准尺，直至前视读数为 $b_{应}$ 时再沿尺子底面画线，标定出设计高程的位置。

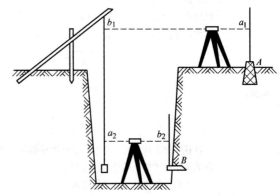
图 1-17 测设的高程点与水准点之间的高差不大时

若测设的高程点和水准点之间的高差很大，由于水准尺长度有限无法测设时，可以用悬挂钢卷尺代替水准尺来传递高程。这种情况在测设开挖较深的基坑和吊装起重机轨道时可以使用。

如图 1-18 所示，设已知水准点 A 的高程为 H_A，要在基坑内侧测设出高程为 H_B 的 B 点位置。现用悬挂一根带重锤的钢卷尺，零点在下端。先在地面上安置水准仪，后视 A 点读数 a_1，前视钢卷尺读数 b_1；再在坑内安置水准仪，后视钢卷尺读数 a_2，这时候前视尺读数 b_2 可以用式（1-3）计算出来，把前视尺子上面的读数读到 b_2 时，前视尺底面的标高即为要测设的标高，沿前视尺底面在基坑侧面钉设木桩，则木桩顶

图 1-18 测设的高程点与水准点之间的高差很大时

面即为 B 点设计高程为 H_B 的位置。

$$b_2 = H_A + a_1 - b_1 + a_2 - H_B \qquad (1\text{-}3)$$

细节：测设点位的基本方法

测设点的平面位置的方法有直角坐标法、极坐标法、角度交会法、距离交会法、角度与距离交会法等。应综合考虑控制网的形式、控制点的分布情况、地形情况、现场条件，以及测设精度要求等因素确定合适的测设方法。

方　法	主　要　内　容	图　　示
直角坐标法	直角坐标法是根据两个彼此垂直的水平距离测设点的平面位置的方法。如图 1-19 所示，P 为要测设的待定点，A、B 为已知点。为将 P 点测设在实地地面，首先求出 P 点在直线 AB 上的垂足点 N，再求出 AN 的距离（图中记为 y）和垂距 NP（图中记为 x） 如图 1-20 所示，A、B、C、D 为建筑方格网点（控制点），1、2、3、4 为需测设的某厂房四个角点，其中 1 点的设计坐标值为 $x_1 = 620.000\text{m}$，$y_1 = 530.000\text{m}$，其测设方法及步骤如下： 1) 根据 A、1 两点的坐标，计算纵、横坐标增量 $\Delta x_{A1} = x_1 - x_A = 620.000 - 600.000$ $= 20.000\text{m} \quad (1\text{-}4)$ $\Delta y_{A1} = y_1 - y_A = 530.000 - 500.000$ $= 30.000\text{m} \quad (1\text{-}5)$ 2) 安置经纬仪于 A 点，瞄准 B 点，沿视线方向测设 $\Delta y_{A1}(30.000\text{m})$，定出 1′点 3) 在 1′点安置经纬仪，瞄准 B 点，向左测设 90°角，得 1′1 方向线，沿此方向测设 $\Delta x_{A1}(20.000\text{m})$，即得 1 点在地面上的位置 同样也可以测设厂房其余各点位置	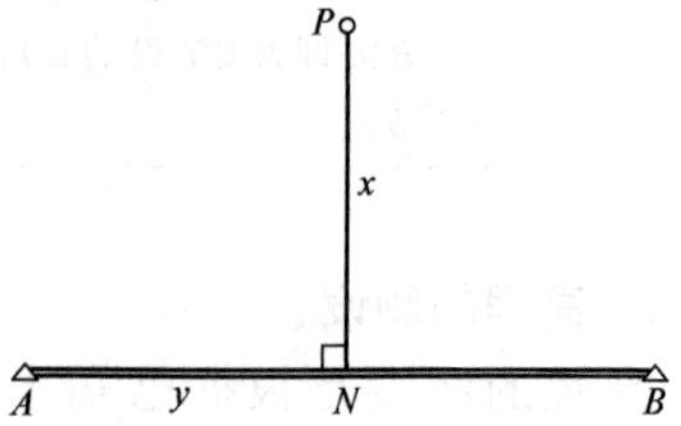 图 1-19　直角坐标法 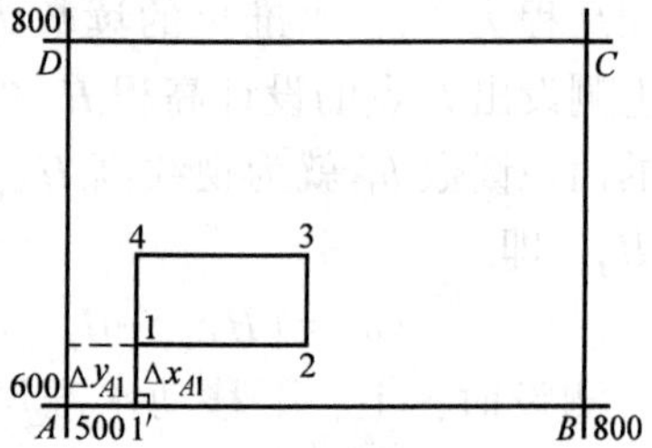 图 1-20　测设方法
极坐标法	极坐标法是根据水平角和水平距离测设地面点平面位置的方法。如图 1-21 所示，P 为欲测设的待定点，A、B 为已知点。为将 P 点测设于地面，首先按坐标反算公式计算测设用的水平距离 D_{AP} 和坐标方位角 a_{AB}、a_{AP} $D_{AP} = \sqrt{(x_P - x_A)^2 + (y_P - y_A)^2} \quad (1\text{-}6)$ $a_{AB} = \tan^{-1}\dfrac{y_B - y_A}{x_B - x_A} \quad (1\text{-}7)$ $a_{AP} = \tan^{-1}\dfrac{y_P - y_A}{x_P - x_A} \quad (1\text{-}8)$ 计算坐标方位角时，需根据坐标增量的符号判断直线方向的象限，才能正确地求出方位角 测设用的水平角可按下式求得 $\beta_1 = a_{AB} - a_{AP} \quad (1\text{-}9)$	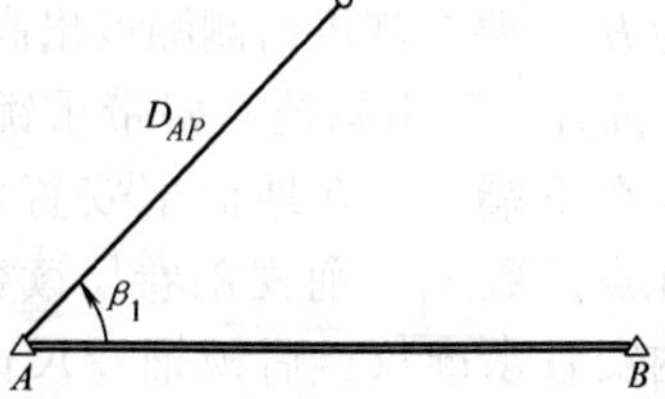 图 1-21　极坐标法

（续）

方 法	主要内容	图 示
极坐标法	测设时，在 A 点安置经纬仪，瞄准 B 点，测设 β_1 角（注意方向），定出 AP 方向，沿此方向测设距离 D_{AP}，即可定出 P 点在地面上的位置 现在随着全站仪的快速普及，用全站仪进行极坐标放线将更加方便快捷。各种型号的全站仪均设计了极坐标法测设点的平面位置的功能，可根据手工计算的 B、D 进行测设。如果将测站点、后视点、待定点的坐标输入全站仪，由全站仪内部程序自动解算测设数据并进行测设，则更为方便。各种全站仪的程序有所不同，可以参照仪器说明书使用放样程序	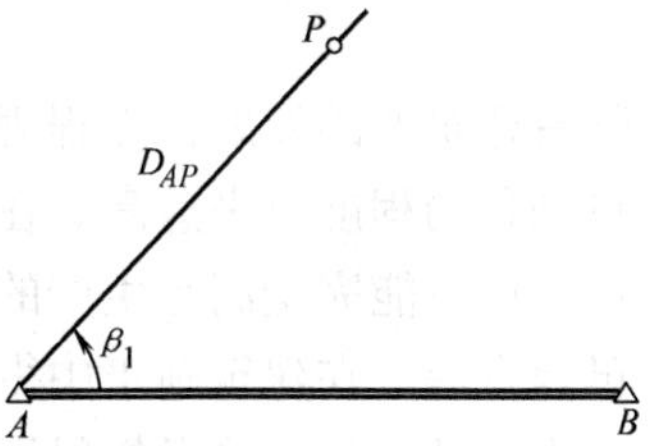 图 1-21　极坐标法（续）
角度交会法	角度交会法是根据测设两个水平角度定出的两直线方向，交会出点的平面位置的方法。如图 1-22 所示，A、B 为已知点，P 为待定点。测设前，根据坐标反算方位角，进而计算出测设数据 β_1、β_2。测设时，分别在两已知点 A、B 上安置经纬仪，测设水平角 β_1、β_2，定出两个方向，其交点就是 P 点的位置	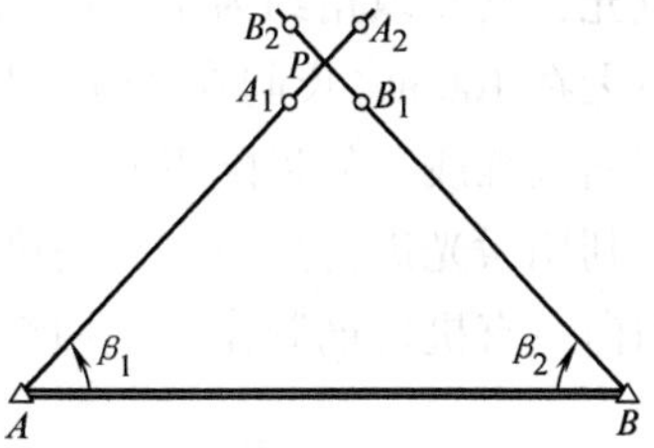 图 1-22　角度交会法
距离交会法	距离交会法是根据测设两个水平距离，交会出点的平面位置的方法。如图 1-23 所示，A、B 为已知点，P 为待定点。根据坐标反算计算测设距离 D_{AP}、D_{BP}。测设时，分别用两把钢卷尺将零点对准 A、B 点，同时拉紧并摆动钢卷尺，两尺读数分别为 D_{AP}、D_{BP} 时的交点即为 P 点	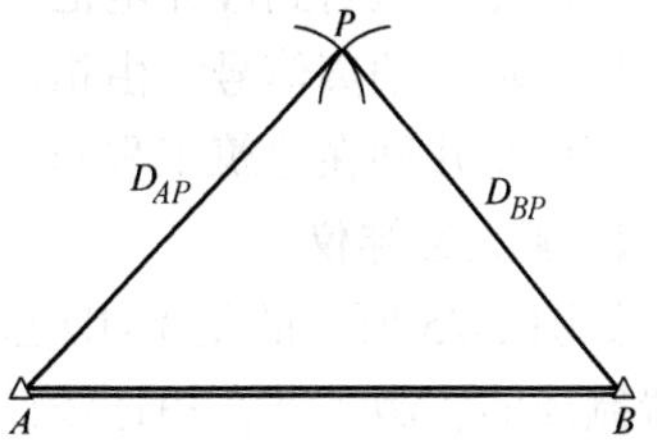 图 1-23　距离交会法
角度与距离交会法	角度与距离交会法是根据测设一个水平角度和一个水平距离，交会出点的平面位置的方法。如图 1-24 所示，A、B 为已知点，P 为待定点。根据坐标反算计算测设角度和距离 β_1、D。测设时，安置经纬仪于 A 点，测设水平角 β_1，在实地标出 AP 的方向线 A_1A_2；在 B 点以 B 为圆心，以 D_{BP} 为半径画弧线与 A_1A_2 相切出 P 点	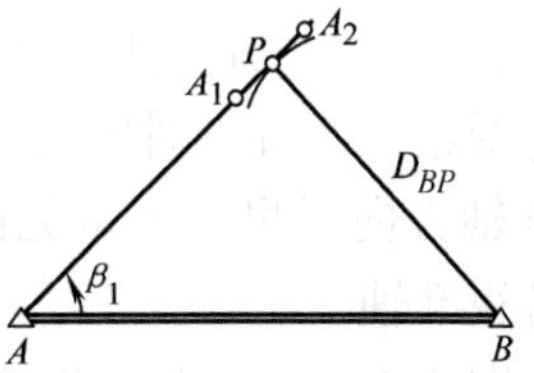 图 1-24　角度与距离交会法

在上述几种方法中，直角坐标法适用于施工控制网为建筑方格网或建筑基线的形式，且测设距离方便的场地，在建筑工地上被广泛采用；极坐标法传统上适用于测设距离方便，且待定点距已知点较近的施工场地，但由于光电测距仪乃至全站仪的普及，距离测设已非常方便，且该方法使用灵活，所以得到广泛应用；角度交会法由于不必测设水平距离，因而更多地适用于待定点距已知点较远或测设距离较困难的场地；距离交会法适用于待定点距两已知点较近（一般不超过一个整尺长），且地势平坦，便于量距的场地；角度与距离交会法综合

了角度交会法和距离交会法的优点，适用于待定点至一个已知点间便于量距的场地。

细节：激光定位仪器在施工测量中的应用

随着建筑业的发展，工程规模日益扩大，施工技术和工程精度要求日益提高，施工机械化和自动化的程度愈来愈高。在土建工程的施工测量中，采用原有的光学经纬仪和水准仪进行定位，已不能完全满足生产的需要。近年来，随着激光技术的应用，各种激光定位仪器得到了迅速发展，在建筑施工中得到越来越广泛的应用，并取得了良好的效果。

激光是基于物质受激辐射原理所产生的一种新型光源，由于它具有方向性强、亮度高、单色性好和相干性好等特殊性质的可见光线，已广泛应用于测量等许多领域。在施工测量中采用氦（He）氖（Ne）气体激光器作为发射激光的光源，它可发射波长为 $0.6328\mu m$ 的橙红色单色光，其发散角约为 $1\sim3mrad$（毫弧度），经望远镜发射后又可减少数 10 倍，从而形成一条白天在 100m、夜间在 350m 距离处，光斑清晰、连续可见的红色激光束，可用作高精度的定向基准线。如果配以光电接收靶装置，还可以大大提高定位精度。

利用激光进行定位，当精度要求不高时，一般采用简单的目估接收靶。目估接收靶一般采用白色有机玻璃制作，上面绘有坐标方格网或若干同心圆，可直接标出光斑中心偏离靶心位置。

为了提高定位精度，可采用光电接收靶。光电接收靶是用一块四象限的硅光电池制成的。当激光束照射到硅光电池上时，光电转换器件把接收到的激光信号转变为电信号，通过运算放大输出偏离信号，由指示电表显示光斑中心相对于靶心偏差的大小与方向。

下面是几种在建筑工程施工测量中常见的激光定位仪器。

1. 激光经纬仪

如图 1-25 所示的是 J_2-JD 型激光经纬仪。它是在 J_2 型光学经纬仪望远镜筒上安装激光装置制成的，激光器在望远镜筒上随望远镜一起转动。激光装置是由氦氖激光器与棱镜导光系统所组成。激光器的功率为 1.2mW，光束发散角 3mrad（毫弧度）（100m 处光斑 5mm），照准有效射程白天是 500m、夜间 2600m，激光照准中误差±0.3″。激光装置可以在望远镜上进行装卸，装好后二者连成一体，能同时绕水平轴旋转。在支架一侧备有正、负极插孔，用电缆与电源箱连通后，则将氦氖激光器发出的激光导入经纬仪的望远镜内并与视准轴重合，而沿视准轴方向射出一束可见的红色激光，以代替视准轴。

如图 1-26 所示是激光经纬仪的光路原理图，激光光束由激光器 8 发出，经反射棱镜 7 转向下方的聚光镜组 6，再通过针孔光栏 11，到达分光棱镜组 3，再由分光镜折向前方，通过与望远镜共同的调焦镜组 2，沿视准轴方向经物镜组 1 射向目标。物镜组 1、调焦镜组 2、十字丝分划板 4 和目镜组 5 都是望远镜的组成部分。为改善光束的质量，在物镜前方加装一块

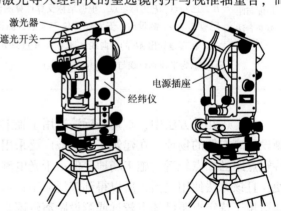

图 1-25　J_2-JD 型激光经纬仪

波带片 10，使之产生衍射干涉，以提高光束亮度和照准精度。如果用望远镜直接照准目标，应将波带片取下。转换开关 9 是控制光源的，打开开关让激光光束通过，进入望远镜的光路系统；关闭开关可遮住光束，使望远镜不能发射激光。

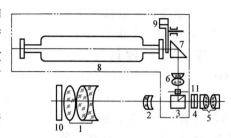

图 1-26　激光经纬仪光路原理图
1—物镜组　2—调焦镜组　3—分光棱镜组
4—十字丝分划板　5—目镜组　6—聚光
镜组　7—反射棱镜　8—氦氖气体激
光器　9—转换开关　10—波带片
11—针孔光栏

使用激光经纬仪时，首先按经纬仪基本操作安置、整平仪器，并照准目标。然后操作激光装置。接好电源(开启电源前，先接高压输出端。必须注意激光电源高压输出线与仪器部分连接处的极性，正负极不得接反，后接输入端)。顺时针方向转动电位器旋钮至最大位置，开启电源开关，待激光器正常起辉后，再逆时针方向转动电位器旋钮，将工作电流调到 5mA，稳定后即可正常使用。

激光经纬仪在施工测量、构件装配的划线放样和大型机械设备安装、船体放样等方面应用广泛。在施工测量中，借助仪器的水平度盘和竖直度盘可在测站上按设计方向和坡度进行定线、定位、已知角度和坡度的测设，由于仪器在目镜一端可绕水平轴向下翻转，因此在读数显微镜目镜一端装配直角棱镜后，按竖直度盘读数，可对天顶任意角度进行测量，如将望远镜视准轴调到铅垂方向，则可以代替激光铅垂仪进行烟囱、竖井和高层建筑施工中的竖向投点。

激光经纬仪向天顶方向作垂线的做法是：先将仪器精细对中、整平，然后将激光束射向天顶，如图 1-27 所示，调焦至目标处激光光斑最小；旋转照准部，利用望远镜微动螺旋，用渐近法使光斑在目标处晃动最小即可。

激光经纬仪配有专用激光电源，可接一般 220V 交流电源。如在野外测量无交流电源时，也可用配套的直流电源：银锌电池组，可供 15V 电压直流电源。

2. 激光水准仪

激光水准仪是将激光装置安装在水准仪的望远镜上方，将氦氖气体激光器发出的激光束导入望远镜筒内，使之能沿视准轴方向射出一条可见红光的特殊水准仪。如图 1-28 所示

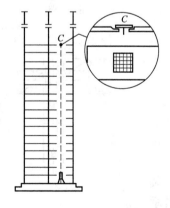

图 1-27　向天顶方向作垂线

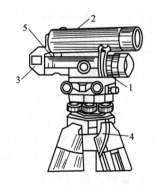

图 1-28　YJS3 型激光水准仪
1—S3 微倾式水准仪　2—激光器　3—棱镜座
4—激光电源线　5—压紧螺钉

为 YJS3 型激光水准仪。激光器的功率为 1.5~3mW，光束发散角小于 2mrad（毫弧度），有效射程白天为 150~500m，夜间为 2000~3000m，电源亦可用交、直流两种，故也附带有 12~30V 的蓄电池作为直流电源。激光光路如图 1-29 所示，从氦氖气体激光器 1 发射的激光束，经四只反射棱镜 2、3、4、5 转向目镜，经望远镜系统的目镜组 6、十字丝分划板 7、调焦镜组 8 和物镜 9 射出激光束。

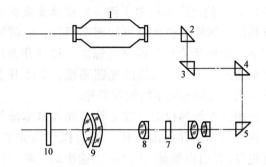

图 1-29 激光水准仪光路图

1—氦氖激光器 2、3、4、5—反射棱镜 6—目镜组
7—十字丝分划板 8—调焦镜组 9—物镜 10—波带片

激光水准仪的使用方法	使用激光水准仪时，首先按照水准仪的操作方法安置、整平仪器，并瞄准目标。然后接好激光电源，开启电源开关，待激光器正常起辉后，将工作电流调至 5mA 左右，这时将有最强的激光输出，目标上将得到明亮的红色光斑。当光斑不够清晰时，可调节镜管调焦螺旋，至清晰为止。如装上波带片，光斑即可变为十字形红线，故可提高读数精度。与一般水准仪测量不同，激光水准仪测量是由持尺人负责读尺并记录
激光水准仪的应用	激光水准仪适于施工测量、设备安装和机械化施工中的导向和定线，尤其适用于地下挖进、夜间施工、长视距测量和顶管施工工艺的准直和导向 激光水准仪整平后发射的激光束可在空间扫描出一个水平面，故可利用激光水准仪抄平，尤其在大面积的场地平整测量中，用它来检查场面的平整度及造船工业等大型构件装配中的水平面和水平线放样十分方便、精确 在自动化机械顶管施工中，可采用激光水准仪进行激光导向。作业时，将仪器安置在管道中线或平行中心的轴线上，使光轴平行管道中线。仪器置平后起动电源，即发射一束水平光束。在掘进机头上安装一有控制器的接收光靶，光斑偏移正确位置时可随时校正方向，从而提高工效

3. 激光铅垂仪

由于民用建筑层数的增加，尤其是工业设备发展的需要，建筑物的高度和对铅垂精度的要求都愈来愈高，用大垂球和经纬仪测定铅垂线的传统方法，已愈来愈不适应工程的需要，激光铅垂仪的应用，在这方面取得了良好效果。

激光铅垂仪是将激光束导至铅垂方向，用以进行竖向准直的一种仪器。如图 1-30 所示为一种国产激光铅垂仪的示意图。仪器的竖轴是一个空心筒轴，两端有螺纹连接望远镜和激光器的套筒，将激光器安在筒轴下端，望远镜安在上端，构成向上发射的激光铅垂仪。通常在仪器中装置高灵敏度水准管，借以将仪器发射的激光束导至铅垂方向。

将仪器对中、整平后，接通激光电源起辉激光器，便可铅直发射激光。

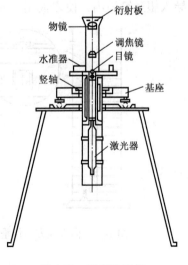

图 1-30 激光铅垂仪

在高层建筑、高烟囱和竖井施工中，以及电梯和高塔架的安装中，将铅垂仪安置在建筑物的角点或中心线上，进行严格对中、整平，接收靶装在楼板顶的预留孔工作平台上，如图1-27所示。接通激光电源，起辉激光器，当铅垂仪水平旋转光斑总是照准接收靶中心时，则激光束处于垂直位置。

4. 全站仪的基本构造和操作

（1）全站仪的发展简况与基本构造

1）全站仪的发展简况。1963年德国芬奈厂研制出世界上第一台编码电子经纬仪，加上1947年已经出现的光电测距技术，逐步形成了电子半站仪。1968年德国蔡司厂生产出世界上第一台全站仪——集电子测角、光电测距、电子记录计算于一体的全能仪器，从此测量工作的自动化、电子化、数字化和内业、外业一体化的作业方式由理想变成现实。自从全站仪问世以来，大体上走过了三代。大约前一半多的时间是第一代的逐步完善的阶段，主要表现为望远镜的同轴照准、测距与电子经纬仪测角的一体化，当时的测距精度在10mm左右；第二代全站仪主要表现为由于计算机软件的进入，全站仪和测距精度提高到5mm左右；第三代全站仪主要表现为自动化程度与测距测角精度的进一步提高。

2）国产全站仪的发展简况。自20世纪80年代以后，国内几大仪器厂家从引进技术开始，生产光电测距仪和电子经纬仪。90年代逐步走上自主开发全站仪的道路，现在已能生产第一代2″、5″全站仪。国产全站仪的测距精度已达到$\pm(5mm+3\times10^{-6}\times D)\sim\pm(3mm+2\times10^{-6}\times D)$，测角精度$\pm5″\sim\pm2″$。国产全站仪性能指标见表1-1。

表1-1 国产全站仪性能指标

生产厂家	仪器型号	望远镜			测角精度	测距精度（棱镜）	测程				内存
		孔径	倍数	成像			免镜	贴片	单镜	三镜	
北光厂	DZQ22-HC	45mm	30×	正像	2″	$\pm(3mm+2\times10^{-6}\times D)$			1.8km	2.6km	8000
苏一光厂	OTS232	45mm	30×	正像	2″	$\pm(3mm+3\times10^{-6}\times D)$	60m	700m	5.0km		8000
南方测绘	NTS-322	45mm	30×	正像	2″	$\pm(3mm+2\times10^{-6}\times D)$			1.8km	2.6km	3000

3）全站仪的基本构造。

① 主机。全站仪主机是一种光、机、电、算、储存一体化的高科技全能测量仪器。测距部分由发射、接收与照准成共轴系统的望远镜完成，测角部分由电子测角系统完成，机中微机编有各种应用程序，可完成各种计算和数据贮存功能。直接测出水平角、竖直角及斜距离是全站仪的基本功能。

② 反射棱镜。有基座上安置的棱镜与对中杆上安置的棱镜两种。分别用于精度要求较高的测点上或一般的测点上，反射镜均可水平转动与俯仰转动，以使镜面对准全站仪的视线方向。

近几年来，有的厂家生产出360°反射棱镜与反射贴片，分别用于不便于转动或某固定的目标上，但反射贴片的测距精度要略低一些。有的厂家已生产出不用反射棱镜的测距仪，但测程为100m左右，精度也略低，在目标处无法安置反射棱镜的情况下，使用效果很好。

③ 电源。分机载电池与外接电池两种。

（2）国产第二代全站仪的构造特点

1）同轴望远镜。全站仪的望远镜，瞄准目标的视准轴和光电测距的红外光发射接收光轴是同轴的，其光路如图1-31所示。在望远镜与调焦透镜中间设置分光棱镜系统，使它一方面可以接收目标发出的光线，在十字线分划板上成像，进行测角时的瞄准；又可使光电测距部分的发光二极管射出的调制红外光经物镜射向目标棱镜，并经同一路径反射回来，由光敏二极管接收（称为外光路），同时还接收在仪器内部通过光导纤维由发光二极管传来的调制红外光（称为内光路），由内、外光路调制光的相位差计算所测距离。

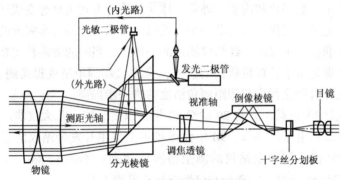

图 1-31　全站仪望远镜的光路

因为全站仪望远镜是测角瞄准与测距光路同轴的，因此，一次瞄准目标棱镜（反光棱镜置于觇牌中心），即能同时测定水平角、竖直角和斜距。望远镜也能作360°纵转，通过直角目镜，可以瞄准天顶目标（施工测量中常有此需要），并可测得其铅垂距离（高差）。

2）竖盘指标自动补偿。和电子经纬仪的竖盘指标自动补偿原理相同。

3）键盘。全站仪的键盘为测量时的操作指令和数据输入的部件，键盘上的键分为硬键和软件键（称为软键）两种。每个硬键有固定的功能，或兼有第二、第三功能；软键与屏幕最下一行显示的菜单相配合，使软键在不同的功能菜单下有多种功能。

4）存储器。把测量数据先在仪器内存储起来，然后传送到外围设备（电子记录手簿和计算机），全站仪的存储器有机内存储器和存储卡两种。

① 机内存储器。机内存储器相当于计算机中的内存（RAM），利用它来暂时存储或读出（存/取）测量数据，其容量的大小随仪器的类型而异，较大的内存可以存储3000个点的观测数据。现场测量所必需的已知数据也可以放入内存。经过接口线将内存数据传到计算机以后，可以将其消除。

② 存储卡。存储卡的作用相当于计算机的磁盘，用作全站仪的数据存储装置，卡内有集成电路，能进行大容量存储的元件和运算处理的微处理器。一台全站仪可以使用多张存储卡。通常，一张卡能存储数千个点的距离、角度和坐标数据。在与计算机进行数据传送时，通常使用称为卡片读出打印机（读卡器）的专用设备。

将测量数据存储在存储卡上后，把存储卡送往办公室处理测量数据。同样，在办公室将坐标数据等存储在存储卡上后，送到野外测量现场，就能使用存储卡中的数据。

5）具有程序功能。全站仪除了能测定地面点之间的水平角、竖直角、斜距、平距与高差等直接观测值以及进行有关这些观测值的改正(例如竖直角的指标差改正、距离测量的气象改正)外,一般还设置一些简单的计算程序(软件),能在测量现场实时计算出待定点的三维坐标(平面坐标 y_i、x_i 和高程 H_i)、点与点之间的平距、高差和方位角,或根据已知的设计坐标计算出放样数据。这些软件的内容有:

① 三维坐标测量。将全站仪安置在已知坐标点上,后视已知点方向并求出仪器的视线高,这样在未知点上立反射棱镜即可求出该测点的三维坐标(y_i、x_i、H_i)。

② 对边测量。将全站仪安置在能同时看到两欲测点测站上,测出两边长及夹角,通过软件即可算出两欲测点的间距及高差。

③ 后方交会。在一待定点上,通过观测两个已知点后,即可通过两边一夹角的软件算出待定点坐标,称为后方交会。若观测两个以上的已知点,则有了多余观测的校核,又可通过软件的平差而提高精度。

④ 悬高测量。观测某些不能安置反射棱镜的目标(如高空桁架、高压电线等)的高度时,可在目标下面或上面安置棱镜来测定称为悬高测量或遥测高程。

⑤ 偏心测量。如欲测出某烟囱的中心坐标,而在其中线两侧安置棱镜,观测后通过软件即可算出不可到达的中心坐标。

⑥ 放样测量。通过实测边长或点位与设计边长或设计点位的比较,对实测点进行改正,以达到放样的目的。

(3)全站仪的精度等级与检定项目

1)全站仪的精度等级。根据 2004 年 3 月 23 日实施的《全站型电子速测仪检定规程》(JJG 100—2003)规定,按 1km 的测距标准偏差 m_D 计算,精度分为四级,见表 1-2。

表 1-2 全站仪精度等级

精度等级	测角标准偏差	测距标准偏差	精度等级	测角标准偏差	测距标准偏差
I	$m_\beta \leq 1''$	$m_D \leq (1+1\times D)$ mm	III	$2'' < m_\beta \leq 6''$	$(3+2\times D)$ mm $< m_D \leq (5+5\times D)$ mm
II	$1'' < m_\beta \leq 2''$	$(1+1\times D)$ mm $< m_D \leq (3+2\times D)$ mm	IV	$6'' < m_\beta \leq 10''$	$m_D \leq (5+5\times D)$ mm

2)全站仪的检定。根据《全站型电子速测仪检定规程》(JJG 100—2003)规定,全站仪的检定周期为最长不超过 1 年,全站仪的检定项目分为三部分:光电测距系统的检定,按照《光电测距仪检定规程》(JJG 703—2003)执行;电子测角系统的检定项目,按表 1-3 执行;存储卡检定,按表 1-4 执行。

表 1-3 电子测角系统的检定项目

序号	检定项目	检定类别		
		首次检定	后续检定	使用中检定
1	外观及一般功能检查	+	+	+
2	基础性调整与校准	+	+	+
3	水准管轴与竖轴的垂直度	+	+	+
4	望远镜十字线竖线对横轴的垂直度	+	+	-

（续）

序　号	检定项目	检定类别		
		首次检定	后续检定	使用中检定
5	照准部旋转的正确性	+	±	－
6	望远镜视准轴对横轴的垂直度	+	+	－
7	照准误差 c、横轴误差 i、竖盘指标差 l	+	+	+
8	倾斜补偿器的零位误差、补偿范围	+	+	－
9	补偿准确度	+	+	+
10	光学对中器视准轴与竖轴重合度	+	+	+
11	望远镜调焦时视准轴的变动误差	+	±	－
12	一测回水平方向标准偏差	+	+	+
13	一测回竖直角测角标准偏差	+	±	－

注：检定类别中"+"号为应检项目；"－"号为不检项目；"±"号为可检可不检定项目，根据需要确定。

表1-4　存储卡检定项目

序　号	检定项目	检定类别	
		首次检定	使用中检定
1	存储卡的初始化	+	±
2	存储卡容量检查	+	+
3	文件创建和删除	+	+
4	测量与数据记录	+	+
5	数据查阅	+	+
6	数据传输	+	+
7	设置与保护	±	±
8	解除与保护	±	±

注：检定类别中，"+"号为应检项目；"±"号为按存储卡的产品类别性能及送检单位的需要，由检定单位确定是否检定的项目。

全站仪的数据采集有存储卡式记录器、电子记录手簿式记录器，以及便携式微机记录终端三种方式。后两种属于配套的外围设备，存储卡是许多全站仪的一个附件，对存储卡应检定的项目列于表1-4。

（4）全站仪的基本操作方法　全站仪是光、电、机、算、储等功能综合、构造精密的自动化仪器。仪器要专人使用，按期检定、定期检查主机与附件是否运转正常、齐全。在现场观测中，仪器与反射棱镜均必须有专人看守，以防摔、砸。在测站上的操作步骤如下：

1）安置仪器。对中、定平后，测出仪器的视线高 $H_{已}$。

2）开机自检。打开电源，仪器自动进入自检后，纵转望远镜进行初始化即显示水平度盘读数与竖直度盘读数（初始化这一操作，近几年来生产的仪器已经取消）。

3）输入参数。主要是棱镜常数，温度、气压及湿度等气象参数（后三项有的仪器已可自动完成）。

4）选定模式。主要是测距单位、小数位数及测距模式、角度单位及测角模式。

5）后视已知方位。输入测站已知坐标（$y_已$、$x_已$、$H_已$）及后视边已知方位（$\psi_已$）。

6）观测前视欲求点位。一般有四种模式：①测角度——同时显示水平角与竖直角；②测距——同时显示斜距离、水平距离与高差；③测点的极坐标——同时显示水平角与水平距离；④测点位——同时显示 y_i，x_i，H_i。

7）应用程序测量。近代的全站仪均可用内存的专用程序来进行多种测量，如：按已知数据进行点位测设；对边测量——观测两个目标点，即可测得其斜距离、水平距离、高差及方位角；面积测量——观测几点坐标后，即测算出各点连线所围起的面积；后方交会——在需要的地方安置仪器，观测 2~5 个已知点的距离与夹角，即可以后方交会的原理测定仪器所在的位置；其他特定的测量，如导线测量等。

（5）第三代全站仪的构造特点

1）光学对中改为激光对中。当打开激光对中器后，立即出现一条 1mm 的鲜红色的激光束，在地上形成一个小红点，用以对中，既方便又准确。

2）用相互垂直的电子水准器代替长水准管。只需定平水准盒，打开电子显示的电子水准器进行精密定平，精度比水准管高两倍。

3）打开开关后，直接显示水平盘与竖直盘的读数。取消了纵转远镜进行初始化的操作。

4）在不便人眼观测的情况下，打开望远镜激光束用以照准目标。鲜红色的激光视准轴可左右、上下进行照准、投测，甚至可铅垂地指向天顶方向，进行铅垂方向的竖向投测。

5）光电测距有三种方式：

① 视准轴可直接照准目标反射棱镜，进行测距。

② 视准轴可直接照准目标处的反射贴片，进行测距。

③ 视准轴可直接照准目标处的无反射目标，进行测距——一般视线长 60~100m，但测距精度略低一些。这对观测不可到达的目标是非常方便的。

6）仪器内部装有温度、气压、湿度测定设备。对测距进行自动改正。

7）仪器内部装有双轴倾斜传感器。当仪器竖轴（VV）未严格铅直时，会引起角度观测的误差，而且该误差不能从盘左、盘右观测中抵消。双轴倾斜传感器则可将竖轴倾斜造成的误差，通过微处理器在度盘读数中得到自动改正。

8）仪器内部的存储容量、程序软件更加丰富。有的仪器自编程序以适应不同的需要。

9）仪器精度进一步提高。一般测角精度为 $\pm 2''$，测距精度为 $\pm(2mm+2\times10^{-6}\times D)$。

10）有的仪器内部装有驱动电动机。可自动追踪目标，使观测自动化。

（6）全站仪的选购与选用　在硬件快速发展、软件不断改进，使全站仪的功能日新月异的当代，在工作中如何选购？如何选用全站仪呢？

1）选购、选用全站仪的基本原则。应以满足工程测量的需要为主，尽量节约投资。当前国产全站仪的精度、性能与稳定性等方面都达到设计要求，但比起从先进国家进口的全站仪在先进性与工艺水平上存在一定差距，但同等精度的仪器，国产仪器要便宜一半，而且在国内便于维修，因此，建议在选购中、低档仪器时应以国产仪器为好。

2）在精度方面。在一般工程中，使用 $\pm(5mm+3\times10^{-6}\times D)$ 或 $\pm(3mm+2\times10^{-6}\times D)$ 的仪器应当说是能够保证工程要求的。对于大型、重点工程可选用 $\pm(2mm+2\times10^{-6}\times D)$ 的全站仪，一般不轻易选购 $\pm(1mm+1\times10^{-6}\times D)$ 的高精度全站仪，因其价格是一般仪器的 2~3 倍，且多不

能用反射贴片。监理单位使用±(2mm+2×10⁻⁶×D)的仪器一般均能满足工作需要。

3）在测程方面。在一般建筑工程测量或施工测量中，使用1.4~2.0km测程的中、短程仪器即可。在市政工程中，使用2.0~3.5km测程的中、远程仪器即可。

4）三脚架棱镜与棱镜杆的选用。在控制测量中，一定要使用三脚架棱镜。在碎部测量中，可选用棱镜杆，但要经常校对圆水准盒气泡的正确性。

为保证观测精度，全站仪每年一定要送正规计量检定部门进行检定。使用中，一定进行温度和气压的改正。在阳光下，一定要打伞。使用棱镜杆时，一定保证圆水准盒的正确性。

在现场观测中，观测者绝不能离开仪器与棱镜架，以防摔损。收工后，一定将仪器存放在铁皮保险柜中，以防盗、防潮。

细节：全球卫星定位系统在工程测量中的应用

1. 全球卫星定位系统简况与功能

1）GPS：是英文 Navigation Satellite Timing and Ranging/Global Positioning System 的缩写词 NAVSTAR/GPS 的简称。其含义是利用卫星的测时和测距进行导航，以构成全球定位系统，国际上简称为 GPS。它可向全球用户提供连续、实时、全天候、高精度的三维位置、运动物体的三维速度和时间信息。GPS 技术除用于精密导航和军事目的外，还广泛应用于大地测量、工程测量、地球资源调查等广泛领域。在施工测量中近年来用于高层建（构）筑物的台风振荡变形观测取得良好的效果。

2）GPS 的基本组成：分三大部分，即空间部分、地面控制部分和用户部分，如图1-32所示。

① 空间部分。由 24 颗位于地球上空平均 20200km 轨道上的卫星网组成，如图1-33所示。卫星轨道呈近圆形，运动周期11h58min。卫星分布在 6 个不同的轨道面上，轨道面与赤道平面的倾角为 55°，轨道相互间隔120°，相邻轨道面邻星相位差为 40°，每条轨道上有 4 颗卫星。卫星网的这种布置格局，保证了地球上任何地点、任何时间能同时观测到 4 颗卫星，最多能观测到 11 颗，这对测量的精度有重要作用。卫星上发射三种信号——精密的 P 码、非精密的捕获码 C/A 和导航电文。

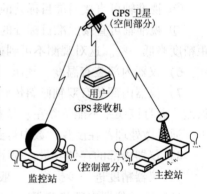

图1-32　GPS 的三部分组成

② 地面控制部分包括一个主控站，设在美国的科罗拉多，负责对地面监控站的全面监控。四个监控站分别设在夏威夷、大西洋的阿松森群岛、印度洋的迭哥伽西亚和南太平洋的卡瓦加兰，如图1-34所示。监控站内装有用户接收机、原子钟、气象传感器及数据处理计算机。主控站根据各监控站观测到的数据推算和编制卫星星历、钟差、导航电文和执行其他控制指令，通过监控站注入到相应卫星的存储系统。各站间用现代化的通信网络联系起来，各项工作实现了高度的自动化和标准化。

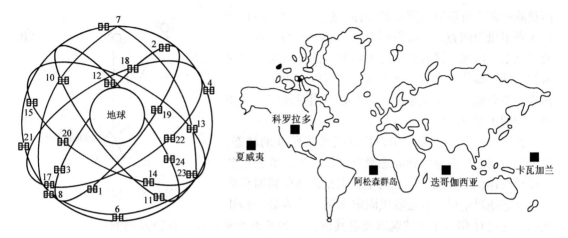

图 1-33　GPS 卫星网　　　　　　　图 1-34　GPS 地面控制站的分布

③ 用户部分是各种型号的接收机，一般由六部分组成：即天线、信号识别与处理装置、微机、操作指示器与数据存储、精密振荡器以及电源。接收机的主要功能是接收卫星播发的信号并利用本身的伪随机噪声码取得观测量以及内含卫星位置和钟差改正信息的导航电文，然后计算出接收机所在的位置。

3）GPS 定位系统的功能特点：

① 各测站间不要求通视，但测站点的上空要开阔，保证能收到卫星信号。

② 定位精度高，在小于 50km 的基线上，其相对精度可达 $1 \times 10^{-6} \sim 2 \times 10^{-6}$。

③ 观测时间短，一条基线精密相对定位要 1~3h，短基线的快速定位只需几分钟。

4）提供三维坐标。

5）操作简捷。

6）可全天候自动化作业。

2. 全球卫星定位系统的定位原理

由于电磁波在空间的传播速度已被精确地测定了，所以可以利用测定电磁波传播时间的方法，间接求得两点之间的距离，光电测距仪正是利用这一原理来测量距离的。但用光电测距仪是测定由安置在测线一端的仪器所发射的光，经安置在另一端的反光棱镜反射回来所经历的时间来求算距离的。而 GPS 接收机则是测量电磁波从卫星上传播到地面的单程时间来计算距离，即前者是往返测，后者是单程测。由于卫星钟和接收机钟不可能精确同步，所以用 GPS 测出的传播时间中含有同步误差，由此算出的距离并不是真实的距离，观测中把含有时间同步误差所计算的距离称为"伪距"。

为了提高 GPS 的定位精度，有绝对定位和相对定位两种，现分述如下。

（1）绝对定位原理　是用一台接收机，将捕获到的卫星信号和导航电文加以解算，求得接收机天线相对于 WGS-84 坐标系原点（地球质心）绝对坐标的一种定位方法。广泛用于导航和大地测量中的单点定位。

由于单程测定时间只能测量到伪距，所以必须加以改正。对于卫星的钟差，可以利用导航电文中所给出的有关钟差参数加以修正，而接收机中的钟差一般很难预先确定，所以通常把它作为一个未知参数，与观测站的坐标在数据处理中一并求解。

求算测站点坐标实质上是空间距离的后方交会。在一个观测站上，原则上须有三个独立

的观测距离才可以算出测站的坐标，这时观测站应位于
以 3 颗卫星为球心，相应距离为半径的球面与地面交线
的交点上。因此，接收机对这 3 颗卫星的点位坐标分量
再加上钟差参数，共有 4 个未知数，所以至少需要 4 个
同步伪距观测值。也就是说，至少必须同时观测 4 颗卫
星，如图 1-35 所示。

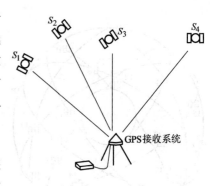

图 1-35　绝对定位原理

在绝对定位中，根据用户接收机天线所处的状态，
又可分为动态绝对定位和静态绝对定位。当接收机安装
在运动载体(如车、船、飞机等)上，求出载体的瞬时位置
称为动态绝对定位。若接收机固定在某一地点处于静止
状态，通过对 GPS 卫星的观测确定其位置称为静态绝对定位。在公路勘测中，主要是使用
静态定位方法。

关于用伪距法定位观测方程的解算均已包含在 GPS 接收设备的软件中，这里不再论述。

（2）相对定位原理　由于受到各种因素的影响，使用一台 GPS 接收机进行绝对定位其
定位精度很低，一般静态绝对定位只能精确到米，动态绝对定位只能精确到 $10 \sim 30m$。这一
精度是远远达不到工程测量要求的。所以工程中广泛使用的是相对定位。

相对定位的基本情况是两台 GPS 接收机分别安置在基线的两端同步观测相同的卫星，
以确定基线端点在坐标系的相对位置或基线向量，如图 1-36 所示。当然，也可以使用多台
接收机分别安置在若干条基线的端点，通过同步观测以确定各条基线的向量数据。相对定位
对于中等长度的基线，其精度可达 $10^{-7} \sim 10^{-6}$。相对定位也可按用户接收机在测量过程中所
处的状态分为静态定位和动态定位两种。

1）静态相对定位。由于接收机固定不动，可以有充分的时间通过重复观测取得多余观
测数据，加之多台仪器同时观测，很多具有相关性的误差，利用差分技术都能消去或削弱这
些系统误差对观测结果的影响，所以，静态相对定位的精度是很高的，在公路、桥隧控制测
量工作中均用此法。在实施过程中，为缩短观测时间，采用一种快速相对定位模式，即用一
台接收机固定在参考站上，以确定载波的初始整周待定值，而另一初始接收机在其周围的观
测站流动，并在每一流动站上静止地与参考站上的接收机进行同步观测，以测量流动站与固
定站之间的相对位置。这种观测方式可以将每一站上的观测时间由数小时缩短为几分钟，而
精度并不降低。

2）动态相对定位。是将一台接收机设在参考点上不动，另一台接收机安置在运动的载体上，
两台接收机同步观测 GPS 卫星，从而确定流动点与参考点之间的相对位置，如图 1-37 所示。

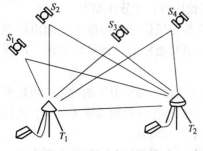

图 1-36　静态相对定位

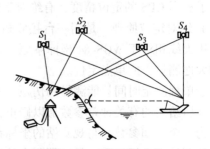

图 1-37　动态相对定位

动态相对定位的数据处理有两种方式，一种是实时处理，一种是测后处理。前者的观测数据无需存储，但难以发现，精度较低；后者的精度，在基线长度为数公里的情况下，精度约为1~2cm，较为常用。

3. GPS全球定位系统的精度等级与GPS接收机的检定项目

（1）GPS精度划分　根据《全球定位系统（GPS）测量规范》（GB/T 18314—2009）GPS精度划分为：A、B、C、D、E五级。A级GPS网由卫星定位连续运行基准站构成，其精度应不低于表1-5的要求。B、C、D和E级的精度应不低于表1-6的要求。用于建立国家二等大地控制网和三、四等大地控制网的GPS测量，在满足有关规定的B、C和D级精度要求的基础上，其相对精度应分别不低于1×10^{-7}、1×10^{-6}、1×10^{-5}。各级GPS网点相邻点的GPS测量大地高差的精度，应不低于表1-6规定的各级相邻点基线垂直分量的要求。

表1-5　A级GPS网精度

级别	坐标年变化率中误差		相对精度	地心坐标各分量年平均误差/mm
	水平分量/(mm/a)	垂直分量/(mm/a)		
A	2	3	1×10^{-8}	0.5

表1-6　B、C、D和E级GPS网的精度

级　别	相邻点基线分量中误差		相邻点间平均距离/km
	水平分量/mm	垂直分量/mm	
B	5	10	50
C	10	20	20
D	20	40	5
E	20	40	3

（2）GPS接收机的检定　根据《全球定位系统（GPS）测量型接收机检定规程》（CH 8016—1995）分两类，共检定10项，见表1-7，检定周期为一年。

1）检定分类：

① 新购置的和修理后的GPS接收机的检定。

② 使用中的GPS接收机的定期检定。

2）对于不同的类别，检定的项目有所不同，见表1-7。

对于①类接收机，应检定表1-7中的所有项目。

3）表1-7中②类各项目的检定周期一般不超过一年。

表1-7　GPS接收机的检定项目

序　号	检 定 项 目	检 定 类 别	
		①	②
1	接收机系统检视	+	+
2	接收机通电检验	+	+
3	内部噪声水平测试	+	+
4	接收机天线相位中心稳定性测试	+	－

（续）

序 号	检 定 项 目	检 定 类 别 ①	检 定 类 别 ②
5	接收机野外作业性能及不同测程精度指标的测试	+	-
6	接收机频标稳定性检验和数据质量的评价	+	+
7	接收机高低温性能测试	+	+
8	GPS接收机附件检验	+	+
9	数据后处理软件验收和测试	+	-
10	接收机综合性能的评价	+	-

注：检定类别中"+"代表必检项目；"-"代表可检可不检项目。

4. 我国国家高精度GPS网（NGPSN）的建立

我国从1991年开始对NGPSN项目进行生产性试验研究，根据试验结果制定了建网的观测方案、技术规程与仪器检定规程。NGPSN分三个层次：GPS连续运行站网、NGPSN A级网与NGPSN B级网。

（1）GPS连续运行站网的建设 1992～1996年期间，通过国际合作我国建立了武汉、拉萨、上海、乌鲁木齐、北京等GPS连续运行站。这些站加了IGS（国际GPS地球动力学服务）的连续运行网运行，通过不断更新的大地坐标框架等参数，实现了和全球三维地心动态大地坐标框架的联系，构成了我国的三维地心大地坐标框架，成为NGPSN A级网的坐标网架基准。

（2）NGPSN A级网的建设 1992年国家测绘局组织对A级网28个点进行观测，1996年又进行了复测，解出了相应于：ITRF（国际地球参考框架）1993的A级网点的坐标及其相应的运动速率。为B级网的数据处理提供了高精度三维地心坐标框架。

（3）NGPSN B级网的建设 从1991～1996年，共完成了818个B级网的观测、平差、数据处理与分析，建立了我国与国际地球参考框架ITRF相一致的高精度地心坐标基准框架，这项成果达到了国际先进水平，见表1-8，实现了我国大地坐标框架的精度从10^{-6}到10^{-7}量级的飞跃。

表1-8 我国NGPSN网的施测与精度情况

技术等级与测站数	A级网、28点	B级网、818点
GPS施测时间	1992年施测、1996年复测	1992～1996年
观测措施	连续GPS观测10d	昼夜对称观测4个小时段，每次8h
与水准网的联测	以二等以上水准联测	以四等以上水准联测
平均边长	700km	50～200km
ITRF框架下地心坐标绝对精度	水平分量<±0.1m 高程分量<±0.2m	水平分量<±0.2m 高程分量<±0.3m
边长相对精度	$<2\times10^{-8}$	$<3\times10^{-7}$

5. 全球卫星定位系统在工程测量中的应用

项　目	应　用
在控制测量中	由于 GPS 测量能精密确定 WGS-84 三维坐标，所以能用来建立平面和高程控制网，在基本控制测量中主要作用是：建立新的地面控制网(点)；检核和改善已有地面网；对已有的地面网进行加密等。在大型工程中建立独立控制网，如在大型公用建筑工程、铁路、公路、地铁、隧道、水利枢纽、精密安装等工程中起着重要的作用。在图根控制方面，若把 GPS 测量与全站仪相结合，则地形碎部测量、地籍测量等将是省力、经济和有效的
在工程变形监测中	工程变形包括建筑物的位移和由于气象等外界因素而造成的建筑物变形或地壳的变形。由于 GPS 具有三维定位能力，可以成为工程变形监测的重要手段，它可以监测大型建筑物变形、大坝变形、城市地面及资源开发区地面的沉降、滑坡、山崩，还能监测地壳变形，为地震预报提供具体数据
在海洋测绘中	这种应用包括岛屿间的联测、大陆架控制测量、浅滩测量、浮标测量、港口测量、码头测量、海洋石油钻井平台定位以及海底电缆测量
在交通运输中	GPS 测量应用于空中交通运输中既可保证安全飞行，又可提高效益。在机动指挥塔上设立 GPS 接收机，并在各飞机上装有 GPS 接收机，采用 GPS 动态相对定位技术，则可为领航员提供飞机的三维坐标，以便安全飞行和着陆。对于飞机造林、森林火灾、空投救援、人工降雨等，GPS 能很容易满足导航精度，提高了导航的效益。在地面交通运输中，如车辆中设有 GPS 接收机，则能监测车辆的位置和运动。由 GPS 接收机和处理机测得的坐标，传输到中心站，显示车辆位置，这对于指挥交通、调度铁路车辆及出租汽车等都是很方便的
在建筑施工中	在上海新建的八万人体育场的定位中、在北京国家大剧院定位检测中均使用了 GPS 定位

① 图根控制测量是在手级控制下用小三角测量、交会定点方法等加密满足测图需要的控制点。图根控制点的高程通常用三角高程测量或水准测量方法测定。

细节：施工测量班组管理

1. 施工测量中的两种管理体制

目前国内建筑工程公司与市政工程公司多为公司——项目部(工程处)两级管理。由于各工程公司规模与管理体制的不同，对施工测量的管理体系也不一样。一般规模较大的工程公司对施工测量尚较重视，多在公司技术质量部门设置专业测量队，由工程测量专业工程师与测量技师组成，配备全站仪与精密水准仪等成套仪器，负责各项目部(工程处)工程的场地控制网的建立、工程定位及对各项目部(工程处)放线班组所放主要线位进行复测验线，此外还可担任变形与沉降等观测任务。项目部(工程处)设置施工放线班组，由高级或中级放线工负责，配备一般经纬仪与水准仪，其任务是根据公司测量队所定的线位与标高，进行工程细部放线与抄平，直接为施工作业服务。另一种施工测量体制是工程公司的规模也不小，但对施工测量工作的重要性与技术难度认识不足，以精简上层为名仅在项目部(工程处)设施工测量班组，由放线工组成，受项目工程师或土建技术员领导。测量班组的任务是从工程场地控制网的测设、工程定位到细部放线抄平全面负责，而验线工作多由质量部门负责，由于一般质检人员的测量专业水平有限，故验线工作一般效果多不理想。

实践证明，上述两种施工测量管理体制，以前者效果为好，具体反映在以下 3 个方面：

1）测量专业人才与高新设备可以充分发挥作用，不同水平的放线工也能因材适用。

2）测量场地控制网与工程定位的质量有保证，并能承接大型、复杂工程测量任务。

3）有专业技术带头人，有利于实践经验的交流总结和人员的系统培训，这是不断提高测量工作质量的根本。

2. 施工测量班组管理的基本内容

施工测量工作是工程施工总体的全局性、控制性工序。是工程施工各环节之初的先导性工序，也是该环节终了时的验收性工序。根据施工进度的需要，及时准确地进行测量放线、抄平，为施工挖槽、支模提供依据是保证施工进度和工程质量的基本环节，这一点在正常作业情况中，往往被人们认为测量工是不创造产值的辅助工种。可一旦测量出了问题，如：定位错了，将造成整个建筑物位移；标高引错了，将造成整个建筑抬高或降低；竖向失控，将造成建筑整体倾斜；护坡桩监测不到位，将造成基坑倒塌。总之，由于测量工作的失误，造成的损失有时是严重的、全局性的。故有经验的施工负责人对施工测量工作都较为重视，他们明白"测量出错，全局乱"的教训，因而选派业务精良、工作认真负责的测量专业人员负责组建施工测量班组。其管理工作的基本内容有以下 6 项：

（1）认真贯彻全面质量管理方针，确保测量工作质量

1）进行全员质量教育，强化质量意识。主要是根据国家法令、规范、规程要求与《质量管理体系 基础和术语》(GB/T 19000—2008) 规定，把好质量关，做到测量班组所交出的测量成果正确、精度合格，这是测量班组管理工作的核心。要做到人人从内心理解：观测中产生误差是不可避免的，工作中出现错误也是难于杜绝的客观现实。因此能自觉地做到：作业前，要严格审核起始依据的正确性，在作业中坚持测量、计算工作步步有校核的工作方法。以真正达到：错误在我手中发现并剔除，精度合格的成果由我手中交出，测量工作的质量由我保证。

2）充分做好准备工作，进行技术交底与学习有关规范。校核设计图纸、校核测量依据点位与数据、检定与检校仪器与钢卷尺，以取得正确的测量起始依据，这是准备工作的核心。要针对工程特点进行技术交底与学习有关规范、规章，以适应工程的需要。

3）制定测量方案，采取相应的质量保证措施。做好制定测量方案前的准备工作，制定好切实可行又能预控质量的测量方案；按工程实际进度要求，执行好测量方案，并根据工程现场情况，不断修改、完善测量方案；针对工程需要，制定保证质量的相应措施。

4）安排工程阶段检查与工序管理，主要是建立班组内部自检、互检的工作制度与工程阶段检查制度，强化工序管理。

5）及时总结经验，不断完善班组管理制度与提高班组工作质量，主要是注意及时总结经验，累积资料，每天记好工作日志，做到班组生产与管理等工作均有原始记载，要记简要过程与经验教训，以发扬成绩，克服缺点，改进工作，使班组工作质量不断提高。

（2）班组的图纸与资料管理 设计图纸与洽商资料不但是测量的基本依据，而且是绘制竣工图的依据，并有一定的保密性。施工中设计图纸的修改与变更是正常的现象，为防止按过期的无效图纸放线与明确责任，一定要管好、用好图纸资料。

1）做好图纸的审核、会审与签收工作。

2）做好日常的图纸借阅、收回与整理等日常工作，防止损坏与丢失。

3）按资料管理规程要求，及时做好归案工作。

4）日常的测量外业记录与内业计算资料，也必须按不同类别管理好。

（3）班组的仪器设备管理 测量仪器设备价格昂贵，是测量工作必不可少的，其精度状况又是保证测量精度的基本条件。因此，管好、用好测量仪器是班组管理中的重要内容。

1）做好定期检定工作。

2）在检定周期内，做好必要项目的检校工作，每台仪器要建有详细的技术档案。

3）班组内要设专人管理，负责账物核实、仪器检定、检校与日常收发检查工作。高精度仪器要由专人使用与保养。

4）仪器应放在钢板柜中保存，并做好防潮、防火与防盗措施。

（4）班组的安全生产与场地控制桩的管理

1）班组内要有专人管理安全生产，防止思想麻痹，造成人身与仪器的安全事故。

2）场地内各种控制桩是整个测量工作的依据，除在现场采取妥善的保护措施外，要有专人经常巡视检查，防止车轧、人毁，并提请有关施工人员和施工队员共同给以保护。

（5）班组的政治思想与岗位责任管理

1）加强职业道德和文化技术培训，使班组成员素质不断提高，这是班组建设的根本。

2）建立岗位责任制，做到：事事有人管、人人有专责、办事有标准、工作有检查。使班组人人关心集体，团结配合，全面做好各方工作。

（6）班组长的职责

1）以身作则，全面做好班组工作，在执行测量方案中要有预见性，使施工测量工作紧密配合施工，主动为施工服务，发挥全局性、先导性作用。

2）发扬民主，调动全班组成员的积极性，使全班组人员树立群体意识，维护班组形象与企业声誉，把班组建成团结协作的先进集体，及时、高精度地测量数据，发挥全局性、保证性的作用。

3）严格要求全班组成员，认真负责做好每一项细小工作，争取少出差错，做到奖惩分明、一视同仁，并使工作成绩与必要的奖励挂钩。

4）注意积累全组成员的经验与智慧，不断归纳、总结出有规律的、先进的作业方法，以不断提高全班组的作业水平，为企业做出更大贡献。

细节：施工测量工作的管理制度

（1）组织管理制度

1）测量管理机构设置及职责。

2）各级岗位责任制度及职责分工。

3）人员培训及考核制度。

（2）技术管理制度

1）测量成果及资料管理制度。

2）自检复线及验线制度。

3）交接桩及护桩制度。

（3）仪器管理制度

1) 仪器定期检定、检校及维护保管制度。

2) 仪器操作规程及安全操作制度。

细节：测量放线的技术管理

图纸会审	图纸会审是施工技术管理中的一项重要程序。开工前，由建设单位组织建设、设计、施工单位有关人员对图纸进行会审。通过会审把图纸中存在的问题(如尺寸不符、数据不清、新技术、新工艺、施工难度等)提出来，加以解决。因此，会审前要认真熟悉图纸和有关资料。会审记录要经参加方签字盖章，会审记录是具有设计变更性质的技术文件
编制施工测量方案	在认真熟悉放线有关图纸的前提下，深入现场实地勘察，确定施测方案。方案内容包括施测依据、定位平面图、施测方法和顺序、精度要求、有关数据。有关数据应先进行内业计算，填写在定位图上，尽量避免在现场边测量、边计算 初测成果要进行复核，确认无误后，对测设的点位加以保护 填写测量定位记录表，并由建设单位、施工单位技术负责人审核签字，加盖公章，归档保存 在城市建设中，要经城市规划主管部门到现场对定位位置进行核验(称验线)后，方能施工
坚持会签制度	在城市建设中，土方开挖前，施工平面图必须经有关部门会签后，方能开挖。已建城市中，地下各种隐蔽工程较多(如电力、通信、煤气、给水、排水、光缆等)，挖方过程中与这些隐蔽工程很可能相互碰撞，要事先经有关部门会签，摸清情况，采取措施，可避免发生问题。否则，对情况不清，急于施工，一旦隐蔽物被挖坏、挖断，不仅会造成经济损失，有可能造成安全事故

细节：建筑施工测量安全管理要求

1. 一般安全要求

1) 进入施工现场的作业人员，首先必须参加安全教育培训，经考试合格之后方可上岗作业，未经培训或者考试不合格者，不得上岗作业。

2) 凡不满18周岁的未成年人，不得从事工程测量工作。

3) 作业人员应服从领导及安全检查人员的指挥，工作时思想集中，坚守作业岗位，未经许可，不得从事非本工种作业，禁止酒后作业。

4) 施工测量负责人每日上班之前，必须集中本项目部全体人员，针对当天任务，结合安全技术措施内容和作业环境、设施、设备安全状况及本项目部人员安全知识、技术素质、自我保护意识及思想状态，有针对性地进行班前活动，提出具体注意事项，跟踪落实，并要做好活动记录。

5) 遇到六级以上强风和下雨、下雪天气，应停止露天测量作业。

6) 作业中出现不安全险情时，必须立即停止作业，组织撤离危险区域，并且报告领导解决，不准冒险作业。

7) 在道路上进行导线测量、水准测量等作业时，要注意来往车辆，避免发生交通事故。

2. 施工测量安全管理

1）进入施工现场的人员必须将安全帽戴好，系好帽带；按照作业要求正确穿戴个人防护用品，着装要整齐；在没有可靠安全防护设施的高处（2m以上）悬崖及陡坡施工时，必须系好安全带；在高处作业不得穿硬底和带钉易滑的鞋，不得向下投掷物体；禁止穿拖鞋、高跟鞋进入施工现场。

2）施工现场行走要注意安全，避让现场施工车辆，防止发生事故。

3）施工现场不得攀登脚手架、井字架、龙门架、外用电梯，严禁乘坐非乘人的垂直运输设备上下。

4）未经领导同意不得任意拆除和随意挪动施工现场的各种安全设施、设备和警告、安全标志等。确因测量通视要求等需要拆除安全网等安全设施的，要事先同总包方相关部门协商，并及时予以恢复。

5）在沟、槽、坑内作业时必须经常检查沟、槽、坑壁的稳定情况，上下沟、槽、坑必须走坡道或梯子，禁止攀登固壁支撑上下，严禁直接从沟、槽、坑壁上挖洞攀登上下或跳下，间歇时，不得在槽、坑坡脚下休息。

6）在基坑边沿进行架设仪器等作业时，必须将安全带系好并挂在牢固可靠处。

7）配合机械挖土作业时，禁止进入铲斗回转半径范围内。

8）进入现场作业面必须走人行梯道等安全通道，严禁借助模板支撑攀登上下，不得在墙顶、独立梁及其他高处狭窄而没有防护的模板面上行走。

9）地上部分轴线投测采用内控法作业的，在内控点架设仪器时要注意上方洞口安全，避免洞口坠物发生人员和仪器事故。

10）施工现场发生伤亡事故，必须立即向领导报告，并抢救伤员，保护现场。

3. 变形测量安全管理

1）进入施工现场必须带齐安全用具，安全帽戴好并系好帽带，严禁穿拖鞋、短裤及宽松衣物进入施工现场。

2）在场内、场外道路进行作业时，要注意来往车辆，避免发生交通事故。

3）作业人员处在建筑物边沿等可能坠落的区域应系好安全带，并挂在牢固位置，没有到达安全位置不得将安全带松开。

4）在建筑物外侧区域立尺等作业时，要注意作业区域上方是否交叉作业，避免上方坠物伤人。

5）在进行基坑边坡位移观测作业时，必须系好安全带并挂在牢固位置，禁止在基坑边坡内侧行走。

6）在进行沉降观测点埋设作业前，应检查所使用的电气工具，比如电线橡皮套是否开裂、脱落等，经检查合格后方可进行作业，操作时应戴绝缘手套。

7）在观测作业时所拆除的安全网等安全设施应及时恢复。

细节：施工测量质量控制管理

1. 测量外业工作

1）测量作业原则：先整体后局部，高精度控制低精度。

2）测量外业操作应按照有关规范的技术要求进行。

3）测量外业工作作业依据必须正确可靠，并坚持测量作业步步有校核的工作方法。

4）平面测量放线、高程传递抄测工作必须闭合交圈。

5）钢卷尺量距应使用拉力器，并进行拉力、尺长、温差改正。

2. 测量计算

1）测量计算基本要求：方法科学、依据正确、计算有序、步步校核、结果可靠。

2）测量计算应在规定的表格上进行。在表格中抄录原始起算数据后，应换人校对，以免发生抄录错误。

3）计算过程中，必须做到步步有校核。计算完成后，应换人进行检算，检核计算结果的正确性。

3. 测量记录

1）测量记录基本要求：原始真实、内容完整、数字正确、字体工整。

2）测量记录应用铅笔填写在规定的表格上。

3）测量记录应当场及时填写清楚，不允许转抄，保持记录的原始真实性；采用电子仪器自动记录时，应打印出观测数据。

4. 施工测量放线检查和验线

1）建筑工程测量放线工作必须严格遵守"三检"制和验线制度。

2）自检：测量外业工作完成后，必须进行自检，并填写自检记录。

3）复检：由项目测量负责人或质量检查员组织进行测量放线质量检查，发现不合格项立即改正，以达到合格要求。

4）交接检：测量作业完成后，在移交给下道工序时，必须进行交接检查，并填写交接记录。

5）测量外业完成并经自检合格后，应及时填写施工测量放线报验表并报监理验线。

细节：施工测量放线质量事故的预防

1. 进行全员质量教育，强化质量意识

严格要求测量放线班组每一个成员，在测量放线工作全过程中，思想上自觉地重视质量，贯彻"质量第一"方针。这是"对国家对人民对企业负责"基本要求的体现；是"以质取胜，占领市场"基本原则的体现；是企业"降低成本，提高效益"的基本途径。质量意识是企业的灵魂。测量放线工作，通常是通过分工协作完成的，且是多工序的工作，所以进行全员质量教育，不断强化质量意识，是防止质量事故发生的关键性工作。

2. 进行技术交底，充分做好准备工作

测量放线工作是根据有关设计图样的数据，采用仪器、工具，根据有关技术要求、操作工艺进行的，室内的准备工作包括下列三个方面：

1）图样的全面阅读并审校。要弄清楚与测量放线有关图样上的尺寸、内容，并进行全面核对，向作业人员交代清楚，作业人员也要进行校对，并进行事先指导或者交底。

2）学习相关规范，使作业人员明确精度要求以及对各项作业的具体要求。

3）对仪器工具进行校验。将需用的仪器、工具准备齐全，并进行校验。

3. 制定作业方案，采取相应的质量保证措施

1）按测量放线工作的规模、技术要求，制定作业方案，根据工程的复杂程度，需进行必要的论证，结合规范，将作业方法确定，提出限差要求和对成果的要求等。

2）针对技术要求，在现场踏勘的基础上，提出操作要领及相应的质量保证措施。

3）在必要时进行事前技术培训，对于有一定难度的工作，或者有不熟悉操作工艺要求的人员时，应组织事前技术培训。

4. 进行中间检查以及工序管理

工作质量是产品质量的保证及基础，在事先指导的基础上，对关键性的工作或每道工序进行中间检查，避免不合格产品进入下一道工序。事先应有完善的中间检查和工序管理计划，明确工作分工、工序流程，以及每道工序的工作内容、检查人、责任人、标准和管理方法等。

细节：施工测量放线质量事故的处理

1）根据质量事故的性质、特点，有针对性地、有计划性地进行检查、分析同质量事故有关的因素，找出主要原因。必要时也可按工序进行工作全过程的检查分析，通常有以下几个方面的因素，造成质量事故。

① 测量起算坐标、高程有问题。

② 设计图样上的尺寸有矛盾，事先未发现，或未检查。

③ 仪器未经检验或工作过程中轴系发生变化而造成测量误差过大。

④ 测量标志引用错误或者点位、高程变动。

⑤ 作业方法不妥或没有按操作工艺进行工作。

⑥ 工作中因不细心造成误差，或由于记录、计算错误，未经严格校对，导致放线数据有误。

2）为确保质量，需对影响质量的部分工作甚至全部工作进行返工，以挽回对工程造成的影响。对质量事故的处理，必须建立在分析的基础上，有针对性地进行实地检核，用数据说话，绝不可以用推测代替检查或改动数据。在检测中需由另一作业人或技术负责人参加检测以保证质量事故的完善处理。

3）需将质量事故的原因、分析处理情况、造成的损失以及补救措施，写出书面报告。

细节：施工测量放线安全事故的预防

1）进行安全教育。严格贯彻"安全第一、预防为主"的方针，经常组织学习安全操作规程，实现安全生产，文明施工。

2）进入施工现场必须佩戴安全帽，否则不准上岗作业。

3）在进行工作前，应了解施工现场的情况，检查工作环境符合安全要求与否，安全设施及防护用品是否穿戴齐全。

4）与有关工种交叉作业时，对可能发生的安全问题，应事先联系安排，并采取有效的防护措施，保证人身及仪器的安全。在测量放线工作中应注意吊装作业，防止高处落物伤人或击坏仪器。

    5）不得任意开动机电设备，必要时应请有关工作人员协助移动、开动。

    6）上架子施工必须先检查架子牢固与否，确认安全时才可上去。

    7）仪器架设后，不得离人，要注意仪器搬动及运输过程中的安全。

    8）工作时必须思想集中，不准嬉戏打闹。

细节：施工测量放线安全事故的处理

    安全事故包括作业人员的人身安全与设备安全两个方面，发生安全事故要查看、了解班组有关记录，得知事故情况后通常应做下列几方面的工作：

    1）调查安全事故的全过程。

    2）组织相关人员认真分析事故的原因。

    3）找出事故的主要原因、责任人，提出防范措施并且控制影响。

    4）总结经验教训，写出书面报告。

2 建筑施工测量的基本知识

细节：地形图基本知识

1. 地形图概述

地球表面的形态归纳起来可分为地物和地貌两大类。当测区较小时，可将地面上的各种地物、地貌沿铅垂线方向投影到水平面上，按照一定的比例尺，用《地形图图式》统一规定的符号和注记，将其绘制成图。在图上仅表示地物平面位置的称为平面图；在图上除表示地物平面位置外，还通过特殊符号表示地貌的称为地形图。若测区较大时，顾及地球曲率影响，采用专门的方法将观测成果编绘而成的图称为地图。此外，随着空间技术及信息技术的发展，又出现了影像地图和数字地图等，这些新成果的出现，不仅极大地丰富了地形图的内容，改变了原有的测量方式，同时，也为 GIS(地理信息系统)的完善并最终向"数字地球"的过渡提供了数据支持。

由于地形图能够客观地反映地面的实际情况，特别是大比例尺地形图反映得更为全面和清晰。所以地形图的应用极其广泛，各种经济建设和国防建设，都需用地形图来进行规划和设计。在地形图上处理和研究问题，有时要比在实地更方便、迅速和直观。在地形图上可直接判断和确定出各地面点之间的距离、高差和直线的方向，从而使我们能够站在全局的高度来认识实际地形情况，提出科学的设计、规划方案。因此，地形图是工程建设的重要基础资料之一，数字地形图更是国家和政府的重要基础数据来源，是数字化地理信息系统的基本载体。

地形图内容比较复杂。一般四周都有图框，通常图框的方向上面表示北方，下面表示南方，左边是西方，右边是东方，如果不是这样，就要在图上绘出指北方向标识。图上还要标有比例尺、坐标系、高程系及施测日期。图中主要要表示地物和地貌。地物用规定的图式符号表示，而地貌一般用等高线和一些符号表示。

2. 地形图的比例尺

(1) 比例尺的种类

1) 数字比例尺。地面上各种地物不可能按真实的大小描绘在图纸上，通常是将实地尺寸缩小为若干分之一来描绘的。图上某直线的长度与地面上相应线段实际的水平距离之比，称为地形图的比例尺。地形图的比例尺一般用分子为"1"的分数形式表示。

设图上某一直线的长度为 d，地面上相应线段的距离为 D，则地形图比例尺为

$$\frac{d}{D} = \frac{1}{M} \tag{2-1}$$

式中　M 称为比例尺分母。实际采用的比例尺一般有 1/500、1/1000、1/2000、1/5000、1/10000、1/25000 等。比例尺的大小视分数值的大小而定，分数值越大(即比例尺分母越小)，则比例尺亦越大，分数值越小，则比例尺亦越小。以分数形式表示的比例尺叫数字

比例尺。数字比例尺也可写成 1∶500、1∶1000、1∶2000、1∶5000、1∶10000 及 1∶25000 等形式。工程中通常采用 1∶500 到 1∶10000 的大比例尺地形图。

2) 图示比例尺。如果应用数字比例尺来绘制地形图，每一段距离都要按上述式子化算，那是非常不方便的，通常用直线比例尺来绘制，三棱尺就是这种直线比例尺。为了用图方便，一般地形图上都绘有直线比例尺。还有一个原因就是图纸在干湿情况不同时是有伸缩的，图纸使用久了也要变形，若用木质的三棱尺去量图上的长度，则必然引进一些误差，若在绘图时就绘上直线比例尺，用图时以图上所绘的比例尺为准，则由于图纸伸缩而产生的误差就可基本消除。

如图 2-1 所示为 1∶2000 的直线比例尺，其基本单位为 2cm，最左的基本单位分成二十等份，即每小份划为 1mm，所表

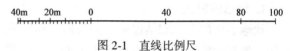

图 2-1 直线比例尺

示相当于实地长度为 1mm×2000＝2m，而每个基本分划为 2cm×2000＝40m。图中表示的一段距离为 2.5 个基本分划尺，50 个小分划，故其长度相当于实地的 100m。应用时，用两脚规的两脚尖对准图上要量距离的两点，然后把两脚规移至直线比例尺上，使一脚尖对准右边一个适当的大分划线，而使另一脚尖落在左边的小分划上，估读小分划的零数就能直接读出长度，无需再计算了。但这里又产生了一个问题，小分划的零数是估读的，不一定很精确。因此，又有一种复式比例尺，也称斜线比例尺，可以减少估读的误差。

如图 2-2 所示为 1∶1000 的复式比例尺。应用时，用两脚规的两脚在图上截得两点后，将一脚置于右边的某基本单位的分划线上，上下移动两脚规，使另一

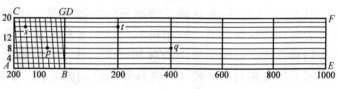

图 2-2 复式比例尺

脚尖恰好落在斜线与横线的某交点上，进行读数。根据复式比例尺的原理，能直接量取到基本单位的 1/100。

直线比例尺和斜线比例尺都是绘制成图的图面上的比例尺，为了和数字比例尺区分，可以统称为图示比例尺。

3) 数字化地形图的比例尺。上述介绍比例尺的基本概念和两种常用比例尺，对当今乃至今后的地形图而言，数字化地形图将会逐步取代传统的图纸地形图，使用比例尺进行边长的换算时，只需要明确比例尺的基本概念，而一般不需要进行手工量取和计算了，只需要在计算机内的数字地形图上直接点取出来即可。用地形图进行设计也是在计算机上进行，所以只需要知道地形图的比例就可以了。

(2) 比例尺的精度

1) 基本概念。人们用肉眼能分辨的图上最小长度为 0.1mm，因此在图上量度或实地测图描绘时，一般只能达到图上 0.1mm 的精确性。我们把图上 0.1mm 所代表的实际水平长度称为比例尺精度。

比例尺精度的概念，对测绘地形图和使用地形图都有重要的意义。在测绘地形图时，要根据测图比例尺确定合理的测图精度。例如在测绘 1∶500 比例尺地形图时，实地量距只需取到 5cm，因为即使量得再细，在图上也无法表示出来。在进行规划设计时，要根据用图的精度确定合适的测图比例尺。例如基本工程建设，要求在图上能反映地面上 10cm 的水平距

离精度，则采用的比例尺不应小于 1/1000。

表 2-1 为不同比例尺的比例尺精度，可见比例尺越大，其比例尺精度就越高，表示的地物和地貌越详细，但是一幅图所能包含的实地面积也越小，而且测绘工作量及测图成本会成倍地增加。因此，采用何种比例尺测图，应从规划、施工实际需要的精度出发，不应盲目追求更大比例尺的地形图。

表 2-1　不同比例尺的比例尺精度

比　例　尺	1：500	1：1000	1：2000	1：5000
比例尺精度/m	0.05	0.10	0.20	0.50

2）基本作用。根据比例尺精度，有两件事可参考决定。

① 按工作需要，多大的地物须在图上表示出来或测量地物要求精确到什么程度，由此可参考决定测图的比例尺。

② 当测图比例尺已决定之后，可以推算出测量地物时应精确到什么程度。

3. 地形图分幅、编号

为了便于测绘、拼接、使用和保管地形图，需要将各种比例尺的地形图进行统一的分幅和编号。地形图的分幅方法分为两类，一类是按经纬线分幅的梯形分幅法（又称为国际分幅），另一类是按坐标格网分幅的矩形分幅法。

（1）地形图的梯形分幅与编号

1）1：100 万比例尺图的分幅与编号。

按国际上的规定，1：100 万的世界地图实行统一的分幅和编号。即自赤道向北或向南分别按纬差 4°分成横列，各列依次用 A、B、…、V 表示。自经度 180°开始起算，自西向东按经差 6°分成纵行，各行依次用 1、2、3、…、60 表示。每一幅图的编号由其所在的"横列—纵行"的代号组成。

2）1：10 万比例尺图的分幅和编号。

将一幅 1：100 万的图，按经度差 30′，纬度差 20′分为 144 幅 1：10 万的图。按从左至右、从上到下的顺序编号。

3）1：5 万~1：1 万图的分幅和编号。

这三种比例尺图的分幅编号都是以 1：10 万比例尺图为基础的。每幅 1：10 万的图，划分成 4 幅 1：5 万的图，分别在 1：10 万的图号后写上各自的代号 A、B、C、D。每幅 1：5 万的图又可分为 4 幅 1：2.5 万的图，分别以 1、2、3、4 编号。每幅 1：10 万图分为 64 幅 1：1 万的图，分别以（1）、（2）、…、（64）表示。

4）1：5000 和 1：2000 比例尺图的分幅编号。

1：5000 和 1：2000 比例尺图的分幅编号是在 1：1 万图的基础上进行的。每幅 1：1 万的图分为 4 幅 1：5000 的图，分别在 1：10000 的图号后面写上各自的代号 a、b、c、d。每幅1：5000的图又分成 9 幅 1：2000 的图，分别以 1、2、…、9 表示。

（2）地形图的矩形分幅与编号　大比例尺地形图大多采用矩形分幅法，它是按照统一的直角坐标格网划分的。图幅大小见表 2-2。

表 2-2   矩形分幅的图幅规格

比 例 尺	图幅大小/cm	实地面积/km²	一幅 1∶5000 地形图中包含的图幅数
1∶5000	40×40	4	1
1∶2000	50×50	1	4
1∶1000	50×50	0.25	16
1∶500	50×50	0.0625	64

采用矩形分幅时，大比例尺地形图的编号，一般采用图幅西南角坐标公里数编号法。如某幅图西南角的坐标 $x=3530.0$km，$y=531.0$km，则其编号为 3530.0～531.0。编号时，比例尺为 1∶500 地形图，坐标值取至 0.01km，而 1∶1000、1∶2000 地形图取至 0.1km。对于小面积测图，还可以采用其他方法进行编号，例如按行列式或自然序数法编号。

在某些测区，根据使用要求需要测绘几种不同比例尺的地形图。在这种情况下，为便于地形图的测绘管理、图形拼接、编绘、存档管理应用，应以最小比例尺的矩形分幅地形图为基础，进行地形图的分幅与编号。如测区内要分别测绘 1∶5000、1∶2000、1∶1000、1∶500 比例尺的地形图，则应以 1∶5000 比例尺的地形图为基础，进行 1∶2000 和大于 1∶2000 地形图的分幅与编号，如图 2-3 所示。1∶5000 的编号为 20-30；1∶2000 图幅的编号是在 1∶5000 图幅编号后面加上罗马数字 Ⅰ、Ⅱ、Ⅲ、Ⅳ，如左上角一幅图的图号为 20-30Ⅰ；1∶1000 图幅的编号是在 1∶2000 图幅编号后面加罗马数字，如左上角一幅图的图号为 20-30-Ⅰ-Ⅰ；1∶500 图的编号是在 1∶1000 图幅编号后面加罗马数字，如左上角 500 图的图号为 20-30-Ⅰ-Ⅰ。

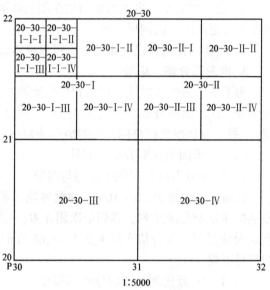

图 2-3   地形图的分幅与编号

4. 地形图图外注记

步 骤	内 容
图名和图号	图名即本幅图的名称，是以所在图幅内最著名的地名、厂矿企业和村庄的名称来命名的。为了区别各幅地形图所在的位置关系，每幅地形图上都编有图号。图号是根据地形图分幅和编号方法编定的，并把图名、图号标注在北图廓上方的中央
图幅结合表	用于说明本幅图与相邻图幅的关系，供查看相邻图幅时用。通常是中间一格画有斜线代表本图幅，四邻的八幅图分别标注图号或图名，并绘在图廓的左上方。此外，有些地形图还把相邻图幅的图号分别注在东、西、南、北图廓线中间，进一步说明与四邻图幅的相互关系

（续）

步　骤	内　容
图廓和坐标格网线	图廓是地形图的边界线，分内、外图廓。内图廓线即地形图分幅时的坐标格网经纬线。外图廓是距内图廓以外一定距离绘制的加粗平行线，仅起装饰作用。在内图廓外四角注有坐标值，并在内图廓线内侧，每隔 10cm 绘 5mm 的短线，表示坐标格网的位置。在图幅内绘有每隔 10cm 的坐标格网交叉点
投影方式、坐标系统、高程系统	每幅地形图测绘完成后，都要在图上标注本图的投影方式、坐标系统和高程系统，以备日后使用时参考。地形图都是采用正投影的方式完成的。坐标系统是指该幅图是采用几何平面直角坐标系统完成的。如 1980 年国家大地坐标系、城市坐标系或独立平面直角坐标系。高程系统是指本图所采用的高程基准，如 1985 年国家高程基准系统或相对高程系统。以上内容均应标注在地形图外图廓右下方
成图方法	地形图成图的方法主要有三种：航空摄影成图、平板仪测量成图和野外数字测量成图。成图方法应标注在外图廓右下方。此外，还应标注测绘单位、成图日期等，供日后用图时参考

5. 地形图图式

《地形图图式》是绘制地形图的基本依据之一，是识读和使用地形图的重要工具。它的内容概括了地物、地貌，制定出在地形图上表示的符号和方法，科学地反映其形态特征。《地形图图式》由国家有关部门制定出版，是测量工作单位必备的基础标准规范之一。

（1）地物符号　地形图上表示各种地物的形状、大小和它们位置的符号，叫地物符号，如测量控制点、居民地、独立地物、管线及道路、水系和植被等。根据地物的形状大小和描绘方法的不同，地物符号可以分为下列几种。

1）依比例尺绘制的符号。地物的平面轮廓，依地形图比例尺缩绘到图上的符号，称为依比例尺绘制的符号，如房屋、湖泊、农田、森林等。依比例符号绘制不仅能反映出地物的平面位置，而且能反映出地物的形状与大小。

2）不依比例尺绘制的符号。有些重要地物其轮廓较小，按测图比例尺缩小在图上无法表示出来，而用规定的符号表示它，这种符号为不依比例尺绘制的符号，如三角点、水准点、独立树、电杆、水塔等。不依比例尺绘制的符号只表示物体的中心或中线的平面位置，不表示物体的形状与大小。

3）半依比例尺绘制的符号。对于一些狭长地物，如管线、围墙、通信线路等，其长度依测图比例尺表示，其宽度不依比例尺表示的符号，即为半依比例尺绘制的符号。

这几种符号的使用界限不是固定不变的。同一地物，在大比例尺图上采用依比例尺符号，而在中、小比例尺图上可能采用不依比例尺符号或半依比例尺符号。

4）地物注记。地形图上用文字、数字或特定符号对地物的性质、名称、高程等加以说明，称为地物注记，如图上注明的地名、控制点名称、高程、房屋的层数、机关名称、河流的深度、流向等。

（2）地貌符号　在地形图上表示地貌的方法很多，而在测量工作中常用等高线表示。用等高线表示地貌不仅能表示出地面的起伏形态，而且可以根据它求得地面的坡度和高程等，所以它是目前大比例尺地形图上表示地貌的一种基本方法。下面介绍用等高线表示地貌的方法和等高线的特征。

1）等高线。等高线是地面上高程相等的各相邻点所连成的闭合曲线。如图 2-4 所示，设有一高地被等间距的水平面 P_1、P_2、P_3 所截，则各水平面与高地的相应的截线，即等高线。将各水平面上的等高线沿铅垂方向投影到一个水平面 M 上，并按规定的比例尺缩绘到图纸上，就得到用等高线表示的该高地的地貌图。很明显，这些等高线的形状是由高地表面形状来决定的。

2）等高距和等高线平距。地形图上相邻等高线的高差，称为等高距，亦称等高线间隔，用 h 表示。在同一幅地形图内，等高距是相同的。等高距的大小是根据地形图的比例尺、地面起伏情况及用图的目的而选定的。

相邻等高线间的水平距离，称为等高线平距，常以 d 表示。因为同一张地形图中等高距是相同的，所以等高线平距 d 的大小是由地面坡度陡缓决定的。如图 2-5 所示，地面上 CD 段的坡度大于 BC 段，其等高线平距 cd 小于 bc；相反，地面上 CD 段的坡度小于 AB 段，其等高线平距 cd 大于 AB 段的等高线平距。由此可见，地面坡度愈陡，等高线平距愈小；相反，坡度愈缓，等高线平距愈大，若地面坡度均匀，则等高线平距相等。

图 2-4 等高线

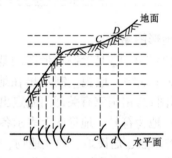

图 2-5 等高线平距

3）等高线分类。为了更好地表示地貌的特征，便于识图、用图，地形图上主要采用下列四种等高线。

① 首曲线。在地形图上，按规定的基本等高距测定的等高线，称为首曲线，亦称基本等高线。

② 计曲线。为了方便计算高程，每隔四条首曲线（每 5 倍基本等高距）加粗描绘一条等高线，称为计曲线，亦称加粗等高线。

③ 间曲线。当首曲线不足以显示局部地貌特征时，按二分之一基本等高距测绘的等高线，称为间曲线，亦称半距等高线，常以长虚线表示，描绘时可不闭合。

④ 助曲线。当首曲线和间曲线仍不足以显示局部地貌特征时，按四分之一基本等高距测绘的等高线，称为助曲线，亦称辅助等高线。一般用短虚线表示，描绘时也可不闭合。

4）几种典型地貌的等高线。自然地貌的形态虽是多种多样的，但可归结为几种典型地貌的综合。了解和熟悉这些典型地貌等高线的特征，有助于识读、应用和测绘地形图。

① 山头与洼地的等高线。山头和洼地的等高线都是一组闭合的曲线组成的，形状比较相似。在地形图上区分它们的方法是看等高线上所注的高程。内圈等高线较外圈等高线高程高时，表示山头，如图 2-6a 所示。相反，内圈等高线较外圈等高线高程低时，表示洼地，如图 2-6b 所示。如果等高线上没有高程注记，为了便于区别这两种地形，就在某些等高线的斜坡下降方向绘一短线，来表示坡度方向，这些短线称为示坡线。

② 山脊与山谷的等高线。山顶向山脚延伸的凸起部分，称为山脊。山脊的等高线是一组凸向低处的曲线。两山脊之间向一个方向延伸的低凹部分叫山谷。山谷的等高线是一组凸向高处的曲线，如图 2-7 所示。

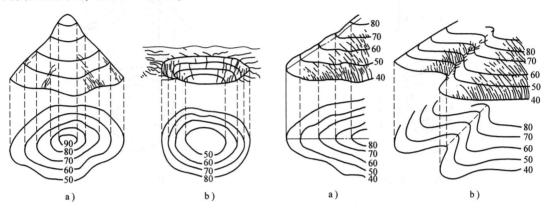

图 2-6　山头与洼地的等高线
　a）山头等高线　b）洼地等高线

图 2-7　山脊与山谷的等高线
　a）山脊等高线　b）山谷等高线

山脊和山谷等高线的疏密，反映了山脊、山谷纵断面的起伏情况，而它们的尖圆或宽窄则反映了山脊、山谷的横断面形状。山地地貌显示是否真实、形象、逼真，主要看山脊线与山谷线表达得是否正确。山脊线与山谷线是表示地貌特征的线，所以又称为地性线。地性线构成山地地貌的骨架，它在测图、识图和用图中具有重要的意义。

③ 鞍部的等高线。鞍部就是相邻两山头之间呈马鞍形的低凹部位，如图 2-8 所示。鞍部（S 点处）是两个山脊与两个山谷会合的地方，鞍部等高线的特点是在一圈大的闭合曲线内，套有两组小的闭合曲线。

④ 陡崖和悬崖。陡崖是坡度在 70°~90°的陡峭崖壁，有石质和土质之分。若用等高线表示将非常密集或重合为一条线，因此采用陡崖符号来表示，如图 2-9 所示。

悬崖是上部突出、下部凹进的陡崖。上部的等高线投影在水平面时，与下部的等高线相交，下部凹进的等高线用虚线表示，如图 2-10 所示。

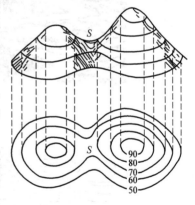

图 2-8　鞍部的等高线

还有某些特殊地貌，如冲沟、滑坡等，其表示方法参见地形图图式。

了解和掌握了典型地貌等高线，就可以读懂综合地貌的等高线图了。图 2-11 是一幅非常典型的综合地貌图，把实际地貌（图 2-11a）和等高线图（图 2-11b）对比研读，就基本可以理解等高线表示地貌的精髓了。

5）等高线的特性。

① 同一条等高线上各点的高程相等。

② 等高线为闭合曲线，不能中断，如果不在本幅图内闭合，则必在相邻的其他图幅内闭合。

③ 等高线只有在悬崖、绝壁处才能重合或相交。

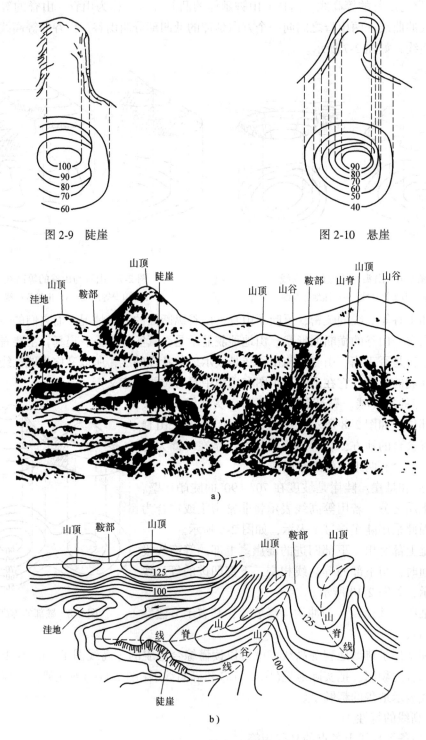

图 2-9 陡崖

图 2-10 悬崖

a)

b)

图 2-11 综合地貌图

a) 实际地貌图 b) 等高线图

④ 等高线与山脊线、山谷线正交。

⑤ 同一幅地形图上的等高距相同，因此，等高线平距大表示地面坡度小；等高线平距小表示地面坡度大；平距相同则坡度相同。

细节：民用建筑构造的基本知识

1. 建筑物的分类

建筑物一般按下列方法进行分类：

分　类	内　容
按建筑物的用途	（1）民用建筑　包括居住建筑和公共建筑两大部分。居住建筑包括住宅、宿舍、招待所等。公共建筑包括生活服务、文教卫生、托幼、科研、医疗、商业、行政办公、交通运输、广播通信、体育、文艺、展览、园林小品、纪念碑等多种类型 （2）工业建筑　包括主要生产用房、辅助生产用房和仓库等建筑 （3）农业建筑　包括各类农业用房，如拖拉机站、种子仓库、粮仓、牲畜用房等
按结构类型	（1）砌体结构　这种结构的竖向承重构件为砌体，水平承重构件为钢筋混凝土楼板和屋顶板 （2）钢筋混凝土板墙结构　这种结构的竖向承重构件为现浇和预制的钢筋混凝土板墙，水平承重构件为钢筋混凝土楼板和屋顶板 （3）钢筋混凝土框架结构　这种结构的承重构件为钢筋混凝土梁、板、柱组成的骨架；围护结构为非承重构件，它可以采用砖墙、加气混凝土块及预制板材等 （4）其他结构　除上述结构类型外，经常采用的还有砖木结构、钢结构、空间结构（网架、壳体）等
按施工方法	（1）全现浇式　竖向承重构件和水平承重构件均采用现场浇筑的方式 （2）全装配式　竖向承重构件和水平承重构件均采用预制构件、现场浇筑节点的方式 （3）部分现浇、部分装配式　一般竖向承重构件采用现场砌筑、浇筑的墙体或柱子，水平承重构件大都采用预制装配式的楼板、楼梯
按建筑层数与高度	根据2005年7月1日实施的《民用建筑设计通则》（GB 50352—2005）规定： （1）住宅建筑按层数分类　1~3层属于低层住宅、4~6层属于多层、7~9层属于中高层建筑、10层及10层以上为高层住宅 （2）高层民用建筑　除住宅建筑之外的民用建筑高度不大于24m者为单层和多层建筑，大于24m者为高层建筑（不包括建筑高度大于24m的单层公共建筑） （3）超高层建筑　建筑高度超过100m的民用建筑为超高层建筑 注：本条建筑层数和建筑高度计算应符合防火规范的有关规定

2. 民用建筑物与构筑物

（1）民用建筑物　一般指直接供人们居住、工作、生活之用。民用建筑由以下六部分组成：

1）基础。承受上部荷载，并将荷载传至地基。

2）墙或柱。竖向承重构件，承受屋顶及楼层荷载并下传至基础，墙体还起围护与分隔作用。

3）楼板与地面。它是水平承重构件，并起分隔层间的作用。

4）楼梯。楼房建筑中的上下通道。

5）屋顶。房屋顶部的承重与围护部分，一般应满足承重、保温、防水、美观等要求。

6）门窗。门供人们出入及封闭空间用，窗供采光、通风和美化建筑方面用。

(2) 民用构筑物　一般指为建筑物配套服务的附属构筑物，如水塔、烟囱、管道支架等。其组成部分一般均少于六部分，而且大多数不是直接为人们使用。

3. 民用建筑工程的基本名词术语

为了做好民用建筑工程施工测量放线，必须了解以下有关的名词术语：

(1) 横向　指建筑物的宽度方向。

(2) 纵向　指建筑物的长度方向。

(3) 横向轴线　沿建筑物宽度方向设置的轴线，轴线编号从左向右用数字①、②、…表示。

(4) 纵向轴线　沿建筑物长度方向设置的轴线，轴线编号从下向上用汉语拼音大写Ⓐ、Ⓑ、…表示。

(5) 开间　两条横向定位轴线间距离。

(6) 进深　两条纵向定位轴线间距离。

(7) 层高　指两层间楼地面至楼地面间的高差。

(8) 净高　指净空高度，即为层高减去地面厚、楼板厚和吊顶厚的高度。

(9) 总高度　指室外地面至檐口顶部的总高差。

(10) 建筑面积（单位为"m^2"）　指建筑物外廓面积再乘以层数。建筑面积由使用面积、结构面积和交通面积组成。

(11) 结构面积（单位为"m^2"）　指墙、柱所占的面积。

(12) 交通面积（单位为"m^2"）　指走道、楼梯间等净面积。

(13) 使用面积（单位为"m^2"）　指主要使用房间和辅助使用房间的净面积。

4. 建筑物的设计使用年限与耐火等级

(1) 建筑物的设计使用年限　根据《民用建筑设计通则》（GB 50352—2005）应符合表2-3的规定：

表2-3　设计使用年限分类

类别	设计使用年限/年	示　　例	类别	设计使用年限/年	示　　例
1	5	临时性建筑	3	50	普通建筑和构筑物
2	25	易于替换结构构件的建筑	4	100	纪念性建筑和特别重要的建筑

(2) 民用建筑的耐火等级　根据2015年5月1日实施的《建筑设计防火规范》（GB 50016—2014）规定建筑物的耐火等级分为四级。民用建筑物的耐火等级、层数和面积应符合表2-4的要求。

表2-4　不同耐火等级建筑的允许建筑高度或层数、防火分区最大允许建筑面积

名　　称	耐火等级	允许建筑高度或层数	防火分区的最大允许建筑面积/m^2	备　　注
高层民用建筑	一、二级	按规范《建筑设计防火规范》（GB 50016—2014）5.1.1的规定	1500	对体育馆、剧院的观众厅，防火分区最大允许建筑面积可适当放宽
单、多层民用建筑	一、二级	按规范《建筑设计防火规范》（GB 50016—2014）5.1.1的规定	2500	
	三级	5层	1200	
	四级	2层	600	

（续）

名　称	耐火等级	允许建筑高度或层数	防火分区的最大允许建筑面积/m²	备　注
地下、半地下建筑(室)	一级	—	500	设备用房的防火分区最大允许建筑面积不应大于1000m²

注：1. 表中规定的防火分区最大允许建筑面积，当建筑内设置自动灭火系统时，可按本表的规定增加1.0倍。局部设置时，防火分区的增加面积可按该局部面积的1.0倍计算。

2. 裙房与高层建筑主体之间设置防火墙时，裙房的防火分区可按单、多层建筑的要求确定。

5. 日照间距与防火间距

日照间距与防火间距是审核总平面图时应特别注意的两项内容。

（1）日照间距　是指南北两排建筑物的北排建筑物在底层窗台高度处保证冬季能有一定的日照时间。房间日照时间的长短，是由两排南北间距(D)和太阳的相对位置的变化关系决定的。其计算式为：

$$D = \frac{h}{\tan\theta} \tag{2-2}$$

式中　D——日照间距；

h——南排建筑物檐口和北排建筑物底层窗台间的高差；

θ——冬至日中午十二点的太阳仰角。

在实际工作中，常用D/h的比值来确定，一般取0.8、1.2、1.5等。

（2）防火间距　是指两建筑物的间距必须符合有关防火规范的规定。这个间距应保证消防车辆顺利通过，亦保证在发生火灾的时间，避免波及左邻右舍。具体数值可查有关防火规定。

6. 确定民用建筑定位轴线的原则

1）承重内墙顶层墙身的中线与平面定位轴线相重合。

2）承重外墙顶层墙身的内缘与平面定位轴线间的距离，一般为顶层承重外墙厚度的一半、半砖或半砖的倍数。

3）非承重外墙与平面定位轴线的联系，除可按承重布置外，还可使墙身内缘与平面定位轴线相重合。

4）带承重壁柱外墙的墙身内缘与平面定位轴线的距离，一般为半砖或半砖的倍数。为内壁柱时，可使墙身内缘与平面定位轴线相重合；为外壁柱时，可使墙身外缘与平面定位轴线相重合。

5）柱子的中线应通过定位轴线。

6）结构构件的端部应以定位轴线来定位。

在测量放线中，由于轴线多是通过柱中线、钢筋等影响视线。为此，在放线中多取距轴线一侧为1~2m的平行借线，以利通视。但在借线中，一定要坚持借线方向(向北或向南，向东或向西)和借线距离(最好为整米数)的规律性。

7. 变形缝的分类、作用与构造

变形缝分为伸缩缝、沉降缝和防震缝三种。其构造特点如下：

分　类	特　点
伸缩缝	解决建筑物的温度变形。当建筑物的长度大于或等于60m时，一般用伸缩缝分开。缝宽为20~30mm。其构造特点是仅在基础以上断开，基础不断开

(续)

分　类	特　点
沉降缝	解决建筑物的沉降变形。当建筑物的高度不同、荷载不同、结构类型不同或平面有明显变化处，应用沉降缝隔开。沉降缝应从基础垫层开始至建筑物顶部全部断开。缝宽为 70~120mm
防震缝	建造在地震区的建筑物，在需要设置伸缩缝或沉降缝时，一般均按防震缝考虑。其缝隙尺寸应不小于 120mm，或取建筑物总高度的 1/250。这种缝隙的基础也断开

8. 楼梯的组成、各部分尺寸与坡度

楼梯由楼梯段、休息平台、栏杆或栏板三部分组成。楼梯是建筑物中的上下通道，楼梯的各部分尺寸均应满足防火和疏散要求。

项　目	内　容
楼梯段	楼梯段是由踏步组成的。踏步的水平面叫踏面，立面叫踢面。按步数规定，楼梯段步数最多为 18 步，最少为 3 步。楼梯段在单股人流通行时，宽度不应小于 850mm，供两股人流通行时，宽度不应小于 1100~1200mm。供疏散用的楼梯最小宽度为 1100mm
休息平台	休息平台可以缓解上下楼时的疲劳，起缓冲作用。休息平台的宽度应不小于楼梯段的宽度，这样才能保证正常通行
栏杆或栏板	它是为了保证上下楼行走安全。栏杆或栏板上应安装扶手，栏杆与栏板的高度，也应保证安全。除幼儿园等建筑中扶手高度较低或做成两道扶手外，其余均应在 900~1100mm 之间
楼梯的坡度	楼梯的坡度是指楼梯段的坡度。一般有两种确定方法：其一是斜面和水平面的倾斜角，其二是用斜面的高差与斜面在水平面上的投影长度之比 楼梯的倾角 θ 一般在 $20°~45°$ 之间，也就是坡度 $i=1/2.75~1/1$ 之间。在公共建筑中，上下楼人数较多，坡度应该平缓，一般用 1/2 的坡度，即倾角 $\theta=26°34'$。住宅建筑中的楼梯，使用人数较少，坡度可以陡些，常用 1/1.5 的坡度，即倾角 $\theta=33°41'$ 楼梯的踢面与踏面的尺寸决定了楼梯的坡度。踢面与踏面的尺寸之和应为 450mm，或两个踢面与一个踏面的尺寸之和应为 620mm。踏面尺寸应考虑行走方便，一般不应小于 250mm，常用 300mm。一个楼梯段中踢面比踏面多一个，这一点在放线工作中不可忽视

细节：工业建筑构造的基本知识

1. 工业建筑物与构筑物

（1）工业建筑物　一般指直接为生产工艺要求进行生产的工业建筑物叫做生产车间，而为生产服务的辅助生产用房、锅炉房、水泵房、仓库、办公用房、生活用房等叫辅助生产房屋。两者均属工业建筑物。一般单层厂房建筑由以下六部分组成。

1）基础。单层厂房下部的承重构件。

2）柱子。竖向承重构件。

3）吊车梁。支承起重机的专用梁。

4）屋盖体系。这是屋顶承重构件，其中包括屋架、屋面梁、屋面板、托架梁、天窗架等。

5）支撑系统。保证厂房结构稳定的构件，其中包括柱间支撑与屋盖支撑两大部分。

6）墙身及墙梁系统。墙梁包括圈梁、连系梁、基础梁等构件，它一方面保证排架的稳定，一方面承托墙身的重量，墙身是厂房的围护结构。

厂房除上述六个组成部分以外，还有门窗、起重机止冲装置、消防梯、作业梯等。

（2）工业构筑物　一般指为建筑物配套服务的构造设施，如水塔、烟囱、各种管道支架、冷却塔、水池等。其组成部分一般均少于六部分，且不是直接为生产使用。

2. 工业建筑工程的基本名词术语

为了做好工业建筑工程施工的测量放线，必须了解以下有关名词术语：

1）柱距。指单层工业厂房中两条横向轴线之间即两排柱子之间的距离，通常柱距以6m为基准，有6m、12m和18m之分。

2）跨度。指单层工业厂房中两条纵向轴线之间的距离，跨度在18m以下时，取3m的倍数，即9m、12m、15m等，跨度在18m以上时，取6m的倍数，即24m、30m、36m等。

3）厂房高度。单层工业厂房的高度是指柱顶高度和轨顶高度两部分。柱顶高度是从厂房地面至柱顶的高度，一般取30mm的倍数。轨顶高度是从厂房地面至起重机轨顶的高度，一般取600mm的倍数（包括有±200mm的误差）。

3. 工业建筑的特点

工业厂房是为生产服务的，在使用上必须满足工艺要求。工业建筑的特点大多数与生产因素有关，具体有以下几点：

1）工艺流程决定了厂房建筑的平面布置与形状。工艺流程是生产过程，是从原材料→半成品→成品的过程。因此，工业厂房柱距、跨度大，特别是联合车间，面积可达10万 m^2。

2）生产设备和起重运输设备是决定厂房剖面图的关键。生产设备包括各种机床、水压机等，运输设备包括各类火车等，起重机一般起重能力在几吨至上百吨。

3）车间的性质决定了构造做法的不同。热加工车间以散热、除尘为主，冷加工车间应注意防寒、保温。

4）工业厂房的面积大、跨数多、构造复杂。如内排水、天窗采光及一些隔热、散热的结构与做法。

4. 确定厂房定位轴线的原则

厂房的定位轴线与民用建筑定位轴线基本相同，也有纵向、横向之分。

1）横向定位轴线决定主要承重构件的位置。其中有屋面板、吊车梁、连系梁、基础梁以及纵向支撑、外墙板等。这些构件又搭放在柱子或屋架上，因而柱距就是上述构件的长度。横向定位轴线与柱子的关系，除山墙端部排架柱及横向伸缩缝外柱以外，均与柱的中心线重合。山墙端部排架柱应从轴线向内侧偏移500mm。横向变形缝处采用双柱，柱中均与定位轴线相距500mm。横向定位轴线通过山墙的里皮（抗风柱的外皮），形成封闭结合。

2）纵向定位轴线与屋架（屋面架）的跨度有关。同时与屋面板的宽度、块数及厂房内起重机的规格有关。纵向定位轴线在外纵墙处一般通过柱外皮即墙里皮（封闭结合处理）；纵向定位轴线在中列柱外通过柱中；纵向定位轴线在高低跨处，通过柱边的叫封闭结合，不通过柱边的叫非封闭结合。

3）封闭结合与非封闭结合。纵向柱列的边柱外皮和墙的内缘，与纵向定位轴线相重合时，叫封闭结合。纵向柱列的边柱外缘和墙的内缘，与纵向定位轴线不相重合时，叫非封闭结合。轴线从柱边向内移动的尺寸叫联系尺寸。联系尺寸用"D"表示，其数值为150mm、250mm、500mm。

4）插入距的概念。为了满足变形缝的需要，在原有轴线间插入一段距离叫插入距。

封闭结合时，插入距（A）=墙厚（B）+缝隙（C）。非封闭结合时，插入距（A）=墙厚（B）+缝隙(C)+联系尺寸(D)。关于插入距在纵向变形缝、横向变形缝处的应用，可参阅有关图纸。

细节：市政工程的基本知识

1. 城市道路与公路的特点

（1）城市道路的特点

1）城市道路与公路以城市规划区的边线分界。城市道路是根据 1990 年 4 月 1 日实施的《中华人民共和国城市规划法》按照城市总体规划确定的道路类别、级别、红线宽度、横断面类型、地面控制高程和交通量大小、交通特性等进行设计，以满足城市发展的需要。

2）城市道路的中线位置，一般均由城市规划部门按城市测量坐标确定。道路的平面、纵断面、横断面应相互协调。道路高程、路面排水与两侧建筑物要配合。设计中应妥善处理各种地下管线与地上设施的矛盾，贯彻先地下、后地上的原则，避免造成反复开挖修复的浪费。

3）道路设计应处理好人、车、路、环境之间的关系。注意节约用地、合理拆迁，妥善处理文物、名木、古迹等。还应考虑残疾人的使用要求。

（2）公路的特点

1）公路是根据 2004 年 8 月 28 日实施的《中华人民共和国公路法》，按照公路网的规划，从全局出发，按照公路的使用任务、功能和远景交通量综合确定的公路等级、道路建筑界限、横断面类型、纵断面高程与控制坡度和近、远期交通量大小等进行设计，以满足公路网发展的需要。

2）公路的中线位置，一般均在勘测阶段所测绘的沿线带状地形图上定线确定。公路的平面线型、纵横断面的协调既要满足公路等级的需要，又要适合地形的现状，做到合理、经济。设计中应妥善处理相交道路、铁路、河道及所经村镇的关系，一般应靠近村镇，而不穿越村镇，以利交通，又保证安全。

3）公路建设必须重视环境保护。修建高速公路和一级公路以及其他有特殊要求的公路时，应做出环境影响评价及环境保护设计。

2. 城市道路与公路工程中的基本名词术语

为了做好城市道路与公路工程的测量放线，必须了解以下有关的名词术语：

1）车行道（行车道）与车道。道路上供汽车行驶的部分，在车行道上供单一纵列车辆行驶的部分。

2）路肩。位于公路车行道外缘至路基边缘，具有一定宽度的带状部分（包括硬路肩与土路肩），为保证车行道的功能和临时停车使用，并作为路面的横向支承。

3）路侧带。位于城市道路外侧缘石的内缘与建筑红线之间的范围，一般为绿化带及人行道部分。

4）路幅。由车行道、分幅带和路肩或路侧带等组成的公路或城市道路横断范围，对城市道路而言即为两侧建筑红线范围之内。

5）路基、路堤与路堑。按照路线位置和一定技术要求修筑的作为路面基础的带状构造物叫路基；高于原地面的填方路基叫路堤，低于原地面的挖方路基叫路堑。

6）边坡、护坡与挡土墙。为保证路基稳定，在路基两侧做成的具有一定坡度的坡面叫边坡。路堤的边坡由于是填方、一般缓于 1∶1.5，而路堑的边坡由于是挖方，一般陡于 1∶1.5；为防止边坡受冲刷，在坡面上所做的各种铺砌和栽植叫做护坡；为防止路基填土或山坡岩土坍塌而修筑的、承受土体侧压力的墙式挡土构造物叫挡土墙，用以保证边坡的稳定性。

7）路面结构层。构成路面的各铺砌层，按其所处的层位和作用，主要有面层、基层及垫层。面层是直接承受车辆荷载及受到自然因素影响，并将荷载传递到基层的路面结构层；基层是设在面层以下的结构层，主要承受由面层传递的车辆荷载，并将荷载分布到垫层或土基上，当基层分为多层时，其最下面的一层叫底基层；垫层是设于基层以下的结构层，其主要作用是隔水、排水、防冻以改善基层和土层的工作条件。

8）交通安全设施。为保障行车和行人的安全，充分发挥道路作用，在道路沿线所设置的人行地道、人行天桥、照明设备、护栏、杆柱、标志、标线等设施。

3. 城市道路的分类、分级与技术标准

（1）城市道路的分类、分级　根据《城市道路工程设计规范》（CJJ 37—2012）规定：城市道路按照在整个路网中的地位、交通功能以及对沿线建筑物的服务功能等，分为以下四类，其计算行车速度见表2-5。

表2-5　各级道路设计速度

道路等级	快速路			主干路			次干路			支路		
设计速度/(km/h)	100	80	60	60	50	40	50	40	30	40	30	20

1）快速路。应为城市中大量、长距离、快速交通服务。快速路对向行车道之间应设中间分车带，其进出口应采用全控制或部分控制。

2）主干路。应为连接城市各主要分区的干路，以交通功能为主。

3）次干路。应为主干路组合组成路网，起集散交通的作用，兼有服务功能。

4）支路。应为次干路与街坊路的连接线，解决局部地区交通，以服务功能为主。

（2）各类城市道路的技术标准

根据《城市道路工程设计规范》（CJJ 37—2012）有关章节规定，摘录了各类城市道路的技术指标，见表2-6。

表2-6　各类城市道路技术标准

设计速度/(km/h)			100	80	60	50	40	30	20
圆曲线半径/m	不设超高最小半径		1600	1000	600	400	300	150	70
	设超高推荐半径	一般值	650	400	300	200	150	85	40
		极限值	400	250	150	100	70	40	20
平曲线长度与圆曲线最小长度/m	平曲线最小长度	一般值	260	210	150	130	110	80	60
		极限值	170	140	100	85	70	50	40
	圆曲线最小长度		85	70	50	40	35	25	20
缓和曲线最小长度/m			85	70	50	45	35	25	20
不设缓和曲线的最小圆曲线半径/m			3000	2000	1000	700	500	—	
最大超高横坡度（%）			6		4		2		
最纵大坡（%）	一般值		3	4	5	5.5	6	7	8
	极限值		4	5	6		7	8	

注："一般值"为正常情况下的采用值；"极限值"为条件受限时，可采用的值。

4. 公路的分级与技术标准

（1）公路的分级　根据2015年1月1日实施的《公路工程技术标准》（JTG B01—2014）规定：公路按照功能和适应的交通量分为以下五级，各级公路计算行车速度见表2-7。

表2-7　各级公路计算行车速度

公路等级	高速公路			一级公路			二级公路		三级公路		四级公路
设计速度/（km/h）	120	100	80	100	80	60	80	60	40	30	30	20

1）高速公路。为专供汽车分向、分车道行驶，全部控制出入的多车道公路。高速公路的年均平均日设计交通量宜在15000辆小客车以上。

2）一级公路。为供汽车分向、分车道行驶，可根据需要控制出入的多车道公路。一级公路应能适的年平均日设计交通量宜在15000以上。

3）二级公路。为供汽车行驶的双车道公路。二级公路的年平均日设计交通量宜为5000~15000辆。

4）三级公路。为供汽车、非汽车交通混合行驶的双车道公路。三级公路的年平均日设计交通量宜为2000~6000辆。

5）四级公路。为供汽车、非汽车交通混合行驶的双车道或单车道公路。双车道四级公路的年平均日设计交通量宜在2000辆以下；单车道四级公路的年平均日设计交通量宜在400辆以下。

（2）各级公路的技术标准　根据《公路工程技术标准》（JTG B01—2014）有关章节规定，有关技术指标见表2-8。

表2-8　各级公路技术标准

公路等级			高速公路、一级公路				二级公路、三级公路、四级公路				
设计速度/（km/h）			120	100	80	60	80	60	40	30	20
车道数			≥4				2	2	2	2或1	2或1
车道宽度/m			3.75	3.75	3.75	3.50	3.75	3.50	3.50	3.25	3.00
圆曲线最小半径	最大超高	10%	570	360	220	115	220	115	—	—	—
		8%	650	400	250	125	250	125	60	30	15
		6%	710	440	270	135	270	135	60	35	15
		4%	810	500	300	150	300	150	65	40	20
	不设超高最小半径	路拱≤2%	5500	4000	2500	1500	2500	1500	600	350	150
		路拱>2%	7500	5250	3350	1900	3350	1900	800	450	200

（续）

公 路 等 级		高速公路、一级公路				二级公路、三级公路、四级公路				
纵坡	最大值(%)	3	4	5	6	5	6	7	8	9

注：1. 八车道及以上公路在内侧车道(内侧第一、二车道)仅限小客车通行时，其车道宽度可采用 3.5m。

2. 以通行中、小型客运车辆为主且设计速度为 80km/h 及以上的公路，经论证车道宽度可采用 3.5m。

3. 四级公路采用单车道时，车道宽度应采用 3.5m。

4. 设置慢车道的二级公路，慢车道宽度应采用 3.5m。

5. 需要设置非机动车道和人行道的公路，非机动车道和人行道等的宽度，宜视实际情况确定。

5. 桥梁、涵洞的分类与基本名词术语

（1）桥梁、涵洞的分类 根据 2004 年 4 月 1 日实施的《公路桥涵设计通用规范》(JTG D 60—2004)与 2012 年 4 月 1 日实施的《城市桥梁设计规范》(CJJ 11—2011)的规定，桥梁、涵洞按跨径分类见表 2-9，按车辆荷载等级分类见表 2-10、表 2-11。

表 2-9　桥梁、涵洞按跨径分类

桥涵分类	多孔跨径总长 L/m	单孔跨径 L_0/m	桥涵分类	多孔跨径总长 L/m	单孔跨径 L_0/m
特大桥	$L>1000$	$L_0>150$	小桥	$8 \leq L \leq 30$	$5 \leq L_0 < 20$
大桥	$100 \leq L \leq 1000$	$40 \leq L_0 \leq 150$	涵洞	—	$L_0 < 5$
中桥	$30 < L < 100$	$20 \leq L_0 < 40$			

注：1. 单孔跨径系指标准跨径。

2. 梁式桥、板式桥的多孔跨径总长为多孔标准跨径的总长；拱式桥为两岸桥台内起拱线间的距离；其他形式桥梁为桥面系行车道长度。

3. 管涵及箱涵不论管径或跨径大小、孔数多少，均称为涵洞。

4. 标准跨径：梁式桥、板式桥以两桥墩中线之间桥中心线长度或桥墩中线与桥台台背前缘线之间桥中心线长度为准；拱式桥和涵洞以净跨径为准。

表 2-10　城市桥梁车辆荷载等级选用表

荷载类别	城市道路等级			
	快 速 路	主 干 路	次 干 路	支 路
计算荷载与验算荷载	汽车-20 级 挂车-100	汽车-20 级 挂车-100 或 汽车-超 20 级 挂车-120	汽车-15 级 挂车-80 或 汽车-20 级 挂车-100	汽车-15 级 挂车-80

表 2-11　各级公路桥梁的汽车荷载等级

公路等级	高速公路	一级公路	二级公路	三级公路	四级公路
汽车荷载等级	公路—Ⅰ级	公路—Ⅰ级	公路—Ⅱ级	公路—Ⅱ级	公路—Ⅱ级

二级公路为干线公路且重型车辆多时，其桥梁的设计可采用公路—Ⅰ级汽车荷载。四级公路上重型车辆少时，其桥梁设计所采用的公路—Ⅱ级汽车荷载的效应可乘以 0.8 的折减系数，车辆荷载的效应可乘以 0.7 的折减系数。

（2）桥梁工程中的基本名词术语

1）上部结构。桥梁支座以上跨越桥孔部分总体叫上部结构。它包括主梁、横梁、纵梁与梁面系。梁面系是直接承受车辆、人群等荷载并将其传递至主要承重构件的桥面构造系统，包括桥面铺装、桥面板与人行道等。

2）支座。是设在桥梁上部结构与下部结构之间，使上部结构具有一定活动性的传力装置。支座一般分固定支座与活动支座两种。固定支座是使上部结构能转动而不能水平移动的支座；活动支座是使上部结构能转动和水平移动的支座。支座的位置是体现桥梁上部结构荷载的集中之处，是桥梁施工测量中定位的重点部位。

3）下部结构。通过支座支承桥梁上部结构并将其荷载传递至地基的桥墩、桥台和基础的构造物叫做下部结构。桥墩基础多在水中，是施工测量的难点。桥台在桥的两端，其间距即为桥梁总长度，这是测量中的重点。为保护桥头路堤边坡不受冲刷，在桥台的两侧修筑锥形护坡。

细节：系统误差

在相同的观测条件下，对某量进行一系列观测，如误差出现的符号和大小均相同或按一定的规律变化，这种误差称为系统误差。产生系统误差的主要原因是测量仪器和工具的构造不完善或校正不完全正确。例如，一条钢卷尺名义长度为 20m，与标准长度比较，其实际长度为 20.003m，用此钢卷尺进行量具时，则每量一尺段就会产生 -0.003m 的误差，这个误差的大小和符号是固定的，就是属于系统误差。又如，水准仪经检验校正后，视准轴与水准管轴之间仍然会存在不平行的残差 l 角，观测时在水准尺上的读数会产生 $D\frac{\tau''}{\rho''}$ 的误差，它是 τ 角及水准仪至水准尺之间距离 D 的函数。

系统误差具有积累性，对测量结果的影响很大，但它们的符号和大小有一定的规律。有的误差可以用计算改正的方法加以消除，例如尺长误差和温度对尺长的影响；有的误差可以用一定的观测方法加以消除，例如在水准测量中，用前后视距相等的方法消除 τ 角影响；在经纬仪测角中，用盘左、盘右观测值取中数的方法可消除视准差、支架差和竖盘指标差的影响；有的系统误差，例如经纬仪照准部水准管轴不垂直于竖轴的误差对水平角的影响，则只能用对仪器进行精确校正，并在观测中仔细整平的方法将其影响减小到允许的范围。

细节：偶然误差

在相同的观测条件下，对某量作一系列观测，误差出现的符号和大小都表现为偶然性，即从单个误差来看，在观测前我们不能预知其出现的符号和大小，但就大量误差总体来看，则具有一定的统计规律，这种误差称为偶然误差。例如，用经纬仪测角时的照准误差，水准仪在水准尺上读数时的估读误差等。偶然误差又称为随机误差，它是由许许多多微小的偶然因素综合影响造成的。偶然误差的统计规律，随着观测次数的增多，表现得愈明显。

偶然误差的产生，是由于人、仪器和外界条件等多方面因素引起的，它随着各种偶然因素综合影响而不断变化。对于这些在不断变化的条件下所产生的大小不等、符号不同但又不可避免的小的误差，找不到一个能完全消除它的方法。因此，可以说在一切测量结果中都不可避免地包含有偶然误差。一般地说，测量过程中，偶然误差和系统误差同时发生，而系统误差在一般情况下必须采取适当的方法加以消除或减弱，使其减弱到与偶然误差相比处于次要的地位。这样就可以认为在观测成果中主要存在偶然误差。我们在测量学科中所讨论的测量误差一般就是指偶然误差。

偶然误差从表面上看没有什么规律，但就大量误差的总体来讲，则具有一定的统计规律，并且观测值数量越大，其规律性就越明显。人们通过反复实践，由大量的观测统计资料总结出偶然误差具有如下统计特性：

1）在一定的观测条件下，偶然误差的绝对值有一定限值，或者说，超出该限值的误差出现的概率为零。

2）绝对值较小的误差比绝对值较大的误差出现的概率大。

3）绝对值相等的正、负误差出现的概率相同。

4）同一量的等精度观测，其偶然误差的算术平均值，随着观测次数 n 的无限增加而趋于零，即

$$\lim_{n \to \infty} \frac{[\Delta]}{n} = 0 \qquad (2\text{-}3)$$

式中　n 为观测次数；$[\Delta] = \Delta_1 + \Delta_2 + \cdots + \Delta_n$。

在数理统计中，称式（2-3）为偶然误差的数学期望（即理论平均值）等于零。

第一个特性说明误差出现的范围；第二个特性说明误差绝对值大小的规律；第三个特性说明误差符号出现的规律；第四个特性可由第三个特性导出，它说明偶然误差具有抵偿性。

实践证明，偶然误差不能用计算改正或用一定的观测方法简单地加以消除，只能根据偶然误差的特性来改进观测方法并合理地处理观测数据，以减少偶然误差对测量成果的影响。

学习误差理论知识的目的，是使读者了解偶然误差的规律，正确地处理观测数据，即根据一组带有偶然误差的观测值，求出未知量的最可靠值，并衡量其精度；同时，根据偶然误差的理论指导实践，使测量成果能达到预期的要求。

细节：中误差

中误差是测量中最为常用的衡量精度的标准，在测量工作中通常被采用。设在等精度条件下对某未知量进行了 n 次观测，其观测值分别为 L_1、L_2、$\cdots$、L_n，若该未知量的真值为 X，其真值与各观测值的差为真误差：$\Delta_i = X - L_1$，相应的 n 个观测值的真误差分别为 Δ_1、Δ_2、$\cdots$、Δ_n。那么，观测精度则可以用式（2-4）的计算结果来衡量，即

$$m = \pm \sqrt{\frac{[\Delta\Delta]}{n}} \qquad (2\text{-}4)$$

式中 $[\Delta\Delta] = \Delta_1^2 + \Delta_2^2 + \cdots + \Delta_n^2$。

m 则称为观测值的中误差，也称为均方误差。即每个观测值都具有这个值的精度。

从式(2-4)可以看出中误差与真误差的关系，中误差不等于真误差，它是一组真误差的代表值，中误差 m 的值的大小反映了该组观测值精度的高低，而且它能明显地反映出测量结果中较大误差的影响，所以一般都采用中误差作为衡量观测精度的标准。

细节：限差

限差又称极限误差或容许误差。根据偶然误差的第一个特性可知，在一定的观测条件下，偶然误差的绝对值不会超过一定的限值。一个个别观测值的偶然误差超过这个限值，就应该认为这个观测值的质量不符合要求，该观测结果应该舍去。那么应该如何确定这个限值呢？根据中误差与被衡量值的真误差之间存在的统计学上的关系可以确定用中误差计算这个限值。根据误差理论和大量的统计证明：在一系列等精度的观测误差中，绝对值大于一倍中误差的偶然误差，其出现的机会约为30%；绝对值大于两倍中误差的偶然误差出现的机会大约只有5%；而绝对值大于3倍中误差的偶然误差出现的机会仅有3‰。因此，在观测次数相对不多的情况下，可以认为大于3倍中误差的偶然误差实际上是不可能出现的。所以通常就以3倍中误差作为偶然误差的限差，亦可称为极限误差，即

$$\Delta_{\text{限}} = 3m \qquad (2\text{-}5)$$

在实际工作中，有的测量规范要求不允许存在较大的测量误差，规定以二倍中误差作为限差，即

$$\Delta_{\text{限}} = 2m \qquad (2\text{-}6)$$

如果观测值中出现了超过极限误差的值，则认为此观测值不可靠，应该舍弃不用。

细节：相对误差

上述的真误差、中误差和限差都是绝对误差。在衡量观测值精度的时候，单纯比较绝对误差的大小，有的还不能完全表达精度的优劣。例如，丈量两段距离，设第一段长度为 D_1 m，其中误差为 $\pm m_1$ cm；第二段长度为 D_2 m，其中误差为 $\pm m_2$ cm。如果单纯用中误差的大小评定其精度，就会得出前者精度比后者高的错误结论。实际上长度丈量的误差与长度大小有关，距离越大，误差的积累越大。所以必须用相对误差来评定精度。相对误差 K 就是绝对误差的绝对值与相应观测量之比。它是一个无名数，通常以分子为1的分数式表示。那么上述第一段丈量相对误差为

$$K_1 = \frac{|m_1|}{D_1} = \frac{1}{\dfrac{D_1}{|m_1|}} \qquad (2\text{-}7)$$

第二段丈量相对误差为

$$K_2 = \frac{|m_2|}{D_2} = \frac{1}{\dfrac{D_2}{|m_2|}} \tag{2-8}$$

用相对误差来衡量，就可以直观地看出前者与后者谁的精度高。

在距离测量中，往往用往返测量结果的较差率来进行检核。较差率是相对真误差，它只反映了往返的符合程度，以作为测量结果的检核。显然较差率愈小，观测结果精度愈好。

$$\frac{D_{往} - D_{返}}{D_{平均}} = \frac{|\Delta D|}{D_{平均}} = \frac{1}{\dfrac{D_{平均}}{|\Delta D|}} \tag{2-9}$$

还应该指出，用经纬仪测角时，不能用相对误差来衡量测角精度。因为测角误差与角度的大小无关。

细节：误差传播定律

前面已经叙述了衡量一组等精度观测的精度指标，并指出在测量工作中，通常用中误差作为衡量指标。但在实际工作中，某些未知量不可能或不便于直接进行观测，而需要由另外一些量的直接观测值根据一定的函数关系计算出来。例如，欲测定不在同一水平面上两点间的平距 D，可以用光电测距仪测量斜距 S，并用经纬仪测量竖直角 α，以函数关系 $D = S\cos\alpha$ 来推算。显然，在此情况下，函数 D 的中误差与观测值 S 及 α 的中误差之间，必有一定的关系。阐述这种关系的定律，称为误差传播定律，定律内容如下：

设有一般函数

$$Z = F(x_1, x_2, \cdots, x_n) \tag{2-10}$$

式中 $x_1, x_2, \cdots, x_n$——可直接观测的未知量；

$\quad\quad\quad$ Z——不便于直接观测的未知量。

设 $x_i (i = 1, 2, \cdots, n)$ 的观测值为 l_i，其相应的真误差为 Δx_i。由于 Δx_i 的存在，使函数 Z 亦产生相应的真误差 ΔZ。将式(2-10)取全微分

$$dZ = \frac{\partial F}{\partial x_1} dx_1 + \frac{\partial F}{\partial x_2} dx_2 + \cdots + \frac{\partial F}{\partial x_n} dx_n \tag{2-11}$$

因误差 Δx_i 及 ΔZ 都很小，故在上式中，可近似用 Δx_i 及 ΔZ 取代 dx_i 及 dZ，于是有

$$\Delta Z = \frac{\partial F}{\partial x_1} \Delta x_1 + \frac{\partial F}{\partial x_2} \Delta x_2 + \cdots + \frac{\partial F}{\partial x_n} \Delta x_n \tag{2-12}$$

式中 $\dfrac{\partial F}{\partial x_i}$——函数 F 对各自变量的偏导数。

将 $x_i = l_i$ 代入各偏导数中，即为确定的常数，设

$$\left(\frac{\partial F}{\partial x_i}\right)_{x_i = l_i} = f_i \tag{2-13}$$

则式(2-12)可写成

$$\Delta Z = f_1 \Delta x_1 + f_2 \Delta x_2 + \cdots + f_n \Delta x_n \tag{2-14}$$

为求得函数和观测值之间的中误差关系式，设想对各 x_i 进行了 K 次观测，则可写出 K

个类似于式(2-14)的关系式

$$\begin{cases} \Delta Z^{(1)} = f_1 \Delta x_1^{(1)} + f_2 \Delta x_2^{(1)} + \cdots + f_n \Delta x_n^{(1)} \\ \Delta Z^{(2)} = f_1 \Delta x_1^{(2)} + f_2 \Delta x_2^{(2)} + \cdots + f_n \Delta x_n^{(2)} \\ \cdots \\ \Delta Z^{(k)} = f_1 \Delta x_1^{(k)} + f_2 \Delta x_2^{(k)} + \cdots + f_n \Delta x_n^{(k)} \end{cases} \tag{2-15}$$

将以上各式分别取平方后再求和，得

$$[\Delta Z^2] = f_1^2 [\Delta x_1^2] + f_2^2 [\Delta x_2^2] + \cdots + f_n^2 [\Delta x_n^2] + \sum_{\substack{i,i=1 \\ i \neq 1}}^{n} f_i f_j [\Delta x_i \Delta x_j] \tag{2-16}$$

上式两端各除以 K

$$\frac{[\Delta Z^2]}{K} = f_1^2 \frac{[\Delta x_1^2]}{K} + f_2^2 \frac{[\Delta x_2^2]}{K} + \cdots + f_n^2 \frac{[\Delta x_n^2]}{K} + \sum_{\substack{i,i=1 \\ i \neq 1}}^{n} f_i f_j \frac{[\Delta x_i \Delta x_j]}{K} \tag{2-17}$$

设对各 x_i 的观测值 l_i 为彼此独立的观测，则 $\Delta x_i \Delta x_j$ 当 $i \neq j$ 时亦为偶然误差。根据偶然误差的第四个特性可知式(2-17)末项当 $K \to \infty$ 时趋近于零，即

$$\lim \frac{[\Delta x_i \Delta x_j]}{K} = 0 \tag{2-18}$$

故式(2-17)可写为

$$\lim_{K \to \infty} \frac{[\Delta Z^2]}{K} = \lim_{K \to \infty} \left(f_1^2 \frac{[\Delta x_1^2]}{K} + f_2^2 \frac{[\Delta x_2^2]}{K} + \cdots + f_n^2 \frac{[\Delta x_n^2]}{K} \right) \tag{2-19}$$

根据中误差定义，上式可写成

$$\sigma_Z^2 = f_1^2 \sigma_1^2 + f_2^2 \sigma_2^2 + \cdots + f_n^2 \sigma_n^2 \tag{2-20}$$

当 K 为有限值时，可近似表示为

$$m_Z^2 = f_1^2 m_1^2 + f_2^2 m_2^2 + \cdots + f_n^2 m_n^2 \tag{2-21}$$

即

$$m_Z = \pm \sqrt{\left(\frac{\partial F}{\partial x_1}\right)^2 m_1^2 + \left(\frac{\partial F}{\partial x_2}\right)^2 m_2^2 + \cdots + \left(\frac{\partial F}{\partial x_n}\right)^2 m_n^2} \tag{2-22}$$

式(2-22)即为计算函数中误差估值的一般形式。应用上式时，必须注意：各观测值必须是相互独立的变量。当 l_i 为未知量 x_i 的直接观测值时，可认为各 l_i 之间满足相互独立的条件。

细节：观测值函数的中误差

在测量中不是所有的量都是能直接观测的，而是通过直接观测的结果，再经过一定的函数关系计算出来的。在前面的细节中我们已经了解了直接观测值的中误差的计算方法，本细节将讨论观测值函数的中误差及精度计算方法。函数的形式很多，但归纳起来有以下四种。

误　　差	公　　式	
倍数函数的中误差	设倍数函数的关系为 $$z = Kx$$ 式中　K 为常数，x 为未知量的直接观测值，z 为 x 的函数 则 $$m_z = Km_x$$ 式中　m_z——函数值 z 的中误差 　　　　m_x——观测值 z 的中误差	(2-23) (2-24)

（续）

误　　差	公　　式
和或差函数的中误差	设某一量 z 是独立观测值 x 和 y 的和或差，则有关系式 $$z=x\pm y \qquad (2\text{-}25)$$ 及 $m_z^2=m_x^2+m_y^2$ 即 $$m_z=\pm\sqrt{m_x^2+m_y^2} \qquad (2\text{-}26)$$ 式中　m_x、m_y——独立观测值 x 和 y 的中误差 　　　　m_z——独立观测值 x、y 和或差的函数的中误差 将式(2-26)再进一步推广，如 z 为独立观测值 x_1、x_2、$\cdots\cdots$、x_n 的和或差的函数，则 z 的中误差 m_z 为 $$m_z=\pm\sqrt{m_1^2+m_2^2+\cdots+m_n^2} \qquad (2\text{-}27)$$
线性函数的中误差	设有独立观测值 x_1、x_2、$\cdots$、x_n。它们的中误差分别为 m_1、m_2、$\cdots$、m_n，常数 K_1、K_2、$\cdots$、K_n，函数关系式为： $$z=K_1x_1\pm K_2x_2\pm\cdots+K_nx_n \qquad (2\text{-}28)$$ z 的中误差按照倍数及和与差的中误差的公式可直接写为： $$m_z=\pm\sqrt{K_1^2m_1^2+K_2^2m_2^2+\cdots+K_n^2m_n^2} \qquad (2\text{-}29)$$ 求算术平均值时用下式： $$x=\frac{[L]}{n}=\frac{L_1}{n}+\frac{L_2}{n}+\cdots+\frac{L_n}{n} \qquad (2\text{-}30)$$ 设 x 的中误差为 M，每次观测值 $L_i(i=1,2,\cdots,n)$ 的中误差为 m，则： $$M=\pm\sqrt{\frac{m^2}{n^2}+\frac{m^2}{n^2}+\cdots+\frac{m^2}{n^2}}=\pm\sqrt{\frac{nm^2}{n^2}}=\pm\frac{m}{\sqrt{n}}=\pm\sqrt{\frac{[vv]}{n(n-1)}} \qquad (2\text{-}31)$$ 以上就是对式(2-22)的证明。 从上式可知，增加观测次数是可以提高观测值的精度的。但是，当观测次数增加到一定程度时，对精度的影响是微小的。所以一般情况下，观测次数应在 10 次以内。如果仍达不到所需要的精度，就得选用更精密的仪器工具或是采用更为精确的测量方法
一般函数的中误差	设有一般函数 $$z=f(x_1、x_2、\cdots、x_n) \qquad (2\text{-}32)$$ 对式(2-32)进行全微分，得： $$\mathrm{d}z=\frac{\partial f}{\partial x_1}\mathrm{d}x_1+\frac{\partial f}{\partial x_2}\mathrm{d}x_2+\cdots+\frac{\partial f}{\partial x_n}\mathrm{d}x_n \qquad (2\text{-}33)$$ 这样，把一般函数式变为线性的关系，可利用线性关系来求观测值函数的中误差。如果 x_1、x_2、$\cdots$、x_n 的中误差是 m_1、m_2、$\cdots$、m_n，z 的中误差为 m_z，则有： $$m_z^2=\left(\frac{\partial f}{\partial x_1}\right)^2m_1^2+\left(\frac{\partial f}{\partial x_2}\right)^2m_2^2+\cdots+\left(\frac{\partial f}{\partial x_n}\right)^2m_n^2 \qquad (2\text{-}34)$$ 在使用式(2-32)、(2-33)和(2-34)时应注意以下几点： 1）列函数式时，观测值必须是独立的和最简的形式 2）对函数式进行全微分时，是对每个观测值逐个求偏导数，而将其他的观测值认为是常数 3）如果观测值中有以角度为单位的中误差，则要把角度化成弧度

3 水准测量

细节：水准测量的基本原理

水准测量是测量的三大要素之一，它是确定地面点高程的主要方法。

水准测量是利用水准仪提供的水平视线，根据水准仪在两点竖立的水准尺上的读数先求得两点之间的高差。如果其中一个点的高程为已知，就可以求得另一个点的高程。

如图3-1所示，已知地面点 A 的高程为 H_A，求地面点 B 的高程 H_B。在 A、B 两点上垂直竖立两根水准标尺，在两点的中间安置水准仪，利用水准仪提供的水平视线，在 A、B 两点的水准标尺上读取读数 a、b。

A 为已知点，B 为未知点，观测时是由 A 向 B 进行，所以，a 为后视读数，b 为前视读数。

A、B 两点之间的高差，是 B 点的高程减去 A 点的高程。即

$$h_{AB} = H_B - H_A \qquad (3\text{-}1)$$

且

$$h_{BA} = -h_{AB} \qquad (3\text{-}2)$$

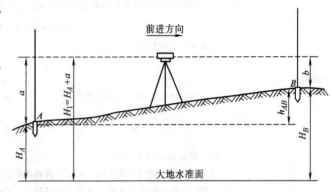

图 3-1　水准测量的基本原理

由图 3-1 可知，A、B 两点之间的高差是后视读数减去前视读数：

$$h_{AB} = a - b \qquad (3\text{-}3)$$

B 点高程为：

$$H_B = H_A + h_{AB} = H_A + a - b \qquad (3\text{-}4)$$

这是用高差法计算 B 点高程的公式。

如果令 $H_A + a$ 为视线高（或称仪器高），并用 H_i 表示，则 B 点的高程为：

$$H_B = H_i - b \qquad (3\text{-}5)$$

这是用视线高法求 B 点高程的公式。式(3-4)、式(3-5)在表示方法上有所不同，但所得的结果则完全一致。

当 A、B 两点之间的高差过大，或是两点之间的距离过长的时候，安置一次仪器不能测得两点之间的高差，就在 A、B 两点之间多设一些立尺点。这些立尺点，在前一站是前视，在下一站则为后视，我们称这些点为转点，它起着传递高程的作用，用 TP 表示。为了防止转点在观测过程中下沉，在尺子的下部应安放尺垫。在计算 A、B 两点之间的高差时，则把

每站的高差相加即可，如图 3-2 所示。设某一站的高差为 h_i，后视读数为 a_i，前视读数为 $b_i(i=1,2,3,\cdots,n)$，则

$$h_1 = a_1 - b_1 \quad (3\text{-}6)$$

$$h_2 = a_2 - b_2 \quad (3\text{-}7)$$

$$h_3 = a_3 - b_3 \quad (3\text{-}8)$$

$$\cdots$$

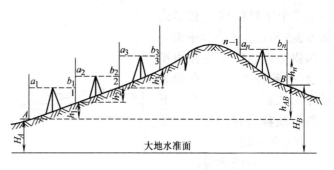

图 3-2　水准测量

$$h_{AB} = h_1 + h_2 + h_3 + \cdots h_n = (a_1 - b_1) + (a_2 - b_2) + (a_3 - b_3) + \cdots + (a_n - b_n)$$

$$= (a_1 + a_2 + a_3 + \cdots + a_n) - (b_1 + b_2 + b_3 + \cdots + b_n) = \sum a - \sum b$$

$$H_B = H_A + h_{AB} = H_A + (\sum a - \sum b) \quad (3\text{-}9)$$

式 (3-9) 可以作为在测量过程中的计算校核之用，检查计算是否正确。

细节：光学水准仪

如图 3-3 所示是我国生产的 S3 型微倾水准仪，是工程中常用的类型。"S" 是水准仪的代号，"3" 是相应的精度等级，表示每公里高差中误差为 ±3mm。

1. 光学水准仪的基本构造

水准仪主要由望远镜、水准器和基座三部分组成。

（1）望远镜　望远镜由物镜、目镜和十字丝三个主要部分组成。它的主要作用是能使我们看清远处的目标并提供一条照准读数用的视线。如图 3-4 所示是内对光式倒像望远镜的构造原理图。目标经过物镜和对光凹透镜的作用，在镜筒内造成倒立的、缩小的实像，通过调节对光凹透镜，可以使成像清晰地反映到十字丝平面上。目镜的作用是放大，人眼经过目镜去观察，可以

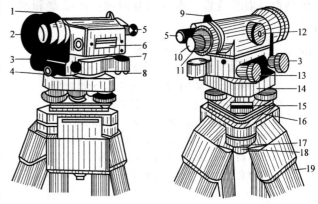

图 3-3　光学水准仪

1—准星　2—物镜　3—微动螺旋　4—制动螺旋　5—符合水准器观测镜　6—水准管　7—水准盒　8—校正螺旋　9—照门　10—目镜　11—目镜对光螺旋　12—物镜对光螺旋　13—微倾螺旋　14—基座　15—脚螺旋　16—连接板　17—架头　18—连接螺旋　19—三脚架

看到目标的小实像和十字丝一起放大的虚像。十字丝的作用是提供照准目标的标准。

为了提高望远镜成像的质量，物镜、对光凹透镜和目镜都是由多块透镜组合而成的。物镜与对光凹透镜组合后的等效焦距与目镜等效焦距之比，称为望远镜放大率。也就是人眼通过目镜所看到的像的大小与不通过目镜直接看到目标的大小之比。它是鉴别望远镜质量的主要指标之一，反映了望远镜的分辨能力。一般水准仪望远镜放大率为 15~30 倍，高精度的仪器达 45 倍。十字丝是在玻璃板上画线后，装在十字丝环上，通过校正螺旋固定在望远镜

筒上。十字丝的构造和形式
如图3-5所示。十字丝中央交
点和物镜光心的连线称为视
准轴(也称视线),视准轴是
瞄准的依据。十字丝的上下
两条短线称为视距丝,它是
用来测量视距的。

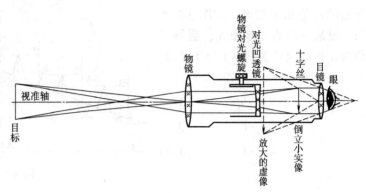

图3-4　望远镜的结构原理

　　为了控制望远镜的左右
转动以使视准轴对准目标,
水准仪一般都装有一套制动
螺旋和微动螺旋。当拧紧制
动螺旋时,望远镜就不能转动;此时如果转动微动
螺旋,则由于微动弹簧的作用使望远镜做微小转动,
则望远镜就可以精确照准目标。当制动螺旋松开时,
微动螺旋就失去了作用。有些仪器是靠摩擦制动的,
不设制动螺旋而只设微动螺旋。

　　(2)水准器　水准器是用来标志视线是否水平、
竖轴是否铅垂的装置。水准器有两种:水准盒和水
准管。

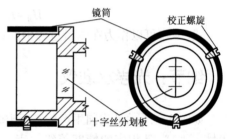

图3-5　十字丝的构造与形式

水准器	主 要 内 容	图 示
水准盒	水准盒顶面内壁是一个球面,球面中心刻有一个圆圈,其圆心称为水准盒零点。水准盒内装酒精和乙醚混合液,密封后留有气泡。水准盒零点的法线称为水准盒轴线。当气泡居中时,水准盒轴就处于铅垂位置,如图3-6所示。气泡移动2mm,水准盒轴相应倾斜的角度,称为水准盒分划值。水准盒球面半径越大,分画值越小,水准盒灵敏度越高。水准盒是概略定平的装置。S3型水准盒分划值为20′ 　　用校正螺钉使水准盒轴与仪器竖轴相互平行,则当调节脚螺旋使水准盒气泡居中时,竖轴就处于铅垂位置,也就是说,水准仪概略水平了	图3-6　水准盒
水准管	水准管是把玻璃管的纵向内壁磨成圆弧,管内装酒精和乙醚的混合液密封做成,如图3-7所示。水准管圆弧中点称为水准管的零点;过零点与内壁圆弧相切的直线称为水准管轴。水准管气泡居中时,水准管轴处于水平位置。气泡移动2mm,水准管轴倾斜的角度τ称为水准管分画值。 　　用校正螺钉使水准管轴与视准轴互相平行,当水准管气泡居中时,水准管轴处于水平位置。根据水准测量的要求:视准轴与水准管轴平行是水准测量应具备的最重要条件	图3-7　水准管

（3）基座 基座主要由轴座、脚螺旋和连接板组成。仪器上部通过竖轴插入轴座内，由基座承托，整个仪器用连接螺旋与三脚架连接。

2. 光学水准仪的使用方法

项目	使用方法
安置、整平	水准仪的安置主要是整平水准盒，使仪器概略水平。具体做法是：选好安置位置，将仪器安在三脚架上，先踩实两脚架尖，摆动另一只脚架使水准盒气泡概略居中，然后调整脚螺旋使气泡居中
对光、照准	先将望远镜对准明亮背景，转动目镜对光螺旋使十字丝清晰，然后松开制动螺旋，转动望远镜，利用镜筒上准星和照门照准目标后，旋紧制动螺旋，再转动物镜对光螺旋，使尺像清晰，此时应达到眼睛上下晃动，十字丝交点总是指在物像的一个固定位置，即无视差现象。如果尺与十字丝有错动现象，就是有视差，说明物像没有呈现在十字丝面上，影响读数的准确性。消除视差的方法是：先转动目镜对光螺旋，使十字丝清晰，然后瞄准目标，转动物镜对光螺旋，使目标像十分清晰，直到消除视差
精密整平	转动微倾螺旋使符合水准气泡居中，即气泡两端的像符合规律，即：左侧的像移动方向与微倾螺旋转动方向一致。转动微倾螺旋要稳重，避免气泡上下错动不停
读数	以十字丝中横丝为准，读出指示数值。读数时要注意尺上注字由小到大的顺序，依次读出米、分米、厘米，估读出毫米。如果不是正像水准仪，则望远镜中为倒像，则读数从镜内看应为从上到下。应当注意的是，读数前一定要检查符合气泡是否居中，以保证视线在水平时读数。符合气泡不居中的情况下不能读数

细节：电子水准仪

电子水准仪的出现，为水准测量自动化、数字化开辟了新的途径。电子水准仪利用电子图像处理技术来获得测站高程和距离，并能自动记录。仪器内置测量软件包，功能包括测站高程连续计算、测点高程计算、路线水准平差、高程网平差及断面计算、多次测量平均值及测量精度等。

电子水准仪测量原理	此仪器利用近代电子工程学原理由传感器识别条形码水准尺上的条形码分划，经信息转换处理获得观测值，并以数字形式显示在显示窗口上或存储在处理器内。仪器带自动安平补偿器，补偿范围为±12′。与仪器配套的水准尺为条纹编码尺——玻璃纤维塑料尺或钢卷尺。与电子水准仪相匹配的分划形式为条纹码。观测时，经自动调焦和自动整平后，水准尺条纹码分划影像映射到分光镜上，并将它分为两部分，一部分是可见光，通过十字丝和目镜，供照准用；另一部分是红外光射向探测器，并将望远镜接收到的光图像信息转换成电影像信号，并传输给信息处理器，与机内原有的关于水准尺的条纹码本源信息进行相关处理，于是就得出水准尺上水平视线处的读数。使用电子水准仪测量既方便又准确，实现了水准测量自动化
电子水准仪使用方法	1）安置仪器。电子水准仪的安置同光学水准仪 2）整平。旋动脚螺旋使圆水准盒气泡居中 3）输入测站参数。输入测站高程 4）观测。将望远镜对准条纹水准尺，按仪器上的测量键 5）读数。直接从显示窗中读取高差和高程，此外还可获取距离等其他数据

（续）

电子水准仪的特点	1）读数客观。不存在误差、误记问题，没有人为读数误差 2）精度高。视线高和视距读数都是采用大量条码分划图像经处理后取平均值得出来的，因此削弱了标尺分划误差的影响，多数仪器都有进行多次读数取平均值的功能，可以削弱外界的影响 3）速度快。由于省去了报数、听记、现场计算的时间以及人为出错的重测次数，测量时间与传统仪器相比可以节省 1/3 左右 4）效率高。只需调焦和按键就可以自动读数，减轻了劳动强度。视距还能自动记录、检核、处理并能输入电子计算机进行后处理。可实现内外业一体化

细节：水准尺

水准尺的形式分两种，一种是供电子水准仪使用的条纹码水准尺，另一种是供光学水准仪使用的厘米分划水准尺。条纹码水准尺是供电子水准仪专用，这里不作介绍。而厘米分划水准尺在一般水准测量时普遍使用，对此简单介绍如下：

水准尺的零点一般在尺的底部，尺的刻划是黑（红）白格相间，每一个黑（红）格或白格是 1cm 或 0.5cm。尺上分米处注有数字，分米的准确位置有的以字底为准，有的以字顶为准，还有的把字写在所在分米中间。超过 1m 的注记加红点。水准尺有单面刻划和双面刻划两种。水准尺双面刻划是两面零点不一致，黑面分划尺底为零，红面分划尺底为一常数（如 4.687、4.787）。利用红、黑面尺零点差可以对水准尺读数进行校核。使用水准尺前一定要认清刻划特点。

水准尺一般长 3m，塔尺有 3m 和 5m 两种，使用塔尺两节以上时，必须把接口位置对准。

细节：水准测量

1. 水准测量的操作程序

安置一次仪器测量两点间高差的操作程序和主要工作内容如下：

操 作 程 序	主 要 工 作 内 容
安置仪器	仪器尽可能安置在两测点中间。打开三脚架，高度适中，架头大致水平、稳固地架设在地面上。用连接螺栓将水准仪固定在三脚架上。利用调平螺旋使水准盒气泡居中。调平方法：图 3-8a 表示气泡偏离在 a 的位置，首先按箭头指的方向同时转动调平螺旋 1、2，使气泡移到 b 点（图 3-8b），再转动调平螺旋 3，使气泡居中。再变换水准盒位置，反复调平，直到水准盒在任何位置时气泡皆居中为止。转动调平螺旋让水准盒气泡居中的规律是：气泡需向哪个方向移动，左手拇指就向哪个方向转动。若使用右手，拇指就按相反方向转动
读后视读数	操作顺序为：立尺于已知高程点上→利用望远镜准星瞄准后视尺→拧紧制动螺旋→目镜对光，看清十字线→物镜对光，看清后视尺面→转动水平微动，用十字线竖丝照准尺中→调整微倾螺旋，让水准管气泡居中（观察镜中两个半圆弧相吻合）→按中丝所指位置读出后视精确读数→及时做好记录。读数后还应检查水准管气泡是否仍居中，如有偏离，应重新调整，重新读数，并修改记录。读数时，要将物镜、目镜调整到最清晰处，以消除视差

（续）

操 作 程 序	主 要 工 作 内 容
读前视读数	用望远镜照准前视尺，按后视读数的操作程序读出前视读数
做好原始记录	每一测站都应如实地把记录填写好，并经简单计算、核对无误。记录的字迹要清楚，以备复查。只有把各项数据归纳完毕后，方能移动仪器

2. 测设已知高程的点

测设已知高程的点是根据已知水准点的高程在地面上或物体立面上测设出设计高程位置，并做好标志，作为施工过程控制高程的依据。如建筑物±0.000的测设、道路中心高的测设等都属于这种方法，施工中应用较广。

测设的基本方法是：

1）以已知高程点为后视，测出后视读数，求出视线高。

$$视线高 = 已知高程 + 后视读数 \quad (3-10)$$

2）根据视线高先求出设计高程与视线高的高差，再计算出前视应读读数。

3）以前视应读读数为准，在尺底画出设计高程的竖向位置。

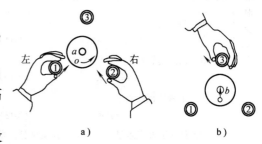

图 3-8 水准盒调平顺序

3. 抄平测量

施工中常需同时测设若干同一标高点，如测设龙门板、设置水平桩等，施工现场称为抄平。为了提高工作效率，仪器要经过精确定平，利用视线高法原理，安置一次仪器就可测出很多同一标高的点。实际工作中一般习惯用一小木杆代替水准尺，既方便灵活，又可避免读数误差。木杆的底面应与立边相垂直。

图 3-9 中 A 点是建立的 ±0.000 标高点，欲在 B、C、D、E 各桩上分别测出 ±0.000 标高线。

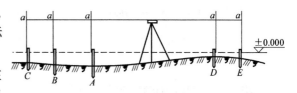

图 3-9 抄平

操作方法：仪器安好后，将木杆立在 A 点 ±0.000 标志上，扶尺员平持铅笔在视线的大约高度按观测员指挥沿木杆上下移动，在中丝照准位置停住，并画一横线，即视线高。然后移木杆于待抄平桩侧面，按观测员指挥上下移动木杆(注意随时调整微倾螺旋,保持水准管气泡居中)。当木杆上的横线恰好对齐中丝时，沿尺底画一横线，此线即为±0.000 位置。不移动仪器，采用同法即可在各桩上测出同一标高线。

要测设比±0.000 高 50cm 的标高线，先从木杆横线向下量 50cm 另画一横线，测设时以改后横线为准，即可测设出高 50cm 的标高线。其他情况依此类推。

需注意的是当仪器高发生变动时(重新安置仪器或重新调平)，要再将木杆立在已知高程点上，重新在木杆上测出视线高横线，不能利用以前所画横线。杆上以前画的没用的线要抹掉，以防止观测中发生错误。

4. 传递测量

在实际工作中有时两点间高差很大，可采用吊钢卷尺法或接力法测量。

方法	内 容	图 示
吊钢卷尺法	某工程地下室基础深 h_0 m，当土方快挖到设计标高时，要根据±0.000 标高点向坑底引测 $-h_1$ m 的标高桩，作为基础各阶段施工的标高控制点 具体作法是在槽边设一吊杆，从杆顶向下吊一钢卷尺(图 3-10)，尺的零端在下，钢卷尺下端吊一重锤以便使尺身竖直。在地面安置仪器后，先立尺于±0.000 点，测得后视读数 a_1(即视线高 a_1)，测得钢卷尺读数 b_1，然后移仪器于槽内，测得钢卷尺读数 b_2 待测点与视线高的高差 $$h=a_1-(-h_1) \qquad (3\text{-}11)$$ 钢卷尺两次读数差 $$b=b_1-b_2 \qquad (3\text{-}12)$$ 故 B 点前视应读读数 $$a_2=h-b \qquad (3\text{-}13)$$ 将水准尺立于 B 点木桩侧面，上下移动尺身，当中丝正照准应读数 a_2 时，沿尺底画一横线，该横线即是所要测设的 $-h_1$ 标高线。上例是从高处向低处引测的情况，如从低处向高处引测也可按同样方法进行	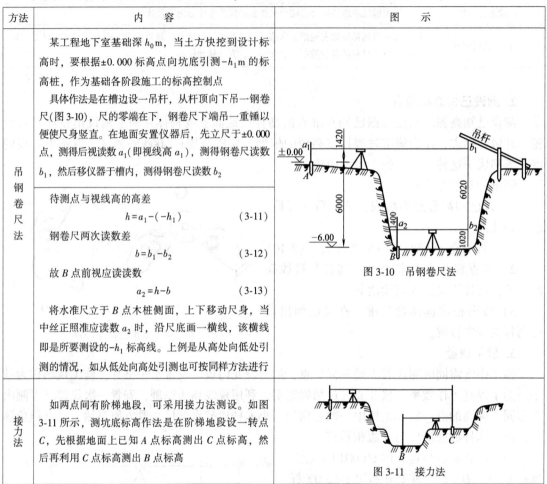 图 3-10 吊钢卷尺法
接力法	如两点间有阶梯地段，可采用接力法测设。如图 3-11 所示，测坑底标高作法是在阶梯地段设一转点 C，先根据地面上已知 A 点标高测出 C 点标高，然后再利用 C 点标高测出 B 点标高	图 3-11 接力法

细节：水准测量的精度要求

1. 误差

在两点间安置两次仪器，测得两个高差，从理论上讲两次所得高差应相等。但由于仪器构造本身的误差、估读数值的偏差及各种外界自然条件等因素的影响，往往会造成两次高差不相等，这个高差不符值就是误差，或叫闭合差。误差是指施测过程中由于不可避免的因素造成的，其数值较小而不超过一定的限值。而错误是由于工作中粗心大意造成的，数值往往较大。

只观测一次所得出的成果不能肯定其误差是多少，必须用比较的方法(再观测一次或数次)才能鉴别出来。

2. 精度要求

建筑施工测量中，按不同的工程对象，规范中明确规定了误差的允许范围，叫允许误差，用 $\Delta h_允$ 表示。测量误差若小于允许误差，则精度合格，成果可用；若大于允许误差，成果就不能用。允许误差也就是精度要求。水准测量的主要技术要求见表 3-1。

表 3-1 水准测量的主要技术要求

等级	每公里高差中误差/mm	附合路线长度/km	水准仪型号	水准尺	观测次数		往返较差、附合或环线闭合差	
					与已知点联测	附合或环线	平地/mm	山地/mm
二	2		DS$_1$	因瓦	往返各一次	往返各一次	4$\sqrt{L}$	
三	6	50	DS$_3$	双面	往返各一次	往返各一次	12$\sqrt{L}$	4$\sqrt{n}$
			DS$_1$	因瓦		往一次		
四	10	16	DS$_3$	双面	往返各一次	往一次	20$\sqrt{L}$	6$\sqrt{n}$
五	20	5	DS$_3$	单面	往返各一次	往一次	40$\sqrt{L}$	—

注：1. 结点之间或结点与高级点之间，其路线的长度不应大于表中规定的 0.7 倍。

2. 人为往返测段、附合或环线的水准路线长度（km）；n 为站数。

3. 数字水准仪测量的技术要求和同等级的光学水准仪相同。

施工测量中建立高程控制点时采用四等水准要求。

$$\Delta h_{允} = \pm 20\sqrt{L}\,\text{mm} \ 或 \pm 6\sqrt{n}\,\text{mm} \tag{3-14}$$

一般工程测量允许误差采用

$$\Delta h_{允} = \pm 40\sqrt{L}\,\text{mm} \ 或 \ 12 \pm \sqrt{n}\,\text{mm} \tag{3-15}$$

当每公里测站少于 15 站时用前式，每公里多于 15 站时用后式。

建筑物施工过程的水准测量一般为等外测量，其允许误差应符合各分项工程质量要求。精密设备安装及连动生产线施工应采用等级测量。工作中应精益求精，合理地控制误差，以提高测量精度。高程测量允许误差见表 3-2 和表 3-3。

表 3-2 高程测量允许误差 （单位：mm）

测量距离/km	四等测量 $\pm 20\sqrt{L}$	一般工程 $\pm 40\sqrt{L}$	测量距离/km	四等测量 $\pm 20\sqrt{L}$	一般工程 $\pm 40\sqrt{L}$
0.1	6	13	1.9	28	55
0.2	9	18	2.0	28	57
0.3	11	22	2.2	30	59
0.4	13	25	2.4	31	62
0.5	14	28	2.6	32	64
0.6	15	31	2.8	33	66
0.7	17	33	3.0	35	69
0.8	18	36	3.2	36	72
0.9	19	38	3.4	37	74
1.0	20	40	3.6	38	76
1.1	21	42	3.8	39	78
1.2	22	44	4.0	40	80
1.3	23	46	4.2	41	82
1.4	24	47	4.4	42	84
1.5	25	49	4.6	43	86
1.6	25	50	4.8	44	88
1.7	26	52	5.0	45	89
1.8	27	54	5.2	46	91

表 3-3 高程测量允许误差 （单位:mm）

测 站 数 n	四 等 测 量 $\pm 5\sqrt{n}$	一 般 工 程 $\pm 12\sqrt{n}$	测 站 数 n	四 等 测 量 $\pm 5\sqrt{n}$	一 般 工 程 $\pm 12\sqrt{n}$
5	11	27	32	28	68
6	12	29	33	29	69
7	13	32	34	29	70
8	14	34	35	30	71
9	15	36	36	30	72
10	16	38	37	30	73
11	16	40	38	31	74
12	17	42	39	31	75
13	18	43	40	32	76
14	19	45	41	32	77
15	19	46	42	32	78
16	20	48	43	33	79
17	21	49	44	33	80
18	21	51	45	33	80
19	22	52	46	34	81
20	22	54	47	34	82
21	23	55	48	35	83
22	23	56	49	35	84
23	24	57	50	35	85
24	24	59	51	36	86
25	25	60	52	36	86
26	25	61	53	36	87
27	26	62	54	37	88
28	26	63	55	37	89
29	27	65	56	37	90
30	27	66	57	38	91
31	28	67	58	38	91

细节：水准测量的成果校核

方　法	内　容
复测法（单程双线法）	从已知水准点测到待测点后，再从已知水准点开始重测一次，叫复测法或单程双线法。再次测得的高差，符号（+、−）应相同，数值应相等。如果不相等，两次所得高差之差叫较差，用 $\Delta h_{测}$ 表示，即 $$\Delta h_{测} = h_{初} - h_{复} \qquad (3\text{-}16)$$ 较差小于允许误差，精度合格。然后取高差平均值计算待测点高程 $$高差平均值\ h = \frac{h_{初} + h_{复}}{2} \qquad (3\text{-}17)$$ 高差的符号有"+"和"−"之分，按其所得符号代入高程计算式 复测法用在测设已知高程的点时，初测时在木桩侧面画一横线，复测又画一横线，若两次测得的横线不重合，两条线间的距离就是较差（误差），若小于允许误差，取两线中间位置作为测量结果

（续）

方　法	内　　容
往返测法	由一个已知高程点起，向施工现场欲求高程点引测，得到往测高差（$h_{往}$）后，再向已知点返回测得返测高差（$h_{返}$），当（$h_{往}+h_{返}$）小于允许误差时，则可用已知点高程推算出欲求点高程称往返测法。两次测得的高差，符号（＋、－）应相反，往返高差的代数和应等于零。如不等于零，其差值叫较差。即 $$\Delta h_{测}=h_{往}+h_{返} \qquad (3\text{-}18)$$ 较差小于允许误差，精度合格。取高差平均值计算待测点高程 $$高差平均值\, h=\frac{h_{往}-h_{返}}{2} \qquad (3\text{-}19)$$
闭合测法	从已知水准点开始，在测量水准路线上若干个待测点后，又测回到原来的起点上（图3-12），由于起点与终点的高差为零，所以全线高差的代数和应等于零。如不等于零，其差值叫闭合差。闭合差小于允许误差，则精度合格 　在复测法、往返测法和闭合测法中，都是以一个水准点为起点，如果起点的高程记错、用错或点位发生变动，那么即使高差测得正确，计算也无误，而测得的高程还是不正确的。因此，必须注意准确地抄录起点高程并检查点位有无变化
附和测法	从一个已知高程点开始，测完待测点（一个或数个）后，继续向前施测到另一个已知高程点上闭合（图3-13）。把测得终点对起点的高差与已知终点对起点的高差相比较，其差值叫闭合差，闭合差小于允许误差，精度合格

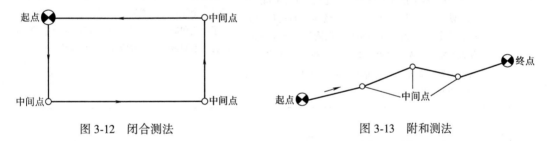

　　图 3-12　闭合测法　　　　　　　　　　　　　　　图 3-13　附和测法

　　实测中最好不使用往返测法与闭合测法，因为这两种方法只以一个已知高程点为依据，如果这个点动了、高程错了或用错了点位，在最后计算成果时均无法发现。

细节：水准仪的一般检验与校正

　　水准仪在出厂前，虽然对各轴线的几何关系都进行了严格的检验和校正，但经过长途运输和长期使用，各轴线的几何关系逐渐会有变化，因此要定期进行检验和校正，以使测量成果符合精度要求。

　　根据测量原理，微倾式水准仪各轴线间应具备的几何关系是：水准盒轴平行竖轴、十字丝横丝垂直竖轴、水准管轴平行视准轴。

项　　目	检 验 方 法	校 正 方 法
水准盒	安置仪器后，转动脚螺旋使水准盒气泡居中，然后使望远镜绕竖轴转180°，如果气泡仍居中，说明水准盒轴平行竖轴，否则，说明不平行	在检验的基础上，用脚螺旋使气泡中点退回偏离零点的一半，再拨动水准盒校正螺钉，使气泡居中，则水准盒轴也处于铅垂位置，此时两轴已平行

（续）

项　目	检 验 方 法	校 正 方 法
十字丝横丝	将横丝对准远处一明显标志，旋紧制动螺旋后转动微动螺旋，如果标志始终在横丝上移动，说明十字丝横丝垂直于竖轴，否则，应进行校正	松开十字丝环校正螺钉，转动十字丝环，调整发现的误差 当误差不明显时，一般不必进行校正，在实际工作中可利用十字丝中央部分读数，以减少这项误差的影响
水准管轴	由水准测量原理可知，当水准轴平行于视准轴时，在两个固定点之间，水准仪安置在任何位置，所测两点高差都应该一致。如果两轴不平行，水准仪安置位置距两点有远有近，在远、近两尺上读数就不同，所测两点高差也有误差。因此，在不同位置安置两次仪器，比较两次测得的高差就可发现两轴是否平行 ① 如图 3-14 所示，选择相距 75～100m，稳定并且互相通视的两点 A 和 B ② 将仪器安置在 A、B 两点的等远处，如图 3-14a 所示，可测出两点的正确高差。为了防止错误，提高精度，一般应用不同的仪器观测两次，两次高度差相差小于 3mm 时，取平均数作为正确的高度差 h ③ 移仪器于近 A 尺处（或 B 处），如图 3-14b 所示，使目镜距尺 1～2cm，从物镜端观测近尺读数 a_2，计算当视准轴水平时远尺正确读数 $b_2 = a_2 - h$，将视准轴对准 b_2，读数，这时视准轴将处于水平位置，如果水准管气泡也居中，则说明两轴线是平行的，否则，应进行校正	为了校正的方便，两次安置仪器的位置，一般是一次选在两固定点的中点，另一次选在靠近某一固定点，这样通过比较的方法，就可找出视准轴应处的水平位置，然后使视准轴水平，再检查水准管轴是否水平 当视准轴对准 B 尺上正确读数 b_2 时，视准轴已处于水平位置，但水准管气泡偏离中央，说明水准管轴不水平，拨动水准管的校正螺钉，使气泡居中，这样水准管轴也处于水平位置，从而达到了水准管轴平行视准轴的条件。水准管校正螺钉在水准管的一端，如图 3-15 所示。拨动时注意先拧松一个螺钉再拧紧另一个螺钉，以免损坏螺钉。为了避免和减少校正不完善的残留误差影响，在进行水准测量时，一般应使前、后视线等长

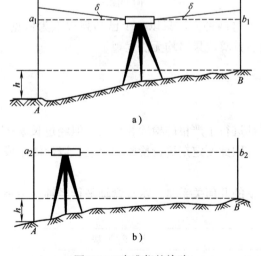

图 3-14　水准仪的检验
a）位置 1　b）位置 2

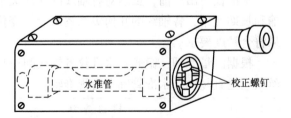

图 3-15　水准仪的校正

细节：水准测量误差的分析

为了提高水准测量的精度，必须分析和研究误差的来源及其影响的规律，找出消除或减弱这些误差影响的措施。水准测量误差的来源主要有仪器本身误差、观测误差及外界条件影响产生的误差等。

仪器误差	（1）残余误差　水准仪经检验校正后的残余误差，主要表现为水准管轴与视准轴不平行，虽然经校正，但仍然存在少量的误差。这种误差的影响与距离成正比，观测时若保证前、后视距大致相等，便可消除或减弱此项误差的影响 （2）水准尺误差　由于标尺本身的原因和使用不当所引起的读数误差称为标尺误差。水准标尺本身的误差包括分划误差、尺面弯曲误差、尺长误差等。规范规定，对于区格式木制水准标尺，米间隔平均真长与名义长之差不应大于 0.5mm，所以在使用前必须对水准标尺进行检验，符合要求方可使用 1）水准标尺零点差。由于使用、磨损等原因，水准标尺的底面与其分划零点不完全一致，其差值称为标尺零点差。对于一个测段的测站数为偶数段的水准路线，标尺零点差的影响可自行抵消；若为奇数站，所测高差中将含有该误差的影响 2）水准标尺倾斜误差。如图 3-16 所示，水准测量时，若水准标尺前、后倾斜，从水准仪的望远镜视场中不会察觉。在倾斜标尺上的读数总是比正确的标尺读数大，且视线高度愈大，误差就愈大。为减少因水准标尺竖立不直而产生的读数误差，可使用安装有圆水准器的水准标尺，并注意在测量工作中认真扶尺，使标尺竖直 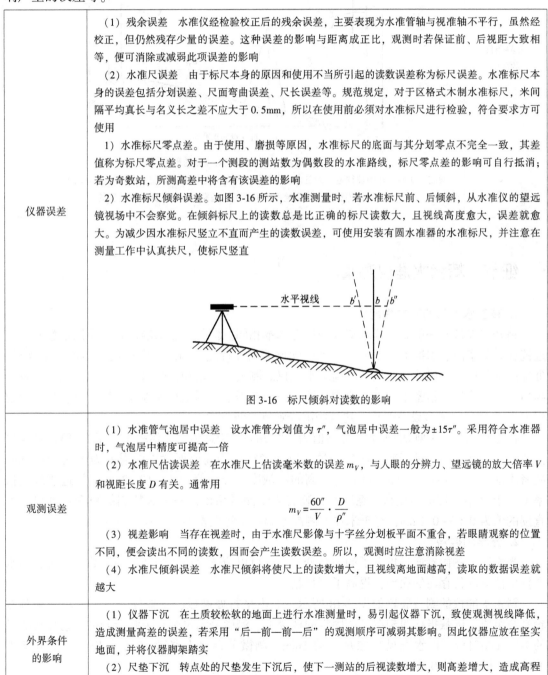 图 3-16　标尺倾斜对读数的影响
观测误差	（1）水准管气泡居中误差　设水准管分划值为 τ''，气泡居中误差一般为 $\pm 15\tau''$。采用符合水准器时，气泡居中精度可提高一倍 （2）水准尺估读误差　在水准尺上估读毫米数的误差 m_V，与人眼的分辨力、望远镜的放大倍率 V 和视距长度 D 有关。通常用 $$m_V = \frac{60''}{V} \cdot \frac{D}{\rho''}$$ （3）视差影响　当存在视差时，由于水准尺影像与十字丝分划板平面不重合，若眼睛观察的位置不同，便会读出不同的读数，因而会产生读数误差。所以，观测时应注意消除视差 （4）水准尺倾斜误差　水准尺倾斜将使尺上的读数增大，且视线离地面越高，读取的数据误差就越大
外界条件的影响	（1）仪器下沉　在土质较松软的地面上进行水准测量时，易引起仪器下沉，致使观测视线降低，造成测量高差的误差，若采用"后—前—前—后"的观测顺序可减弱其影响。因此仪器应放在坚实地面，并将仪器脚架踏实 （2）尺垫下沉　转点处的尺垫发生下沉后，使下一测站的后视读数增大，则高差增大，造成高程传递误差。为此，实际测量时，转点应设在坚实地面上，尺垫要踏实

（续）

外界条件 的影响	（3）大气折光的影响　如图 3-17 所示，因大气层密度不同，对光线产生折射，使视线产生弯曲，从而使水准测量产生误差。视线离地面愈近，视线愈长，大气折光影响愈大。为减弱大气折光的影响，只能采取缩短视线，并使视线离地面有一定的高度及前、后视的距离相等的方法。规范规定，三、四等水准测量应保证上、中、下三丝都能读数，二等精密水准测量则要求下丝读数不小于 0.3m 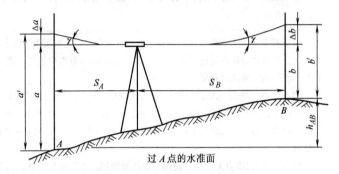 图 3-17　大气折光对高差的影响 总之，实际工作中往往遇到的是以上各项误差的综合性影响。只要在作业中按规范要求施测，注意撑伞遮阳，在操作熟练和提高观测速度的前提下，是完全能够达到施测精度的

细节：精密水准仪测量

1. 精密水准仪的基本性能

精密水准仪和一般微倾式水准仪的构造基本相同。但与一般水准仪相比有制造精密、望远镜放大倍率高、水准器分划值小、最小读数准确等特点。因此，它能提供精确水平视线、准确照准目标和精确读数，是一种高级水准仪。测量时，它和精密水准尺配合使用，可取得高精度测量成果。精密水准仪主要用于国家一、二等水准测量和高等级工程测量，如大型建（构）筑物施工、大型设备安装、建筑物沉降观测等测量中。

普通水准仪（S3 型）的水准管分划值为 20″/2mm，望远镜放大倍率不大于 30 倍，水准尺读数可估读到毫米。进行普通水准测量，每千米往返测高差偶然中的误差为不大于 ±3mm。精密水准仪（S0.5 或 S1 型）水准管有较高的灵敏度，分划值为 8″~10″/2mm，望远镜放大倍率不小于 40 倍，照准精度高、亮度大，装有光学测微系统，并配有特制的精密水准尺，可直读的值为 0.05~0.1mm，每千米往返测高差偶然中的误差不大于 0.5~1.0mm。

2. 光学测微器

光学读数测微器通过扩大了的测微分划尺，可以精读出小于分划值的尾数，改善普通水准仪估读毫米位存在的误差，提高了测量精度。

精密水准仪的测微装置如图 3-18 所示，它由平行玻璃板、测微分划尺、传动杆和测微轮系统组成，读数指标线刻在一个固定的棱镜上。测微分划尺刻有 100 个分格，它与水准尺的 10mm 相对应，即水准尺影像每移动 1mm，测微分划尺上移动 10 个分格，每个分格为 0.1mm，可估读至 0.01mm。

测微装置工作原理是：平行玻璃板装在物镜前，通过传动齿条与测微分划尺连接，齿条由

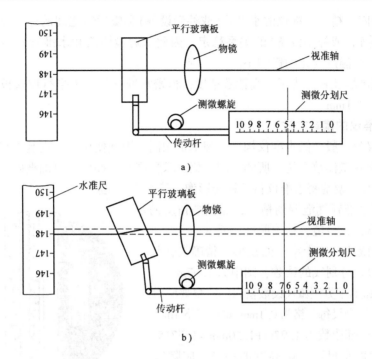

图 3-18 测微读数装置

测微轮控制，转动测微轮，齿条前后移带动玻璃板绕其轴向前后倾斜，测微尺也随之移动。

当平行玻璃板竖直时(与视准轴垂直见图 3-18a)，水平视线不产生平移，测微尺上的读数为 5.00mm；当平行玻璃板向前后倾斜时，根据光的折射原理，视线则上下平移(图 3-18b)，测微分划尺有效移动范围为上、下各 5mm(50 个分格)。如测微分划尺移到 10mm 处，则视线向下平移 5mm，若测微分划尺移到 0mm 处，则视线向上平移 5mm。

需说明的是，测微分划尺上的 10mm 注字，实际真值是 5mm，也就是注记数字比真值大 1 倍，这样就和精密水准尺的注字相一致(精密水准尺的注字比实际长度大一倍)，以便于读数和计算。

如图 3-18 所示，当平行玻璃板竖直时，水准尺上的读数在 148～149 之间，此时测微分划尺上的读数是 5mm，而不是 0，旋转测微轮，则平行玻璃板向前倾斜，视线向下平移，与就近的 148 分划线重合，此时测微分划尺的读数为 6.54mm，视线平移量为 6.54mm～5.00mm，最后读数为：

$$1.48m+6.54mm-5.00mm=1.48654m-5.00mm$$

在上式中，每次读数都应减去一个常数值 5.00mm，但在水准测量计算高差时，因前视、后视读数都含这个常数，会互相抵消。所以，在读数、记录和计算过程中都不考虑这个常数。但在进行单向测量读数时，就必须减去这个常数。

3. 精密水准仪的构造特点

1) 视准轴水平精度高，一般不低于 ±0.8″。若为水准管仪器，其水准管格值 τ = (6″～10″)/2mm。

2) 望远镜光学性能好。精密水准仪的望远镜放大倍率一般大于 32 倍，望远镜物镜有效孔径也较大，分辨率和亮度都较高。

3) 结构坚固。精密水准仪的水准管(或补偿设备)和望远镜之间的连接非常牢固,以使视准轴与水准管轴(或补偿设备)的关系稳定,因此望远镜镜筒和水准管套多用铟瓦合金制造,密封性好,受温度变化的影响小。

4) 具有测微器装置。为了提高读数精度,精密水准仪装置了平行玻璃板测微器,其最小读数为 0.01~0.1mm。

4. 精密水准仪的读数方法

精密水准仪与一般微倾水准仪构造原理基本相同。因此使用方法也基本相同,只是精密水准仪装有光学测微读数系统,所测量的对象要求精度高,操作要更加准确。

图 3-19 是 DS$_1$ 型精密水准仪目镜视场影像,读数程序是:

1) 望远镜水准管气泡调到精平,提供高精度的水平视线,调整物镜、目镜,精确照准尺面。

2) 转动测微轮,使十字丝的楔形丝精确夹住尺面整分划线,读取该分划线的读数,图中为 1.97m。

3) 再从目镜右下方测微尺读数窗内读取测微尺读数,图中为 1.50mm(测微尺每分格为 0.1mm,每注字格 1mm)。

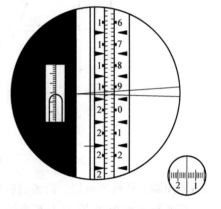

4) 水准尺全部读数为 1.97m+1.50mm = 1.97150m

5) 尺面读数是尺面实际高度的一半,应除以 2,即 1.97150m÷2 = 0.98575m。

测量作业过程中,可用尺面读数进行运算,在求高差时,应将所得高差值除以 2。

图 3-19 DS$_1$ 型精密水准仪目镜视场

5. 精密水准仪使用要点

1) 水准仪、水准尺要定期检校,以减少仪器本身存在的误差。

2) 仪器安置位置应符合所测工程对象的精度要求,如视线长度、前后视距差、累计视距差和仪器高都应符合观测等级精度的要求,以减少与距离有关的误差影响。

3) 选择适于观测的外界条件,要考虑强光、光折射、逆光、风力、地表蒸汽、雨天和温度等外界因素的影响,以减少观测误差。

4) 仪器应安稳精平,水准尺应利用水准管气泡保持竖直,立尺点(尺垫、观测站点、沉降观测点)要有良好的稳定性,防止点位变化。

5) 观测过程要仔细认真,粗枝大叶是测不出精确成果的。

6) 熟练掌握所用仪器的性能、构造和使用方法,了解水准尺尺面分划特点和注字顺序,情况不明时不要作业,以防造成差错。

6. 精密铟瓦水准尺

精密水准仪必需配备精密水准尺,精密铟瓦水准尺是在木制(或铝制)尺槽中装有铟瓦带,一端固定而另一端用弹簧拉紧,使铟瓦带平直和不受尺槽自身伸缩的影响。铟瓦带是用36%的镍与64%的铁制成的合金带,其膨胀系数小于 0.5×10^{-6}/℃,仅为钢膨胀系数的1/24,故铟瓦水准尺受外界温度、湿度的影响较小。铟瓦水准尺上的分划线是条式的,多数精密水准尺分划为左右两排,一排叫基本分划,一排叫辅助分划,两排分划相差 3m 左右的尺常数。读数时,用两排分划上读数之差是否等于尺常数来检核读数精度。为了保证工作时尺身竖直,尺身上装有灵敏度较高的圆水准盒。

当用精密水准仪以水平视线照准水准尺后，转动测微螺旋，使十字线的楔形线夹住某一分划线，读出数值。

细节：精密水准仪的检验与校正

精密水准仪的检验和校正见表3-4。

表3-4 精密水准仪的检验和校正

项 目	内 容
圆水准器气泡的校正	1）目的使圆水泡轴线垂直，以便安平 2）校正方法用长水准管使纵轴确切垂直，然后校正之，使圆水准器气泡居中，其步骤如下：拨转望远镜使之垂直于一对水平螺旋，用圆水准气泡粗略安平，再用微倾螺旋使长水准器气泡居中微倾螺旋的读数，拨转仪器180°，倘气泡有偏差，仍用微倾螺旋安平，又得一读数，旋转微倾螺旋至两读数的平均数。此时长水准轴线已与纵轴垂直。接着再用水平螺旋安平长水准管气泡居中，则纵轴已垂直。转动望远镜至任何位置气泡像符合差不大于1mm。纵轴既已垂直，则校正圆水准使气泡恰在黑圈内。在圆水准气泡的下面有三个校正螺旋，校正时螺旋不可旋得过紧，以免损坏水准盒
微倾螺旋上刻度指标差的改正	上述进行使长水准轴线与纵轴垂直的步骤中，曾得到微倾螺旋两数的平均数，当微倾螺旋对准此数时，则长水准轴线应与纵轴垂直，此数本应为零，倘不对零线，则有指标差，可将微倾螺旋外面周围三个小螺旋各松开半转，轻轻旋动螺旋头至指标恰指"0"线为止，然后重新旋紧小螺旋。在进行此项工作时，长水准必须始终保持居中，即气泡保持符合状态
长水准的校正	1）目的是使水准管轴平行于视准轴 2）步骤与普通水准仪的检验校正相同

细节：普通水准仪常见故障的检修

1. 安平系统的检修

（1）调平螺旋的检修　基座调平螺旋转动不正常、有过松过紧、晃动、卡滞等现象。一般是因螺母松动、螺母与螺杆之间有损伤、变形、锈蚀所致。若螺母松动，将螺母压紧即可排除；晃动一般是因螺纹磨损间隙过大或损坏所致，可更换新件；过紧、卡滞是因污垢锈蚀造成的，经拆卸清洗可排除。

（2）微倾不灵敏的检修

1）微倾不灵敏，在调平时，水准管气泡不能随微倾螺旋移动量做相应的移动。主要是微倾顶针不灵敏所致，图3-20是微倾调平示意图。

旋转微倾手轮，使手轮顶针移动，促使杠杆绕偏心轴旋转，微倾顶针抬高或降低，视准轴上转或下转。若顶针不灵活，进一步将手轮拆下、检查并清洗干净。

2）长水准管气泡不稳定。调平后气泡有时会自动偏离，应检查水准管是否安置稳固，校正螺钉有无松动，弹簧片螺钉是否松动，把松动的螺钉拧紧。若微倾顶针有晃动、跳跃现象可能是微倾系统有污垢，应清洗干净。

3）水准管轴倾斜度超过微倾调整范围。利用水准盒调平后，即便微倾螺旋调到极限，水准管气泡仍不能居中，产生这种现象多数是由于顶针过短或过长所致。如果是顶针过长，可将顶针磨短；要是顶针过短，先检查顶针是否倾斜，扶正后仍不能满足要求，可更换长顶针。

2. 转动系统常见故障的检修

（1）竖轴紧涩、转动不灵活 此故障可能是竖轴销键过紧或轴套间有污垢所致。先检查基座上的竖轴销键螺钉松紧是否适度，若过紧可适当调松（但不要拧得太松、否则会造成照准部与基座脱离）。也可把竖轴取出清洗干净，加油润滑。

（2）制动螺钉失灵 制动螺钉旋紧仍不能起到制动作用，其原因是制动顶杆因磨损而顶不紧制动瓦，或是制动圈、制动瓦缺油或有油污，前者是属顶杆短所致，应换新件，后者可通过清洗加油解决。

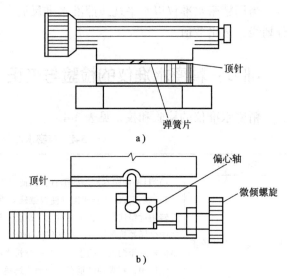

图 3-20　微倾调平示意图
a）侧视　b）顶视

（3）微动螺旋失灵 拧紧制动螺钉后，转动微倾螺旋，望远镜不做水平微动。若微动螺旋过松或晃动，可调紧压环。若转动时不能起推进作用，可能是螺杆与螺母之间没有固定好，或螺纹磨损严重，若不能朝后退，可能是弹簧失灵所致，应拆开检修。另外，制动瓦与轴套黏结，也能约束微动活动，应拆洗干净。

3. 照准系统常见故障的检修

（1）目镜调焦螺旋过紧 在目镜调焦时，如发现过紧现象，多是因螺纹中沾有灰尘或油污所致。可将目镜调焦螺旋取下，拆下其屈光度环，用汽油将油污清洗干净，加油即可。

（2）望远镜调焦失灵 产生这种现象的原因，主要是调焦手轮的转动齿轮和调焦透镜的齿条接触不好，或调焦齿条松动所致。可将调焦手轮拆下，把齿条固定好，使齿轮和齿条吻合好。

仪器检修是一项细致工作，要有一个安静环境和操作空间。使用的工具要与修理的对象相匹配，工具不合适，不仅不易修好故障，还易损零部件。初学者宜在专业人员指导下进行，各种型号的仪器构造不尽相同，尤其光路系统情况不清楚时，不要轻易拆动。仪器出厂时是经过精密检校的，修理一般不易达到原装标准。

4 角度测量仪

细节：水平角测量的基本原理

角度观测是测量的三大基本工作之一。它包括水平角观测和竖直角观测。水平角的观测是为确定地面点的平面位置，而竖直角的观测则是为确定地面点的高程位置。两条相交直线在水平面内的投影的夹角称为水平角。视线与水平线在竖直面内的投影的夹角称为竖直角，视线向上倾斜，竖直角为正，向下倾斜则为负。

在图 4-1 中，O、A、B 为地面上的三点，OA 与 OB 两条直线在 O 点相交。过 OA 与 OB 两条直线作垂面与水平面相交于 oa 和 ob。oa 与 ob 在水平面的夹角 β 就是 OA 与 OB 的水平角。如果在 O 点上，安置一个有刻划的圆盘，那么过 OA 与 OB 所作的垂面与圆盘相交，它们的交线在圆盘上刻划处的读数 b_1 与 a_1 之差就是角度 β 的数值，即

$$\beta = b_1 - a_1 \qquad (4\text{-}1)$$

根据上述原理，测量水平角必须具备三个条件：

1）有一个能够置于水平位置带刻度的圆盘，圆盘中心安置在角顶点的铅垂线上。

2）有一个能够在上、下、左、右旋转的望远镜。

3）有一个能指示读数的指标。

经纬仪就是具备上述三个条件的仪器。水平角值范围为 0°~360°。

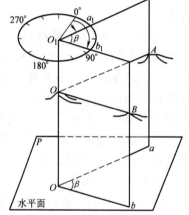

图 4-1　水平角测量原理

细节：光学经纬仪

1. 光学经纬仪的基本构造

各种光学经纬仪的构造基本上都是一样的，主要由照准部、度盘和基座三大部分组成。如图 4-2 所示是一种常见的 J6 光学经纬仪，各部分名称如图 4-2 所示。

照准部	仪器的最下部是基座，观测时基座部分固定在三脚架上，不能转动。基座上面能转动的部分叫做照准部。望远镜是照准部的主要部件，与横轴连在一起，而横轴又安置在支架上。为了瞄准高低不同的目标，横轴可以在支架上转动，同时望远镜也随着横轴作上下转动。整个照准部由竖轴与基座连接，照准部的转动就是绕竖轴在水平方向内转动。在横轴与竖轴的转动部分各装有一对制动钮和微动螺旋，以控制其转动或固定
度盘	水平度盘独立装于竖轴上，照准部转动时，水平度盘一般不动。装有复测机构的经纬仪，它和照准部的离合关系是由固定在照准部外壳上的离合器(也称复测扳手)来控制的。当离合器扳手扳下时，簧片夹紧度盘，度盘和照准部结合在一起，此时度盘和照准部一起转动；当离合器扳手扳上时，簧片松开度盘，度盘与照准部分离，此时照准部转动而度盘不动。这样可以在测量时根据需要任意设置角度。没有设复

(续)

度盘	测机构的经纬仪，单独设置一个变换水平度盘位置的手轮，当需要转动水平度盘时，只要转动手轮就可以了 竖直度盘(一般简称竖盘)装在横轴的一端，当望远镜在竖直平面内上下转动时，竖盘跟着一起转动，这样就可以测量竖直角了
基座	基座是仪器的底座，由一固定螺旋将其与照准部两者连接在一起。使用时应检查固定螺旋是否旋紧。如果松开，测角时仪器就会产生带动和晃动，迁站时还容易把仪器摔在地上，造成损坏。将三脚架上的连接螺旋旋进基座的中心螺母中，可使仪器固定在三脚架上。基座上还装有三个脚螺旋用于整平仪器

目前生产的光学经纬仪均装有光学对中器，较垂球对中精度更高，且不受风的影响。

2. 光学经纬仪的测微装置与读数方法

由于光学经纬仪度盘直径很小，度盘周长有限，如 DJ6 经纬仪水平度盘周长不足 300mm，在这种度盘上刻有 360° 的每度的条纹，但是要直接刻上更密的条纹(小于 20′)就很难了。为了实现精密测角，可以借助光学测微技术获得 1′以下的精细度盘读数。

(1) 分微尺测微器

1) 测微装置。在读数光路系统中，分微尺是一个有 60 条刻划表示 60′、有 0～6 注记的光学装置。在光路设计上，对度盘上 1°的分划线间隔影像进行放大，使之与分微尺上的 60′相匹配。

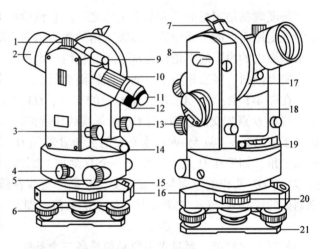

图 4-2　J6 光学经纬仪

1—望远镜制动螺旋　2—望远镜物镜　3—望远镜微动螺旋　4—水平制动螺旋　5—水平微动螺旋　6—脚螺旋　7—竖盘水平管观察镜　8—竖盘水准管　9—瞄准器　10—物镜调焦螺旋　11—望远镜目镜　12—读数显微镜　13—竖盘水准管微动螺旋　14—光学对中器　15—圆水准器　16—基座　17—竖直度盘　18—度盘照明镜　19—照准部水准管　20—水平度盘变换轮　21—基座

图 4-3 中为放大的度盘分划间隔 160°～161°与分微尺的 60′匹配的图像。

2) 分微尺测微的读数方法。

① 读取分微尺内的度分划作为度数。

② 读取分微尺 0 分划线至度盘度分划线所在的分微尺上的分数。

③ 计算以上二数之和为度盘读数。

如图 4-3 所示的水平度盘(注有 H 的读数窗位)的读数是 161°05.6′(即 161°05′36″)，竖直度盘(注有 V 的读数窗位)的读数应为 60°54.7′(即 60°54′42″)。

目前，建筑工程施工部门使用的 DJ6 级光学经纬仪中，绝大部分使用分微尺测微方法。

(2) 对径符合测微

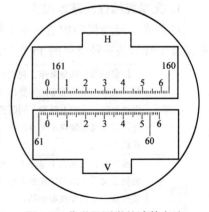

图 4-3　分微尺测微的读数方法

1）测微装置。对于 J2 级光学经纬仪，由于角度测量精度要求更高，采用对径读数方法，即在水平度盘（或竖直度盘）相差 180°的两个位置同时读取度盘读数的方法。对径符合测微的主装置包括测微轮（设在照准部支架上）、一对平板玻璃（或光楔）和测微窗。图 4-4a 中的 a 及 $a+180°$是度盘对径读数，反映在读数窗中是正像 163°20′+a，倒像 343°20′+b。图像中度盘刻划的最小间隔为 20′。

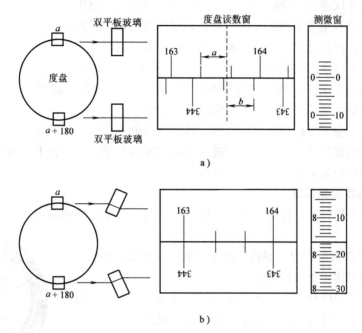

图 4-4 对径读数方法

对径符合测微是通过平板玻璃（或光楔）的折光作用移动光路实现的，其最终结果是 $163°20′+\dfrac{a+b}{2}$。

2）对径符合测微的读数方法。

① 当读数窗为图 4-4a 时，转动测微轮控制两个平板玻璃同时反向偏转（或两光楔反向移动），其折光作用使度盘对径读数分划对称移动并最后重合，如图 4-4b 所示。

② 在读数窗中读取视场左侧正像度数，例如图中的 163°。

③ 读整十分位。读正像度数分划与相应对径倒像度数分划之间的格数 n，得整 10′的读数为 $n×10′$，图中是 3×10′即 30′。大部分仪器已将数格数 n 得整 10′的方法改进为直读整 10′的数字，如图 4-5 所示直读度盘读数窗的 2，得 20′。

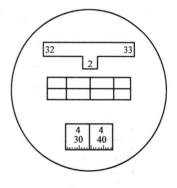

图 4-5 直读度盘读数窗

④ 读取测微窗分、秒的读数，图 4-4b 是 8′16.2″。

⑤ 计算整个读数结果，得 163°38′16.2″。

水平度盘、竖直度盘对径符合测微光路各自独立，读数前应利用度盘换像手轮选取相应度盘。

细节：电子经纬仪

1. 概述

随着电子技术的发展，20世纪80年代出现了能自动显示、自动记录和自动传输数据的电子经纬仪。这种仪器的出现标志着测角工作向自动化方向迈出了新的一步。

电子经纬仪是利用电子测角原理，自动地把度盘的角值以液晶显示在显示屏幕上。其特点是测角精度高，能自动显示角值。电子经纬仪与光学经纬仪具有类似的外形和结构特征，因此使用方法也有许多相通的地方。最主要的区别在于读数系统，光学经纬仪的度盘360°的全圆上均匀地刻上度(分)的刻划并标有注记，利用光学测微器读出分、秒值，电子经纬仪则采用光电扫描度盘和自动显示系统给出观测角度。

现在能够生产电子经纬仪的厂家很多，目前进口电子经纬仪占较大部分，而且国产电子经纬仪的质量在迅速提高，且逐步达到进口仪器的质量水平，其价格上比起进口仪器要低很多，越来越多的用户购买使用国产电子经纬仪。

2. 电子经纬仪测角原理

目前，电子经纬仪有三种度盘形式，即编码度盘、光栅度盘和格区式度盘。下面分述其测角原理。

（1）编码度盘测角原理　编码度盘属于绝对式度盘，即度盘的每一个位置，均可读出绝对的数值。

图4-6为一编码度盘，整个圆盘被均匀地分成16个扇形区间，每个扇形区间由里到外分成四个环带，称为四条码道。

图中黑色部分表示透光区，白色部分表示不透光区。透光区表示二进制代码"1"，不透光区表示为"0"。这样通过各区间的四个码道的透光与不透光，即可由里向外读出四位二进制数来。由码道组成的状态如表4-1所示。

图4-6　编码度盘

表4-1　码道的状态

区　间	二进制编码	角　值	区　间	二进制编码	角　值
0	0000	0°00′	8	1000	180°00′
1	0001	22°30′	9	1001	202°30′
2	0010	45°00′	10	1010	225°00′
3	0011	67°30′	11	1011	247°30′
4	0100	90°00′	12	1100	270°00′
5	0101	112°30′	13	1101	292°30′
6	0110	135°00′	14	1110	315°00′
7	0111	157°30′	15	1111	337°30′

利用这种度盘测量角度，关键在于识别照准方向所在的区间。例如已知角度的起始方向在区间1内，某照准方向在区间8内，则中间所隔6个区间所对应的角值即为该角角值。

如图 4-7 所示的光电读数系统可译出码道的状态，用以识别所在的区间。图中 8 个二极管的位置不动，度盘上方的 4 个发光二极管加上电压后就发光。当度盘转动停止后，处于度盘下方的光电二极管就接收来自上方的光信号。由于码道分为透光与不透光两种状态，接收管上有无光照就取决于各码道的状态。如果透光，光电二极管受到光照后阻值大大减小，使处于截止状态的晶体三极管导通，输出高电位(设为 1)，而不受光照的二极管阻值很大，晶体三极管仍处于截止状态，输出低电位(设为 0)。

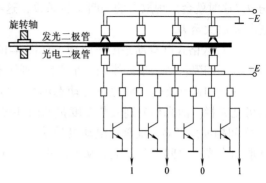

图 4-7 光电读数系统

这样，度盘的透光与不透光状态就变成电信号输出。通过对两组电信号的译码，就可得到两个度盘位置，即为构成角度的两个方向值。两个方向值之间的差值就是该角值。

上面谈到的码盘有 4 个码道，区间为 16，角度分辨率为 $360°/16 = 22°30'$。显然，这样的码盘不能在实际中应用。要提高角度的分辨率，必须缩小区间间隔，要增加区间的状态数，就必须增加码道数。由于测角的度盘不能做得很大，因此码道数就受到光电二极管尺寸的限制。例如要求角度分辨率达到 $10'$，就需要 11 个码道(即 $2^{11} = 2048$，$360°/2048 = 10'$)。由此可见，单利用编码度盘测角是很难达到很高精度的。因此在实际中，是用码道和各种细分法相结合进行读数。

(2) 光栅度盘测角原理 在光学玻璃圆盘上全圆 360° 均匀而密集地刻划出许多径向刻线，构成等间距的明暗条纹——光栅，称为光栅度盘，如图 4-8 所示。通常光栅的刻划宽度与缝隙宽度相等，两者之和称为光栅的栅距。栅距所对应的圆心角即为栅距的分划值。如在光栅度盘上下对应的位置安装照明器和光电接收管，光栅的刻线不透光，缝隙透光，即可把光信号转换为电信号。当照明器和接收管随照准部相对于光栅度盘转动时，由计数器计出转动所累计的栅距数，就可得到转动的角度值。因为光栅度盘是累计计数的，所以通常这种系统为增量式读数系统。

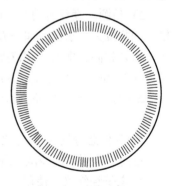

图 4-8 光栅度盘

仪器在操作中会顺时针转动或逆时针转动，因此计数器在累计栅距数时也有增有减。例如在瞄准目标时，如果转动过了目标，当反向回到目标时，计数器就会减去多转的栅距数。所以这种读数系统具有方向判别的能力，顺时针转动就进行加法计数，而逆时针转动时就进行减法计数，最后结果为顺时针转动时相应的角值。

在 80mm 直径的度盘上刻线密度已达 50 线/mm，如此之密，而栅距分划值仍很大，为 $1'43''$。为了提高测角精度，还必须用电子方法对栅距进行细分，分成几十至上千等份。由于栅距太小，细分和计数都不易准确，所以在光栅测角系统中都采用了莫尔条纹技术，借以将栅距放大，再细分和计数。莫尔条纹如图 4-9 所示，是用与光栅度盘相同密度和栅距的一段光栅(称为指示光栅)，与光栅度盘以微小的间距重叠起来并使两光栅刻线互成一微小夹

角 θ，这时就会出现放大的明暗交替条纹，这些条纹就是莫尔条纹。通过莫尔条纹，即可使栅距 d 放大至 D。

（3）区格式度盘动态测角原理 如图4-10所示为区格式度盘，度盘刻有1024个分划，每个分划间隔包括一条刻线和一个空隙(刻线不透光,空隙透光)，其分划值为 ϕ_0。测角时度盘以一定的速度旋转，因此称为动态测角。度盘上装有两个指示光栏，L_S 为固定光栏，L_R 为可动光栏。两光栏分别安装在度盘的内外缘。测角时，可动光栏 L_R 随照准部旋转，L_S 与 L_R 之间构成角度 ϕ。度盘在电动机带动下以一定的速度旋转，其分划被光栏 L_S 和 L_R 扫描而计取两个光栏之间的分划数，从而求得角度值。

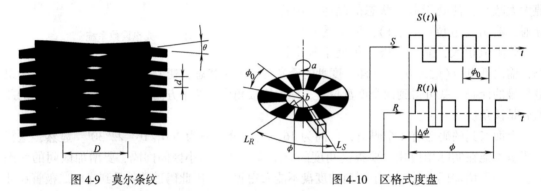

图 4-9　莫尔条纹　　　　　　　　图 4-10　区格式度盘

1）粗测。在度盘同一径向的外缘和内缘上设有两个标记 a 和 b，度盘旋转时，从标记 a 通过 L_S 时起，计数器开始计取整间隔 ϕ_0 的个数，当另一标记 b 通过 L_R 时计数器停止计数，此时计数器所得到的数值即 ϕ_0 的个数 n。

2）精测。度盘转动时，通过光栏 L_S 和光栏 L_R 分别产生两个信号 S 和 R，$\Delta\phi$ 可通过 S 和 R 的相位关系求得。如果 L_S 和 L_R 处于同一位置，或间隔的角度是分划间隔 ϕ_0 的整倍数，则 S 和 R 相同，即两者相位差为零。如果 L_R 相对于 L_S 移动的间隔不是 ϕ_0 的整倍数，则分划通过 L_R 和分划通过 L_S 之间就存在着时间差 ΔT，亦即 S 和 R 之间存在相位差 $\Delta\phi$。

$\Delta\phi$ 与一个整周期 ϕ_0 的比显然等于 ΔT 与周期 T_0 之比，即

$$\Delta\phi = \Delta T\phi_0 / T_0 \tag{4-2}$$

ΔT 为任意分划通过 L_S 之后，紧接着另一个分划通过 L_R 所需的时间。

粗测和精测数据经微处理器组合成完整的角值。

3. 电子经纬仪的使用

1）安置仪器：把仪器安置在测站点上，进行对中、整平。

2）瞄准后视：用望远镜瞄准后视点。

3）度盘设置：设置后视点方向的起始角值并做记录。

4）瞄准前视：转动望远镜至前视点，读记前视角值。

电子经纬仪的使用方法和光学经纬仪基本相同，但不需读数，只需从显示窗中读取角度值。

细节：水平角的测量和记录

1. 水平角测量的常用方法

根据观测目标数量不同，分为两种测法，即测回法、方向观测法。

方 法	作 用	参 考 图
测回法	用于观测两个方向之间的单角 在工程施工测量中，多采用测回法	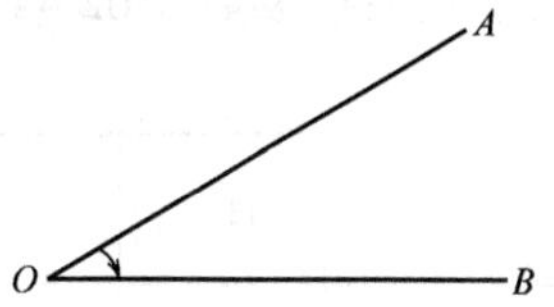 图 4-11 测回法测角
方向观测法 （全圆测回法）	用于观测三个以上方向之间的各角	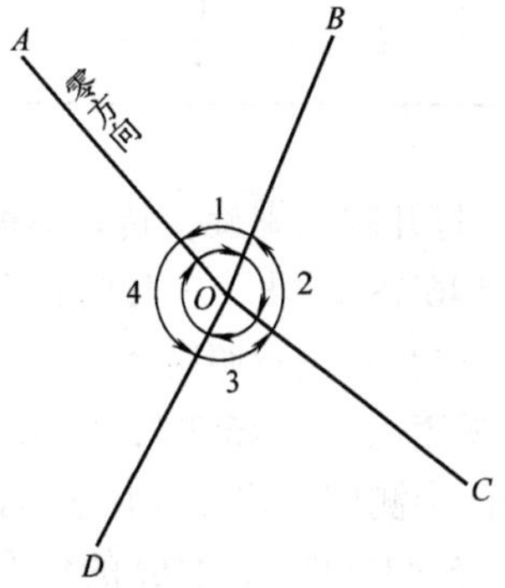 图 4-12 全圆测回法测角

2. 用度盘离合器光学经纬仪以测回法测量水平角

如图 4-11 所示：仪器在 O 点上以 OA 为后视边，顺时针测量$\angle AOB$。

1) 在 O 点安置仪器，将水平度盘读数对准 $0°00'00''$，扳下离合器按钮（此时水平度盘与照准部相接合）。

2) 以盘左位置用制微动螺旋照准后视 A 点后，扳上离合器按钮（此时水平度盘与照准部相脱离），检查目标照准与读数应仍为 $0°00'00''$。

3) 打开制动螺旋，转动望远镜照准前视 B 点，记录水平角读数 $55°43'30''$，为前半测回值。

4) 以盘右位置 $180°00'00''$照准 A 点，重复以上步骤，测出后半测回值 $55°43'48''$。当使用 J6 仪器时，两半测回值之差小于 $40''$，取其平均值 $55°43'39''$为$\angle AOB$ 的值。

测回法测角记录见表 4-2。

表 4-2 测回法测角记录表

测站	盘位	目标	水平度盘读数	水 平 角		备 注
				半测回值	测回值	
O	左	A	$0°00'00''$	$55°43'30''$	$55°43'39''$	J6 经纬仪
		B	$55°43'30''$			
	右	A	$180°00'00''$	$55°43'48''$		
		B	$235°43'48''$			

3. 用度盘变位器光学经纬仪以测回法测量水平角

如图 4-11 所示：仪器在 O 点上以 OA 为后视边，顺时针测量$\angle AOB$。

1) 在 O 点安置仪器，以盘左位置用制微动螺旋照准后视 A 点。

2）测微轮对 0′00″，用换盘手轮使水平度盘处在略大于 0°处，转测微轮使度盘刻划线上下重合，读后视读数 0°02′44″并记录（表 4-3）。

表 4-3 测回法测角记录表

测站	盘位	目标	水平度盘读数	水平角		备 注
				半测回值	测回值	
O	左	A	0°02′44″	55°43′34″	55°43′38″	J2 经纬仪
		B	55°46′18″			
	右	A	180°02′38″	55°43′42″		
		B	235°46′20″			

3）打开制动螺旋，转动望远镜照准 B 点，再用测微轮使度盘刻划线上下重合，该前视读数 55°46′18″记录后，则水平角前半测回值为 55°43′34″。

4）以盘右位置照准 A 点，用测微轮在水平度盘上读后视读数 180°02′38″后，再前视测点得前视读数 235°46′20″，则水平角后半测回值为 55°43′42″。

当两半测回值之差使用 J6 仪器时，应小于 40″；使用 J2 仪器时，应小于 20″，则可取其平均值 55°43′38″为 ∠AOB 的角度。

4. 全圆测回法测量水平角

如图 4-12 所示，A、B、C、D 为某建筑工地的建筑红线桩，但各相邻两桩间均不通视，为校测其相互位置。现在场地中选定 O 点安置经纬仪能同时看到 A、B、C、D 各点，这样就在 O 点以全圆测回法实测以 O 点为极的各夹角 ∠1、∠2、∠3、∠4。具体操作步骤如下：

1）在 O 点安置仪器，以盘左位置用制微动螺旋照准后视 A 点。

2）测微轮对准 0′00″，用换盘手轮使水平度盘处在略大于 0°处，转动测微轮使度盘刻划线上下重合，读后视读数 0°02′44″并记录。

3）打开制动螺旋，转动望远镜，照准 B 点，再用测微轮使度盘刻划线上下重合，该前视读数 55°46′18″记录后，则水平角前半测回值为 55°43′35″。

4）继续用水平制微动螺旋、顺时针依次转动望远镜照准各前视点 C、D 与 A，并分别读记度盘读数为 171°33′24″、247°07′08″、0°02′48″，最后照准 A 时叫"归零"，两次照准第一目标 A 的度盘读数之差叫归零差，归零差的限差值见表 4-5。以上为前半测回。

5）水平度盘不动、用盘右再以 A 点为起始方向观测后半测回，前、后两半测回各方向值之差叫"2c"［即左-（右±180°）］，主要反映仪器检校不完善所产生的误差，其限差值见表 4-5。全圆测回法记录格式见表 4-4。

表 4-4 全圆测回法记录表

测站	目标	水平度盘读数		2c=左-（右±180°）	方向值 $\frac{1}{2}$（左+右±180°）	归 零方向值	水平角值	备 注
		盘 左	盘 右					
O	A	0°02′44″	180°02′38″	+6″	(0°02′44″) 0°02′41″	0°00′00″		
	B	55°46′18″	235°46′20″	-2″	55°46′19″	55°43′35″	55°43′35″	∠1
	C	171°33′24″	351°33′14″	+10″	171°33′19″	171°30′35″	115°47′00″	∠2
	D	247°07′08″	67°07′02″	+6″	247°07′05″	247°04′21″	75°33′46″	∠3
	A	0°02′48″	180°02′44″	+4″	0°02′46″		112°55′39″	∠4

6）在多个测回观测中，要计算各测回归零后方向值的平均值。对同一方向各测回互差的限差、归零差与"2c"的限差在《工程测量规范》（GB 50026—2007）中的规定，见表4-5。

表 4-5　水平角方向观测法的技术要求

等　　级	仪器精度等级	光学测微器两次重合读数之差/″	半测回归零差/″	一测回内2c互差/″	同一方向值各测回较差/″
四级及以上	1″级仪器	1	6	9	6
	2″级仪器	3	8	13	9
一级及以下	2″级仪器	—	12	18	12
	6″级仪器		18	—	24

注：1. 全站仪、电子经纬仪水平角观测时不受光学测微器两次重合读数之差指标的限制。

2. 当观测方向的垂直角超过±3°的范围时，该方向2c互差可按相邻测回同方向进行比较，其值应满足有关规定。

7）使用全圆测回法时要特别注意下列问题：

① 全圆测回法一般均使用度盘变位器的J2级仪器，若使用度盘离合器的J6级仪器时，应注意离合器不能带盘。

② 起始方向应选在目标清晰、边长适中的方向。

5. 用电子经纬仪以测回法测量水平角

用电子经纬仪以测回法测量水平角有操作简单、读数快捷等优点。用电子经纬仪测量图4-13中的∠AOB的操作步骤是：

1）在O点上安置电子经纬仪后，打开电源，先选定左旋和DEG单位制，然后以盘左位后视A点，按O键，则水平度盘显示0°00′0″。

2）打开制动螺旋、转动望远镜，照准前视B点后，水平度盘上则显示55°43′39″，为前半测回。

3）以盘右位置用锁定键以180°00′00″后视A点，打开制动螺旋，转动望远镜，照准前视B点后，水平度盘显示235°43′39″−180°00′00″=55°43′39″即为后半测回。记录方法同表4-2。

6. 水平角施测中的要点

在施工测量中，由于施工现场条件千变万化，故在水平角施测中必须注意以下要点：

（1）仪器要安稳　三脚架连接螺旋要旋紧，三脚架尖要插入土中或地面缝隙内，仪器由箱中取出放在三脚架首上，要立即旋紧连接螺旋。仪器安好后，手不得扶摸三脚架，人不得离开仪器近旁，更要注意仪器上方有无落物，强阳光下要打伞操作。

（2）对中要精确　边越短越要精确，一般不应大于1mm。

（3）标志要明显　边短时可直立红铅笔，边较长时要用三脚架吊线坠。

（4）操作要正确　要用十字双线夹准目标或单线平分目标，并注意消除视差，使用离合器仪器时要注意按钮的开关位置。使用变位器仪器时，要注意旋钮的出入情况。读数时要认清度盘与测微器上的注字情况。

（5）观测要校核　在测角、设角、延长直线、竖向投测等观测中，均应盘左盘右观测取其平均值，这样校核有以下好处：

1）能发现观测中的错误。

2）能提高观测精度。

3）能抵消仪器 $CC \perp HH$、$HH \perp VV$ 的误差，但不能抵消 $LL \perp VV$ 的误差，为解决此项误差应采取等偏定平的方法安置仪器。

4）在使用 J6 级经纬仪时，能抵消度盘偏心差。

（6）记录要及时　每照准一个目标、读完一个观测值，要立即做正式记录，防止遗漏或次序颠倒。

细节：测设水平角和直线

1. 测设水平角

方　法	步　　骤
用度盘离合器光学经纬仪以测回法测设水平角	如图 4-13 所示：以 OA 为后视边，顺时针测设 $\angle AOB = 55°43'39''$ 　1）在 O 点安置仪器，用测微轮将分划尺对准 $0'00''$，再用水平制动螺旋使双线指标平分度盘 $0°$ 线，扳下离合器按钮 　2）以盘左位置用制微动螺旋照准后视 A 点后扳上离合器按钮，检查目标照准与读数应仍为 $0°00'00''$ 　3）转动测微轮以单线指标对准 $13'36''$ 处（此时度盘双线指标对在 $-13'36''$ 处），打开制动螺旋，转动望远镜使双线指标夹准 $55°30'$（此时望远镜由 $-13'36''$ 转到 $55°30'$，共转了 $55°43'36''$），在视线上定出 B_1 点，为前半测回 　4）以盘右位置 $180°00'00''$ 照准 A 点后扳上离合器按钮，检查目标照准与读数应仍为 $180°00'00''$ 　5）转动测微轮以单线指标对准 $13'42''$ 处（此时度盘双线指标对在 $-13'42''$ 处），打开制动螺旋。转动望远镜使双线指标夹准 $235°30'$（此时望远镜由 $-13'42''$ 转到 $235°30'$，共转了 $55°43'42''$），在视线上定出 B_2 点，为后半测回 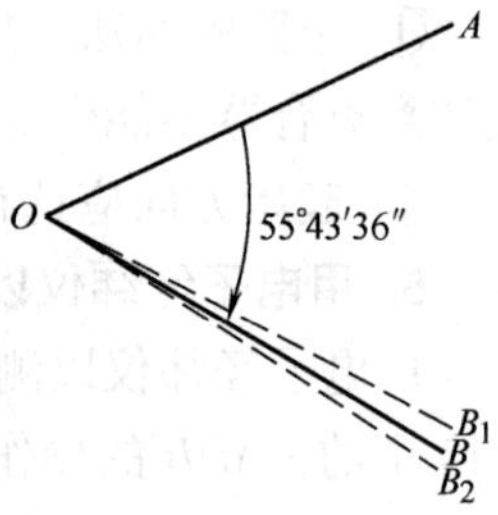 　当 B_1、B_2 在允许误差范围内时，取其中点定为 B 点，则 $\angle AOB = \dfrac{1}{2}(55°43'36'' + 55°43'42'')$ $= 55°43'39''$
用度盘变位器光学经纬仪以测回法测设水平角	1）在 O 点安置仪器，以盘左位置用制微动螺旋照准 A 点 　2）测微轮对 $0'00''$，用换盘手轮使水平度盘处在略大于 $0°$ 处，转测微轮使度盘刻划上下重合，读后视读数为 $0°02'44''$ 　3）转动测微轮，以单线指标对准 $6'23''$（此时度盘正在 $2'44'' - 6'23'' = -3'39''$ 处），打开制动螺旋，转动望远镜，使水平度盘对准 $55°40'$（此时望远镜由 $-3'39''$ 转到 $55°40'$，共转了 $55°43'39''$），在视线上定出 B_1 点，为前半测回 　4）以盘右位置照准 A 点，重复以上步骤，在视线上定出 B_2 点，为后半测回 　当 B_1、B_2 在允许误差范围内时，取其中点定为 B 点，则 $\angle AOB$ 为欲测设的水平角
用电子经纬仪以测回法测设水平角	1）在 O 点安置电子经纬仪，以盘左位置照准 A 点后按 O 键，则水平度盘上显示 $0°00'00''$ 　2）打开制动螺旋，转动望远镜，使水平度盘显示 $55°43'39''$ 时制动，在视线上定出 B_1 点，为前半测回 　3）以盘右位置 $180°00'00''$，照准 A 点后打开制动螺旋，转动望远镜，使水平度盘显示 $235°43'39''$ 时制动，在视线上定出 B_2 点，为后半测回 　当 B_1、B_2 在允许误差范围内时，取其中点定为 B 点，则 $\angle AOB$ 为欲测设的水平角

图 4-13　测设水平角

2. 测设直线

方　法	步　骤	图　示
用经纬仪延长直线	如图 4-14 所示：欲延长 AO 线至 B 点 1）在 O 点安置仪器，以盘左位置后视 A 点，纵转望远镜在视线上定 B_1 点 2）以盘右位置再后视 A 点，纵转望远镜在视线上定出 B_2 点 3）当 B_1B_2 在允许误差范围内时，取 B_1B_2 的中点 B 作为 AO 的延长线方向 4）为了校核，应按上述 1）~3）步骤再做一遍，当两次的中点基本一致时，说明结果可靠	图 4-14　经纬仪延长线
在两点间的直线上安置经纬仪	如图 4-15 所示：当 A、B 两点相距较远或在点位上不易安置仪器，欲测设 AB 直线时，可根据现场情况采取以下两种测法： 1）相似三角形法如图 4-15a 所示：在 AB 之间任选一点 P'（若有条件尽可能使 $P'A=P'B$）安置经纬仪，正倒镜延长 AP' 直线至 B' 点。根据相似三角形性质，计算 $P'P$ 间距（若 $PA=PB$，则 $P'P=\dfrac{1}{2}B'B$），将经纬仪由 P' 向 AB 直线方向移 $P'P$ 后重新安置仪器，检查 APB 三点为一直线 2）测角法如图 4-15b 所示：若 $P'A$、$P'B$ 距离可量，则在 P' 点安置经纬仪，实测 $\angle AP'B$，用公式(4-3)~(4-6)计算 $P'P$（即 Δ）。其他操作与以上两种方法相同 $$\angle A = \Delta\beta\,\frac{S_2}{S_1+S_2} \qquad (4\text{-}3)$$ $$\angle ABP' = \Delta\beta - \angle A \qquad (4\text{-}4)$$ $$\Delta = S_1\sin\angle A \qquad (4\text{-}5)$$ $$\Delta = S_2\sin\angle ABP' \qquad (4\text{-}6)$$	a) b) 图 4-15　将经纬仪安置在两点间直线上

细节：竖直角测法

1. 竖直角测量原理

竖直度盘是用来测量竖直角的。其构造及读数方法与水平度盘基本相同，注字大多为逆时针。当望远镜视准轴水平时，度盘读数为 0° 或 90° 的倍数，如图 4-16 所示。视线在水平线以上称仰角，视线在水平线以下称俯角。

竖直角的测量方法如下：

将仪器安于测点上，调平并将指标水准管气泡调整居中，然后纵转望远镜照准目标(不需先照准后视)，其竖盘度数就是所观测角的角值。

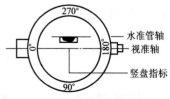

图 4-16　竖盘与指标

2. 竖盘读数方法

竖盘读数、竖直角计算是随度盘注字形式而异。以逆时针注字的度盘为例，如图 4-17 所示，当正镜视线水平时，指标读数为 90°，倒镜时，指标读数为 270°。

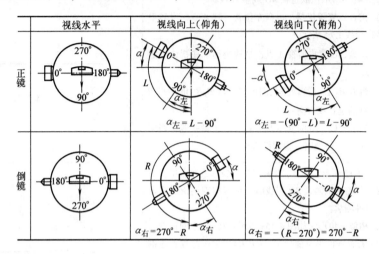

图 4-17 竖盘读数与竖直角计算

由图 4-17 可知：
$$\alpha_{正} = L - 90° \tag{4-7}$$
$$\alpha_{倒} = 270° - R \tag{4-8}$$

3. 度盘指标差

由于度盘偏心或水准管轴不垂直于指标线的影响，度盘读数存在指标差。检验方法是：先以正镜、指标读数为 90°时，照准远处一目标。然后再倒镜照准远处目标，这时若指标读数为 270°，说明指标差为 0，若偏离 270°，其偏移量为指标差的两倍。如图 4-18 所示。

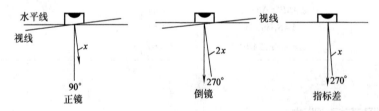

图 4-18 度盘指标差

$$指标差 \quad x = \frac{1}{2}(\alpha_{正} - \alpha_{倒})$$

为控制测角的精度，规范对各级仪器的指标差或一测回指标差都为有限差规定。如 DJ6 型为 25″，DJ2 型为 15″。如在实际操作中采用正、倒镜，取其平均值，则指标差可以消除。

$$\alpha = \frac{1}{2}(\alpha_{正} - \alpha_{倒}) \tag{4-9}$$

指标差对某台仪器是一个常数，要在初始读数中加一个指标差，那么视线将保持水平。也可通过校正指标水准管来消除误差。

4. 指标自动归零装置

使用老式光学经纬仪测竖角时，每次读数前都必须调指标水准管使气泡居中，使用不方便。新式光学经纬仪在度盘光路中安置有补偿器，以取代指标水准管。当仪器在一定倾斜范围内时，竖盘指标能自动归零，能读出相应于指标水准管气泡居中时的读数。这种补偿装置的原理和水准仪自动安平原理基本相同。为达到稳定效果，多采用液体阻尼。

如图 4-19 所示，它在指标 A 和竖盘间悬吊一透镜，当视线水平时，指标 A 处于铅垂位置，通过透镜 O 读出正确读数，如 90°。当仪器稍有倾斜时因无水准管指示，指标处于不正确的 A' 位置，但悬吊的透镜在重力作用下，由 O 移到 O' 处，此时，指标 A' 通过透镜 O' 的边缘部分折射，仍能读出 90°的读数。从而达到竖盘指标自动归零的目的。自动归零补偿范围一般为 2′。

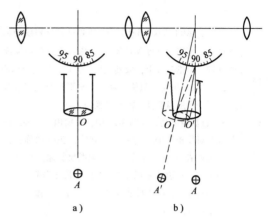

图 4-19　竖盘指标自动归零示意图

细节：精密经纬仪的构造和用法

如图 4-20 所示是 DJ_2 型光学经纬仪的外形图，它的各部件名称均标注在图上。

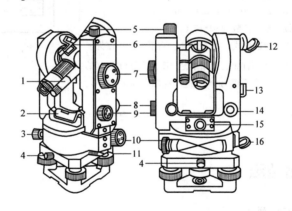

图 4-20　DJ_2 型光学经纬仪外形

1—读数显微镜　2—照准部水准管　3—照准部制动螺旋
4—座轴固定螺旋　5—望远镜制动螺旋　6—光学瞄准仪
7—测微手轮　8—望远镜微动螺旋　9—换像手轮
10—照准部微动螺旋　11—水平度盘变换手轮
12—竖盘照明镜　13—竖盘指标水准管观察镜
14—竖盘指示水准管微动螺旋　15—光学对
中器　16—水平度盘照明镜

DJ_2 型经纬仪与 DJ_6 型经纬仪比较，除 DJ_2 型经纬仪制作精密外，主要在于读数设备更加精确，是一种高级经纬仪，常用于高精度工程测量和控制测量中。

项目	主 要 内 容	图　　示
读数设备的特点	1）DJ型经纬仪是利用度盘180°对径分划线的影像重合法来读取读数。相当于把盘对径相差180°的两个指标读数影像同时反映在同一个指标线上，取其平均值，以消除度盘偏心差的影响 2）读数显微镜中只能看到一个水平度盘或竖直度盘的影像，如果读另一个度盘影像，需转动换像手轮 3）读数精度高，在图4-21中，大窗内被一横线隔开的两组数字是度盘对径相差180°的两个分划线，正字像称主像，倒字像称副像，分划值为20″。左边小窗为测微尺影像，左边注字从0到10以分为单位，右边注字以10″为单位，最小分划为1″，估读到0.1″。当转动测微轮，测微尺从0′移到10′时，度盘主、副像的分划线各移动半格（相当于10′）	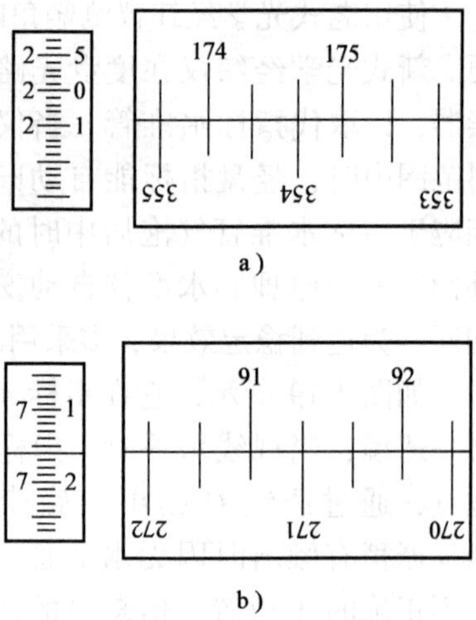 图 4-21　读数窗影像
读数方法	读数时，先转动测微轮，使主像、副像分划线精密重合 1）主像注字为度盘读数，如图4-21a所示为174° 2）主像注字与副像注字分划之间所夹的格数乘以分划值再除以2，为10′数，图4-21a中，两注字分划间夹两格，读数为2×20′÷2=20′ 3）不足10′的分秒从左边小窗中读出，图4-21a中为2′00″.0。 全部读数为174°+20′+2′00″.0=174°22′00″.0 图4-21b是竖盘读数，全部读数为91°17′16″.0 DJ型经纬仪还有多种读数形式，图4-22中，右下方的小窗为度盘对径分划的重合影像，没有注字，上面小窗为度盘读数和整10′的注记（图中为74°40′），左下方小窗为分和秒读数（图中为7′16″.0），全部读数为74°47′16″.0	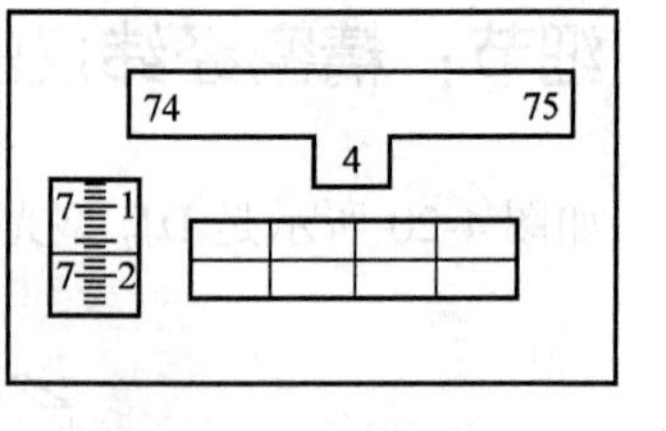 图 4-22　读数窗影像

细节：简便测角法

1. 过直线上的一点作垂线

方　法	内　　容	图　　示
比例法（3∶4∶5）	如图4-23所示，已知AB直线，过A点作直线的垂线。根据勾股弦定理可知，当三角形各边长度的比值为3∶4∶5时，其长边对应的角为直角。垂线的作法是：从A点起在直线上量取3（单位长），定出C点。以A点为圆心，以4（单位长）为半径画弧。再以C点为圆心，以5（单位长）为半径画弧，两弧相交于D，将AD连线，则∠DAC即为直角，AD⊥AB	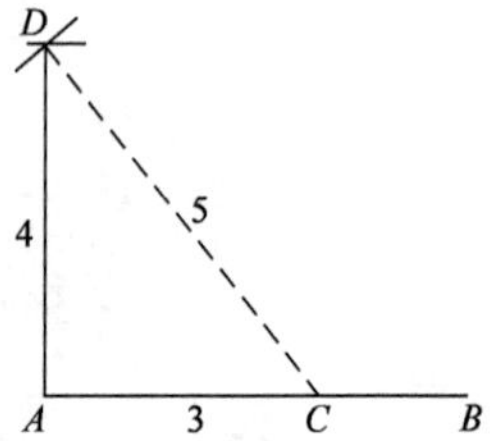 图 4-23　比例法作垂线

（续）

方法	内 容	图 示
等腰三角形法	如图 4-24 所示，已知 AB 直线，过直线上一点 C 作垂线。根据几何定理可知，等腰三角形的顶点与底边中点的连线，垂直于底边。垂线的作法是：自 C 点向两侧量出相等的长度，定出 M、N 两点，然后以大于 MC 的长度为半径，分别以 M、N 为圆心画弧，两弧相交于 D，作 CD 连线，则 $\angle MCD$ 为直角，$CD \perp AB$	图 4-24　等腰三角形法作垂线

2. 过直线外一点作垂线

如图 4-25 所示，已知直线 AB 和线外一点 C，过 C 点作直线的垂线。

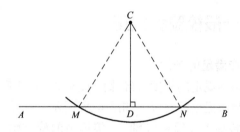

图 4-25　过直线外一点作垂线

　　垂线的作法是：以 C 点为圆心，过直线画弧，相交于 M、N 两点，量出 MN 的中点位置即定出 D 点，将 CD 连线，则 $\angle CDM$ 为直角，$CD \perp AB$。

细节：施测中的操作要领

误差产生原因及注意事项	1）采用正倒镜法，取其平均值，以消除或减小误差对测角的影响 　2）对中要准确，偏差勿超过 2~3mm，后视边应选在长边，前视边越长对投点误差越大，而对测量角的数值精度越高 　3）三脚架头要支平，采用线坠对中时，架头每倾斜 6mm，垂球线约偏离度盘中心 1mm 　4）目标要照准。物镜、目镜要仔细对光，以消除视差。要用十字线交点照准目标。投点时铅笔要与竖丝平行，以十字线交点照准铅笔尖。测点立花杆时，要照准花杆底部 　5）仪器要安稳，观测过程不能碰动三脚架，强光下要撑伞，观测过程要随时检查水准管气泡是否居中 　6）操作顺序要正确。使用有复测器的仪器，照准后视目标读取读数后，应先扳上复测器，后放松水平制动，避免度盘随照准部一起转动，造成错误。在瞄准前视目标过程中，复测器扳上再转动水平微动，测微轮式仪器要对齐指标线后再读数 　7）仪器不平（横轴不水平）望远镜绕横轴旋转扫出的是一个斜面，竖角越大，误差越大 　8）测量成果要经过复核，记录要规则，字迹要清楚
指挥信号	水平角测量过程的指挥方式与水准测量过程基本相同。略有不同的是：在测角、定线、投点过程中，如果目标（铅笔、花杆）需向左移动，观测员要向身侧伸出左手，以掌心朝外，做向左摆动之势；若目标需向右移动，观测员要向右伸手，做向右摆动之势。若视距很远要以旗势代替手势

细节：角度观测注意事项

1）仪器安置的高度应合适，脚架应踩实，并拧紧中心螺旋，观测时手不能扶脚架，转动照准部及使用各种螺旋时，用力要轻。

2）如果观测目标的高度相差较大，特别要注意仪器整平。

3）对中要准确。测角精度要求越高，或者边长越短，则对中要求就越严格。

4）观测时要消除视差，尽量用十字丝中点照准目标底部或者桩上小钉。

5）按观测顺序记录度盘读数，注意检查限差。如果发现错误，立即重测。

6）水准管气泡应在观测前调好，一测回过程中不允许再调，若气泡偏离中心超过两格时，应再次整平重测该测回。

细节：经纬仪的一般校验和校正

1. 经纬仪上主要轴线应满足的条件

为了保证水平角观测达到规定的精度，经纬仪的主要部件之间，也就是主要轴线和平面之间，必须满足水平角观测所提出的要求。如图4-26所示，经纬仪的主要轴线有仪器的旋转轴 VV（简称竖轴）、望远镜的旋转轴 HH（简称横轴）、望远镜的视准轴 CC 和照准部水准管轴 LL。根据水平角观测的要求，经纬仪应满足：

1）竖轴必须竖直。

2）水平度盘必须水平，其分划中心应在竖轴上。

3）望远镜上下转动时，视准轴形成的视准面必须是竖直平面。

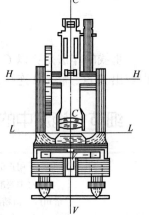

图4-26　经纬仪的几条轴线

仪器厂装配仪器时，要求水平度盘与竖轴为相互垂直的关系，其分划中心亦在竖轴延长线上。所以只要竖轴竖直，水平度盘就成水平。竖轴的竖直是利用照准部的水准管气泡居中，即水准轴水平来实现的。因此，上述的1）、2）两项要求可改为照准部水准轴应与竖轴垂直。

视准面必须竖直的要求，实际上是由两个条件组成的。首先，视准面必须是平面，也就是视准轴应垂直于横轴；再就是这个平面必须是竖直的平面，即当视准轴垂直于横轴之后，横轴又必须水平，即横轴必须垂直于竖轴。

综上所述，经纬仪必须满足下列几个条件：

1）照准部水准管轴应垂直于竖轴。

2）视准轴应垂直于横轴。

3）横轴应垂直于竖轴。

观测水平角时，若用十字丝交点去瞄准目标，就很不方便，通常是用竖丝去瞄准目标，这又要求竖丝应垂直于横轴。

另外，当经纬仪作竖角观测时，还必须满足的条件为：垂直度盘指标水准器轴水平时，垂直度盘指标差为零。

2. 照准部长水准器的检验和校正

项　目	内　　　容
检验	将仪器大致整平，使水准器与两个脚螺旋平行，调整位置使气泡居中，旋转照准部90°，转动第三个脚螺旋，使气泡居中，然后再旋转照准部180°，如气泡仍居中心，则符合要求。否则，要进行校正
校正	照准部调转180°后，如气泡偏离中心，此时，用拨针转动水准器的上下校正螺钉改正气泡偏离格值的一半（先放松一个螺钉，再旋紧另一个），其余一半用脚螺旋调至气泡居中。如此反复校正至完善为止
注意事项	1) 在检验游标经纬仪的长水准时，最好将下盘制动螺旋拧紧，只松开上盘制动螺旋转动照准部，以免由于内外旋转轴的重合不好而影响检校的准确性 2) 水准轴的方向反转180°时，最好用水平度盘的读数来准确决定 3) 水准管的校正螺钉拨转时不可过紧，一般在螺钉旋到接触面后，只需再旋转20°~45°即可。过紧可能损坏校正螺钉，过松则不易保持长久

3. 圆水准器的校正

在各等级经纬仪上，除了照准部水准器外，往往还装有一个圆水准器，作为仪器粗略置平用，其水准器轴应与竖轴平行。当照准部水准器校正完善后，马上检查圆水准器，如果气泡偏离中心，则需要调节圆水准器的三个校正螺钉使气泡居中。

4. 十字丝竖丝的检验和校正

项　目	内　　　容
检验	十字丝竖丝应垂直于望远镜的横轴。检验方法有两种：一种是置平仪器，用竖丝的上端或下端瞄准远处一个清晰的目标，固定照准部，拧紧垂直度盘制动螺旋，在转动垂直度盘微动螺旋使望远镜在垂直面内作转动的同时，观察视场中的目标点是否偏离竖丝，若有偏离，则需要校正；另一种是离仪器20~30m处，悬挂一根直径为0.5~1.0mm的垂线，若望远镜在垂直面内转动时，十字丝与垂线重合，则说明条件满足，否则需要校正
校正	卸下十字丝分划板护盖，略旋松分划板的校正固定螺钉，微微转动十字丝环，使竖丝垂直，反复检校直到完善为止。然后旋紧十字丝分划板校正固定螺钉 在此以DJ6-1型经纬仪为例讲述竖丝的校正，如图4-27所示。旋下护盖1，适当放松螺钉2（共有4个），用手轻轻地转动目镜部分，使竖丝垂直。然后拧紧螺钉2。如此反复检校，直至完善 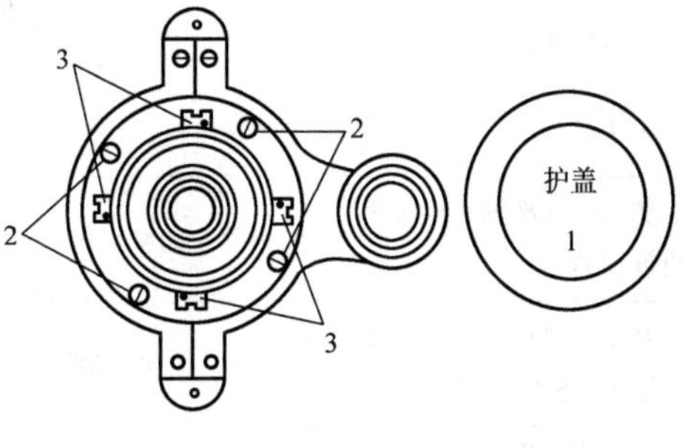 图4-27　竖丝的校正 1—护盖　2—放松螺钉　3—目镜转柄螺钉
注意事项	1) 不同仪器的十字丝分划板结构不尽相同，但校正方法大同小异。当检校一种不熟悉的仪器时，事先要仔细地分析判断，弄清它的结构后再动手 2) 因为很难把竖丝严格校正到铅垂位置，所以在仪器使用时，应尽量用十字丝中心部位去照准目标，这样可以减少一些残余误差的影响 3) 十字丝校正圈的下面一般都设有垫片，要转动十字丝圈必须连同垫片一起转动。如垫片紧贴在镜筒上时，可用小刀将它撬起，使其能与十字丝一起转动

5. 望远镜视准轴垂直于横轴的检验和校正

项 目	内　　容
检验和校正	检校方法有两种。一种是整平仪器后，用正镜位置照准远处一目标点，该点应大致在水平方向上，再以倒镜位置照准该点，分别读出水平度盘读数。若两次读数之差为180°，则望远镜视准轴与横轴相垂直，否则，用盘左的读数减去盘右的读数，与180°之差即是视准轴误差的两倍（即2c） 调整时，转动水平微动螺旋，将度盘置在正倒镜两次读数的平均值位置，并固定之。而后拨动十字丝环的左右两个改正螺钉，使竖丝精确照准目标 另一种（图4-28）是在和仪器大致等高、离仪器距离大致相等（约100m）的两处横放标尺A、B。整平仪器后，盘左照准A尺上的某分划线N。固定照准部，倒转望远镜照准B尺得一读数M_1。松开照准部制动螺旋，转动照准部再次照准A尺上的分划线N。然后再固定照准部，倒转望远镜，若十字丝中心仍对准B尺上的M_1点，说明两轴垂直；若对准另一点M_2，则视准差存在 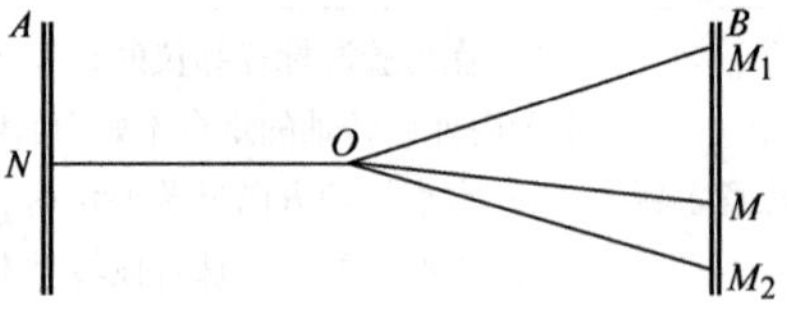 图4-28　视准轴垂直于横轴的校正
检验和校正	校正时，在M_2点起拨动分划板左右两个螺钉，使望远镜十字丝竖丝对准$1/4M_1M_2$处，即图中的M点 两种检校方法都必须反复进行，使其误差范围达到表4-6中规定的指标。校正时如图4-27所示，拨动左右螺钉3，达到调整的目的
注意事项	1）用分划板左右两校正螺钉调整时，应先松开一螺钉，接着旋紧另一侧螺钉，校正至完善为止 2）观测时，正倒镜观测取平均值，以消除残余2c的影响

表4-6　经纬仪各轴线间几何关系检验校正项目限差要求一览表

项　　目	仪 器 级 别				限差表示方式
	DJ15	DJ6	DJ2	DJ1	
	限　　差				
照准部长水准器轴与竖轴垂直度误差	$\leq\frac{1}{2}$格				以照准部旋转至任何位置时，长水准器气泡偏离格数表示
十字丝竖丝铅垂度误差	无明显偏离				使目标由竖丝的一端移到另一端后，目标与竖丝偏离的程度表示
望远镜视准轴与横轴垂直度误差	$\leq\pm15''$	$\leq\pm10''$	$\leq\pm8''$	$\leq\pm6''$	以正倒镜观测同一目标，由水平度盘两次读数所计算出来的照准差2c值的大小表示
横轴与竖轴的垂直度（或横轴不水平）误差	$\leq\pm40''$	$\leq\pm20''$	$\leq\pm15''$	$\leq\pm10''$	以平高点法或高低点法测定后，由公式计算出来的横轴倾斜角i值表示[①]
竖直度盘指标差	$\leq\pm30''$	$\leq\pm12''$	$\leq\pm10''$	$\leq\pm8''$	由式(4-12)计算出来的i值表示
圆水准器轴与竖轴的平行误差	不超出水准器的分划圈				以照准部旋转至任何位置时，圆水准器气泡的偏离程度表示
望远镜水准器轴与视准轴的平行误差	$\leq\pm15''$	—	—	—	以两轴所夹的锐角大小表示
对点器轴与竖轴不重合误差	—	0.5mm	0.5mm	0.5mm	以1.5m高度内目标偏离分划圈的距离大小表示

① 对DJ2级以上仪器，必须用高低点法测定。

6. 横轴垂直于竖轴的检验和校正

项 目	内 容	图 示
检验	如图 4-29 所示，整平仪器，用望远镜仰视高处一固定点 A，其仰角以 30°~40° 为宜。固定照准部，将望远镜转至水平位置，同时在水平位置安放一支垂直于仪器视准轴的横尺，在横尺上读数 B；倒转望远镜，旋转照准部 180°，重新瞄准高点 A，固定照准部，将望远镜转至水平位置，在横尺上读数 C。若 $B=C$，则横轴与竖轴垂直；反之，则需要校正。设 B、C 的距离为 Δ，其倾斜角 i 为 $$i=\frac{\Delta\cot V}{2S}\rho''\qquad(4\text{-}10)$$ $$\rho=206265''\qquad(4\text{-}11)$$ 式中 V——照准高点 A 时的垂直角 S——仪器中心至标尺之间的水平距离 当 i 角大于表 4-6 所规定的范围时，应进行校正或修理	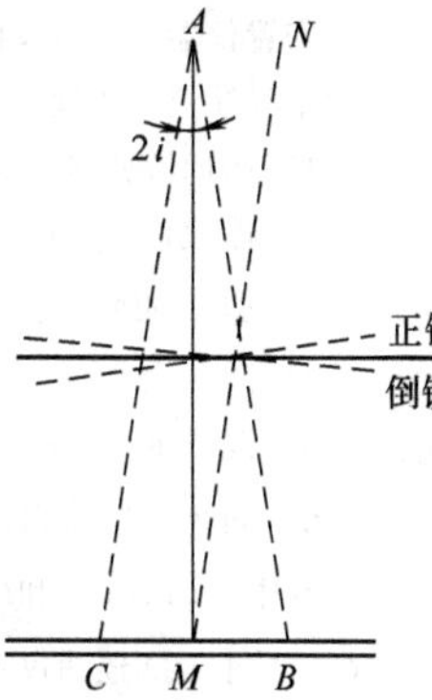 图 4-29 横轴垂直于竖轴的检验
校正	要使横轴水平，唯一的办法是改变横轴的位置。校正时，先找出 B、C 点之间的中点 M，利用照准部的水平微动螺钉使分划板竖丝瞄准 M 点。固定照准部向上转动望远镜至 A 点附近。然后，通过调整横轴的校正机械，使横轴一端升高或降低，直到竖丝重新瞄准 A 点为止 现在仍以 DJ6-1 型经纬仪为例，说明校正方法。取下经纬仪侧盖板，便见到如图 4-30 所示情况。适当松开螺钉 1（共 3 个），旋下螺钉 2（共两个）。用两个工装调整螺钉 3 旋入螺钉 2 的螺孔中，顶住横轴架，使竖丝由 N 点移到 A 点上。如无工装调整螺钉，可用合适的螺丝刀或拨针代替。校正好后，重新旋紧螺钉 2 和螺钉 1	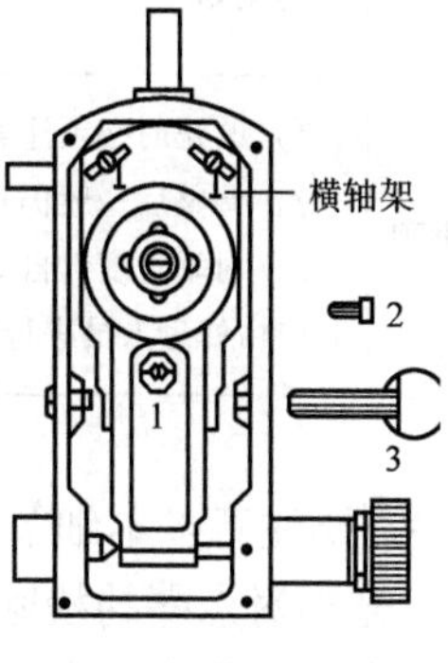 图 4-30 校正方法 1、2—螺钉 3—调整螺钉
注意事项	1）横向支架的形式有多种，校正前要弄清它的结构；一般游标经纬仪和 DJ6 光学经纬仪却没有这种机构。若根据上述 i 计算式计算出 i 角超出限差范围时，需送修理部门或工厂调整 2）校正后剩下的垂直度误差对测角的影响，可通过正倒镜观测取平均值得到消除	

7. 垂直度盘指标差的检验和校正

项 目	内 容
检验	整平仪器，正镜位置照准远处一高点（如烟囱、水塔上的避雷针等），固定水平、垂直制动螺旋，利用垂直度盘指标微动螺旋调整垂直度盘水准气泡居中，读记垂直角，以 L 表示。倒镜照准原目标，如前操作，读记垂直角，以 R 表示。若 $L+R\neq360°$，则说明垂直度盘存在指标差 i
校正	先按公式 $$i=\frac{1}{2}\left[(L+R)-360°\right]\qquad(4\text{-}12)$$ 求出指标差 i，观测两测回，取其平均值。在倒镜位置计算垂直度盘正确读数，即 $(R-i)$。然后调整垂直微动螺旋，将垂直度盘置于读数为 $(R-i)$ 的位置上。此时垂直度盘水准气泡偏离，及时用校正针拨转垂直度盘指标水准器的校正螺钉，调整气泡居中。这样反复校正，直到垂直度盘的指标差变动范围达到表 4-6 规定的指标

（续）

项　目	内　　　容
垂直度盘自动归零补偿器的检测	安置仪器，使基座两个脚螺旋连线与平行光管轴线大致平行，并使平行光管与经纬仪望远镜大致等高，整平经纬仪，望远镜在水平位置。检测步骤如下： 　　1）望远镜分划板横丝精确瞄准光管分划板刻划 K 　　2）读取垂直度盘读数 V_1 　　3）旋转-脚螺旋，使经纬仪竖轴作前倾 Z' 　　4）微动望远镜，使分划板横丝重新精确瞄准光管刻划 K 　　5）读取垂直度盘读数 V_2 　　6）同3）~5）步骤，使经纬仪竖轴后倾 Z'，读取垂直度盘读数 V_3 　　其中，(V_2-V_1) 和 (V_3-V_1) 为补偿误差，重复 3 次取平均值作测定值。此值，对于 DJ6 经纬仪不得超过 $6''$，对于 DJ2 经纬仪不得超过 $4''$ 　　如果没有平行光管，就可在距经纬仪 10~20m 处安置一刻有适当粗细线条的白纸标志，用来代替平行光管的刻划
注意事项	1）改正时必须注意勿使十字丝离开原来的目标 　　2）调整后一般仍有残余误差的影响，故观测时用正倒镜读数取中数消除 　　3）对垂直度盘自动归零的经纬仪，产生指标差时应尽可能调整望远镜十字丝的横丝位置，当调整不过来时应由修理人员进行调整

　　特别要注意：本细节上述各项的检验和校正必须依次序进行，不得颠倒。

8. 光学对点器的检验和校正

　　光学对点器的视准轴应与竖轴中心重合，即仪器旋转至任何位置时，对点器的中心始终对准目标中心，否则必须校正。有的光学对点器安装在经纬仪照准部上，有的安在仪器的基座上，各有不同的检校方法。

项　目	方　　　法
对点器安装在经纬仪照准部上的检校	先将经纬仪安置在一个平整、坚实的地面上，仔细整平仪器。在仪器的下方固定一张纸，并在纸上做一标志使其与对点器的视准轴重合（即标志落在对中器十字丝的中心）。将照准部旋转 180°，若标志偏离对中器的十字丝中心，则说明视准轴与经纬仪的竖轴中心线不重合。当仪器横轴离地面高度为 1.5m 时，若偏离量超出 0.5mm，则必须校正 　　校正前，在纸上画出对中器另一标志，找出前后两标志的中间点，这一点应是对中器视准轴所对准的正确位置，调整对点器的校正螺钉，使两标志的中间点落在对点器的十字丝中心。重复这项检验，直至校正到限差以内为止
对点器安置在仪器的基座上的检校	先在三脚架顶上贴上一张白纸，三脚架固定在一个平整的地方，把经纬仪连同三角基座置于三脚架上并整平，用一支细铅笔沿基座底板四周将它的轮廓画在三脚架顶上。在仪器下部的地面上放一张毫米方格纸，在纸上作一标记与对点器的视准轴重合，然后两次转动基座 120°，并使底板边缘准确对准轮廓线。每转动一次，就要整平并在纸上标记对点器视准轴的位置。如果三个标记重合，则说明光学对点器是正确的；否则需进行校正。校正前，先找出三个标记所构成的误差三角形的中心，然后调整光学对点器的校正螺钉，使对点器视准轴对准误差三角形中心点。重复检验，直至校正到限差以内为止

细节：经纬仪的保养与维修

经纬仪的 正确使用 与保养	正确使用仪器是保证观测精度和延长仪器使用年限的根本措施，测量人员必须从思想上重视，行动上落实。正确使用与保养经纬仪应注意以下几点： 1. 三防 （1）防振　不得将仪器直接放在自行车后货架上骑行，也不得将仪器直接放在载货汽车的车厢上受颠振 （2）防潮　下雨应停测，但下小雨可打伞，测后要用干布擦去潮气。仪器不得直接放在室内地面上，而应放入仪器专用柜中并上锁 （3）防晒　在强阳光下应打伞，仪器旁不得离人 2. 两护 主要是保护目镜与物镜镜片，不得用一般抹布直接擦抹镜片。若镜片落有尘物，最好用毛刷掸去或用擦照相机镜头的专用纸擦拭 3. 仪器的出入箱和安置 仪器开箱时应平放。开箱后应记清主要部件（如望远镜、竖盘、制微动螺旋、基座等）和附件在箱内的位置，以便用完后按原样入箱。仪器自箱中取出前，应松开各制动螺旋，一手持基座、一手扶支架将仪器轻轻取出。仪器取出后应及时关闭箱盖，并不得坐人 测站应尽量选在安全的地方。必须在光滑地面安置仪器，并将三脚架尖嵌入缝隙内或用绳将三脚架捆牢。安置脚架时，要选好三脚方向。架高适当，架首概略水平。仪器放在架首上应立即旋紧连接螺旋 观测结束仪器入箱前，应先将定平螺旋和制微动螺旋退回至正常位置，并用软毛刷除去仪器表面灰尘，再按出箱时原样就位入箱。检查附件齐全后可轻关箱盖，箱口吻合方可上锁 4. 仪器的一般操作 仪器安置后必须有人看护，不得离开。在施工现场更要注意仪器上方有无坠物以防摔砸事故。一切操作均应手轻、心细、稳重。定平螺旋应尽量保持等高。制动螺旋应松紧适当，不可过紧。微动螺旋在微动卡中间一段移动，以保持微动效用。操作中，应避免用手触及物镜、目镜。阳光下或有零星雨点时应打伞 5. 仪器的迁站、运输和存放 迁站前，应将望远镜直立（物镜朝下）、各部制动螺旋微微旋紧，垂球摘下并检查连接螺旋是否旋紧。迁站时，脚架合拢后，置仪器于胸前，一手紧握基座、一手携持脚架于肋下。持仪器前进时，要稳步行走。仪器运输时不可倒放，更要做好防振、防潮工作 仪器应存放在通风、干燥、温度稳定的房间里。仪器柜不得靠近火炉或暖气管放置 6. 对电子经纬仪 要注意其电池与充电器的保护与保养
竖轴的维修	仪器照准部的转动要求轻松自如，平滑均匀，没有紧涩、卡死、松紧不一、晃动等现象。仪器照准部旋转出现紧涩或晃动，多属轴系部分故障所引起。要注意以下几点： 1）竖轴位置的高低不合适，也可引起仪器转动紧涩。当发现竖轴转动稍有紧涩时，可通过竖轴轴套的调节螺钉，调整竖轴位置的高低来解决 2）竖轴或轴套变形，会引起竖轴旋转紧涩或卡死。当变形量很小时，可用研磨竖轴或轴套的方法进行修复。在研磨过程中要勤试，千万不能磨成竖轴与轴套之间间隙过大而引起照准部的晃动 3）照准部转动时出现晃动现象，其原因之一是竖轴与轴套之间因磨损而致间隙过大，之二是竖轴与托架的连接螺钉松动，或者轴套与基座的连接螺钉松动。对原因之一造成的晃动，只能将竖轴拔出，进行清洁后，换装黏度较大的精密仪表油。对原因之二引起的晃动，只需将竖轴拔出，旋紧有关连接螺钉即可

5 距离丈量和直线定线

细节：距离的丈量

地面上两点间的距离是指两点在水平面上投影后的直线距离，如图 5-1 所示。

丈量方法按使用工具的不同，分为尺丈量、视距测量、红外测量等。目前工程中普遍使用的是尺丈量。按精度要求可分为粗略丈量、普通丈量和精密丈量。粗略丈量适用于精度要求较低的测距工作；普通丈量适于一般建筑工程；精密丈量要进行尺长、温差、高差改正，丈量方法更加严密，适于主要的建筑工程。

图 5-1　地面两点间的水平距离

量距有两种情况，一种是地面上两点已定，要求测出两点间的距离；另一种是距离已知，要求根据给定的起点量出另一点的位置。

丈量工具：

1. 钢卷尺

一般长度为 30m、50m，单位刻划长度为 0.5cm 或 1cm，尺的零端 10cm 范围内单位刻划长度为 1mm，适于普通丈量和精密丈量。

2. 绳尺(又称丈绳、测绳)

长度为 50m、100m，单位刻划长度为 1m，适于精度要求较低的长距离测量。

3. 花杆

长 2m，木制，涂有红白相间颜色，用来标定直线或作为观测目标用。

4. 测钎

如图 5-2 所示，用金属制作，用来标记测点和计算丈量尺段数量。

5. 垂球架

在地面起伏不平的情况下丈量水平距离时，作为投点和测角站标用。一般用三脚架代替。

图 5-2
测钎

细节：钢卷尺的性质和检定

1. 钢卷尺的性质

（1）钢卷尺尺长受温度影响而冷缩热胀　钢材的线胀系数 α 在（0.0000116 ~ 0.0000125）/℃之间，故一般钢卷尺的线胀系数取 $\alpha = 0.000012$/℃，即 50m 长的钢卷尺，温度每升高或降低 1℃，尺长产生 $\Delta l_t = 0.000012$/℃ $\times (\pm 1$℃$) \times 50$m $= \pm 0.6$mm 的误差。即每量 50m 一整尺需加改正数 ± 0.6mm——此值是可观的。以北京地区而言，五一劳动节前后、十一国庆节前后白天的平均温度在 20℃左右，而在 7~8 月份的白天最高温度能达到 37℃左右。1月上、中旬白天最低温度能达到-10℃左右，这样对于 50m 长的钢卷尺而言，其尺长将有 10~-18mm 的变化。由此看出，钢卷尺尺长是使用时温度变化的函数。为此，世界各国都规定了本国钢卷尺尺长的检定标准温度，西欧国家多取 15℃，我国规定钢卷尺尺长的检定标准温度为 20℃。

（2）钢卷尺具有弹性受拉会伸长　在钢卷尺的弹性范围内，尺长的拉伸是服从胡克定律的，即钢卷尺伸长值 ΔL_p 与拉力增加值 ΔP、钢卷尺尺长 L 成正比，与钢卷尺的弹性模量 E（200000N/mm^2）、钢卷尺的断面面积 A（一般为 2.5mm^2）成反比，故 ΔL_p 为：

$$\Delta L_p = \frac{\Delta PL}{EA} \tag{5-1}$$

若拉力每变化 10N，即 $\Delta P = \pm 10$N，使用 50m 钢卷尺，即 $L = 50000$mm，$E = 200000$N/mm^2，$A = 2.5$mm^2，则

$$\Delta L_p = \frac{\pm 10 \times 50000}{200000 \times 2.5}\text{mm} = \pm 1.0\text{mm} \tag{5-2}$$

以上就是断面面积为 2.5mm^2 的 50m 钢卷尺在平铺丈量时，拉力每增加或减少 10N，则尺长产生 ±1.0mm 的误差，即每平量 50m 一整尺需加改正数 ±1.0mm 的计算公式。由此看来，钢卷尺尺长也是使用时所用拉力大小的函数。为此，世界各国也都规定了本国钢卷尺尺长的检定标准拉力，西欧国家多取 100N，我国规定钢卷尺尺长的检定标准拉力为 49N。

（3）悬空丈量中部下垂（f）产生的垂曲误差（ΔL_f）钢卷尺尺身因悬空而形成悬链曲线，由此产生的垂曲误差（ΔL_f）为钢卷尺的测段长度 L 与钢卷尺两端（等高）间的水平间距之差。若钢卷尺每米长的质量为 W，拉力为 P，当测段两端等高、中间悬空时，垂曲误差值为：

$$\Delta L_f = \frac{W^2 L^3}{24P^2} \tag{5-3}$$

2. 钢卷尺检定项目

根据《钢卷尺检定规程》（JJG 4—1999）中的有关规定：

（1）钢卷尺的检定项目　共 3 项，见表 5-1，检定周期为一年。

表 5-1　钢卷尺检定项目表

序　号	检定项目	检定类别	
		新制的	使用中
1	外观及各部分相互作用	+	+
2	线纹宽度	+	-
3	示值误差	+	+

注：表中"+"表示应检定，"-"表示可不检定。

（2）钢卷尺检定标准

1）标准温度为 20℃。

2）标准拉力为 49N。

3）尺长允许误差（平量法）：

$$\text{Ⅰ级尺}\quad \Delta = \pm(0.1 + 0.1L)\,(\text{mm}) \tag{5-4}$$

$$\text{Ⅱ级尺}\quad \Delta = \pm(0.3 + 0.2L)\,(\text{mm}) \tag{5-5}$$

式中　L——钢卷尺长度（m）。

按式(5-4)、式(5-5)计算，50m、30m 钢卷尺的允许误差，见表5-2。

表 5-2　钢卷尺的允许误差

等级＼规格	50mm	30mm	等级＼规格	50mm	30mm
Ⅰ级	±5.1mm	±3.1mm	Ⅱ级	±10.3mm	±6.3mm

3. 钢卷尺的名义长与实长

《钢卷尺检定规程》(JJG4—1999)规定，检定必须在标准情况下进行，规定标准温度为 20℃，标准拉力为 49N。在标准温度和标准拉力的条件下，让被检尺与标准尺相比较，而得到被检尺的实长($l_{实}$)，即在 20℃和 49N 拉力下的实际尺长，而其尺身上的刻划注记值称为名义长($l_{名}$)。故尺长误差(Δ)为：

$$尺长误差(\Delta)=名义长(l_{名})-实长(l_{实}) \tag{5-6}$$

$$尺长改正数(v)=-尺长误差(\Delta)$$

$$=实长(l_{实})-名义长(l_{名}) \tag{5-7}$$

细节：钢卷尺尺长的改正

尺长的改正	例如：一把 20m 长的钢卷尺，名义长度比标准尺大 4mm，用这把尺量得某地两点间的距离为 20m，求这两点间的实际距离 $$实际距离=名义长度+误差$$ $$=20.000m+0.004m=20.004m \tag{5-8}$$ 也就是说，由于名义长度大于标准长度，每量一整尺段就少量了 4mm，故在丈量两点间距离时，应在名义长度的基础上加上尺的误差。当用尺大于标准尺时加的是"+"值，用尺小于标准尺时加的是"–"值 如还是用这把尺，欲测设一点 B，要求与另一点 A 点的设计距离为 20m，计算丈量数值是多少 $$AB 点丈量数值=名义长度-误差$$ $$=20.000m-0.004m=19.996m \tag{5-9}$$ 也就是说，建立已知距离的点时，丈量数值应在名义长度的基础上减去尺的误差。当用尺大于标准尺时减的是"+"值，用尺小于标准尺时减的是"–"值
温差改正	温度的升降对钢卷尺的伸缩有直接影响，钢卷尺的线胀系数为 0.000012/℃ 每米系数 $\alpha=0.012$mm/℃ 温差改正数 $$\Delta l_t=0.012l(t-t_0) \tag{5-10}$$ 式中　l——丈量长度（m） 　　　t_0——检尺时温度（一般为 20℃） 　　　t——丈量过程平均温度 改正符号与温差符号相同。改正数为当丈量两点间距离时相加，测设已知距离时相减

（续）

拉力及挠度改正	实际丈量时所用拉力应等于钢卷尺检定时的拉力，因而不需改正。钢卷尺检定时规定，整尺段用弹簧秤给钢卷尺施加的拉力为：尺长 30m 拉力 98N，尺长 50m 拉力 147N 为避免悬空丈量时尺身下垂挠度对量距的影响，应尽量沿地面量尺。若悬空长度超过 6m 时，中间应加设水平托桩，以保持尺身平直 挠度对量距的影响见下式。 $$s \approx 2 \times \sqrt{\left(\frac{L}{2}\right)^2 - h^2} = \sqrt{L^2 - 4h^2} \qquad (5\text{-}11)$$ 式中　L——尺长 　　　h——挠度 　　　s——量距

细节：钢卷尺量距、设距和保养

1. 量距

往返量距	（1）往返量距　在测量 AB 两点间距离时，先由起点 A 量至终点 B，得到往测值 $D_往$，然后再由终点 B 量至起点 A，得到返测值 $D_返$，两者比较以达到校核目的，取其平均值而能够提高精度 （2）计算精度 1）较差 $d = \|D_往 - D_返\|$　　　　　　　　　　　　　　　　　(5-12) 2）平均值 $\overline{D} = \frac{1}{2}(D_往 + D_返)$　　　　　　　　　　　　　(5-13) 3）精度 $k = \dfrac{d}{\overline{D}}$　　　　　　　　　　　　　　　　　　(5-14)
精密量距	为精密测量地面上两点间的水平距离，应对测量结果进行如下改正计算： （1）尺长改正数　$\Delta D_1 = -\dfrac{l_名 - l_实}{l_名}D' = \dfrac{l_实 - l_名}{l_名}D'$　　(5-15) （2）温度改正数　$\Delta D_t = a(t - 20℃)D'$　　　　　　　(5-16) （3）倾斜改正数　$\Delta D_h = -\dfrac{h^2}{2D'}$　　　　　　　　　(5-17) （4）改正数之和　$\sum \Delta D = \Delta D_1 + \Delta D_t + \Delta D_h$　　(5-18) （5）实际距离　$D = D' + \sum \Delta D$　　　　　　　　　(5-19) 式中　$l_名$——钢卷尺名义长 　　　$l_实$——钢卷尺实长 　　　D'——名义距离 　　　a——钢卷尺线膨胀系数（一般取 0.000012/℃） 　　　t——丈量时平均温度 　　　h——两点间高差

2. 设距与保养

精密设距	测设已知长度，即起点、测设方向和欲测设长度均已知，测设的方法有两种： 1）先用往返测法测得结果，然后进行尺长、温度和倾斜等改正计算，得到其实长，以欲测设的长度与该结果的实长比较，对往返测所定的终点点位进行改正。此法适用于测设较长的距离 2）计算出各项改正数，直接求欲测设距离的尺读数，此法适用于测设小于钢卷尺名义长的较短距离

（续）

钢卷尺量距的要点	1）直。在丈量的两点间定线要直，以保证丈量的距离为两点间的直线距离 2）平。丈量时尺身要水平，以保证丈量的距离为两点间的水平距离 3）准。前后测手拉力要准（用标准拉力）、要稳 4）齐。前后测手动作配合要齐，对点与读数要及时、准确
钢卷尺的保养	钢卷尺在使用中要注意以下五防、一保护： 1）防折。钢卷尺性脆易折，遇有扭结打环，应解开再拉，收尺不得逆转 2）防踩。使用时不得踩尺面，尤其在地面不平时 3）防轧。钢卷尺严禁车轧 4）防潮。钢卷尺受潮易锈，遇水后要用干布擦净，较长时间不使用时应涂油存放 5）防电。防止电焊接触尺身 6）保护尺面。使用时，尺身尽量不拖地擦行，以保护尺面，尤其是尺面是喷涂的尺子

细节：钢卷尺在施工测量中的应用

1. 用钢卷尺自直线上一点向线外作垂线

方　法	项目	主　要　内　容	参　考　图
"3-4-5"法	操作步骤	如图5-3所示，从AB直线上一点B向线外作垂线BP 1）用钢卷尺由B点向A方向量4m，定出M点 2）将钢卷尺零点对准B点，令9m刻划线对准M点，将尺身打一个环使4m与3m刻划线对齐，拉紧钢卷尺量出P点 3）则BP即为AB的垂线	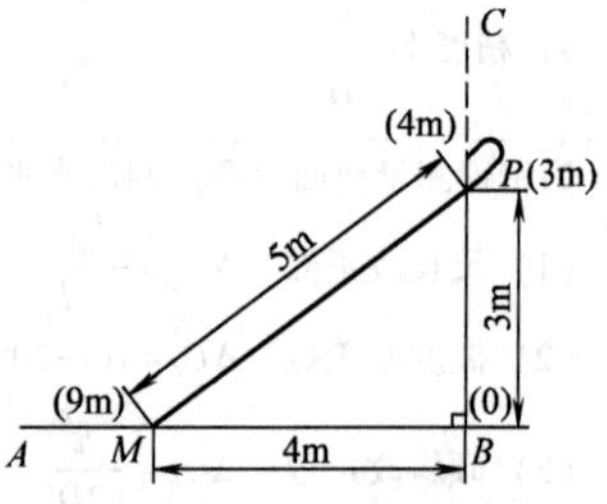 图5-3　"3-4-5"法
	操作要点	1）以"4"为底，即已知方向上用"4"。当场地允许时，在3∶4∶5比例不变的条件下，尽量选用较大尺寸，如6m∶8m∶10m等 2）三边同用钢卷尺有刻划线的一侧，且三边同在一平面内、拉力一致 3）两个直角边中，至少有一边尺要水平	
等腰三角形法	操作步骤	如图5-4所示，从AC直线上一点B向线外作垂线即 1）用钢卷尺由B点分别向A方向与C方向量取等长度l定出M点与N点 2）用钢卷尺分别从M点与N点，以（1.4~2.0）l的长度拉紧钢卷尺交出P点 3）则BP即为AB的垂线	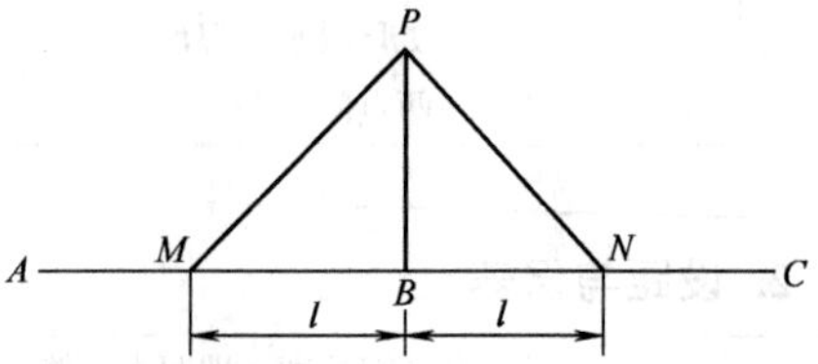 图5-4　等腰三角形法
	操作要点	1）A、M、B、N、C最好同在一水平线上，至少是在一条直线上 2）三边（MN、NP、PM）同用钢卷尺有刻划线的一侧，且三边同在一平面内、拉力一致	

2. 用钢卷尺自直线外一点向线上作垂线

		方法	图示
用钢卷尺测设	操作步骤	如图5-5所示，从线外一点 C 向直线 AB 作垂线 1）用小线连接 AB（或在地面上弹墨线） 2）用钢卷尺自 C 点向 AB 直线划弧交于 M、N，两点 3）取 MN 中点 P，则 CP 即为 AB 垂线	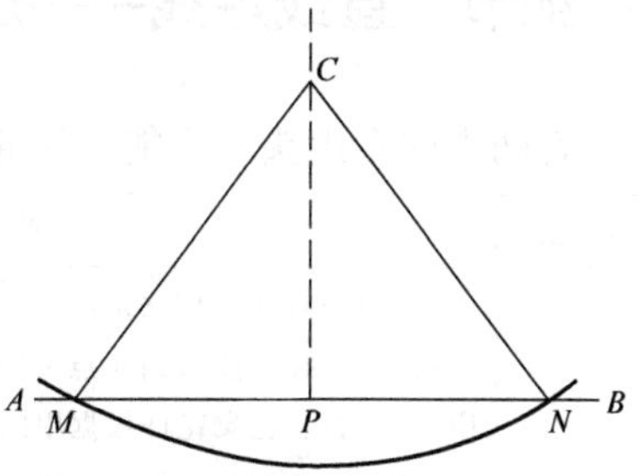 图5-5　用钢卷尺测设
用钢卷尺测设	操作要点	1）连接 AB 的小线要绷紧拉直，不得抗线 2）CM 与 CN 方向拉力一致 3）划弧半径 CM、CN 长度适中，使 $\angle CMN$ 为 $60°$ 左右最好	
用经纬仪与钢卷尺测设	测法1	如图5-6所示：将经纬仪安置在 A 点，测出 $\angle CAB$，用钢卷尺量出 AC 间距，则 $AP=AC\cos\angle CAB$，用钢卷尺沿 AB 方向量 AP 定出 P 点，则 CP 即为 AB 垂线	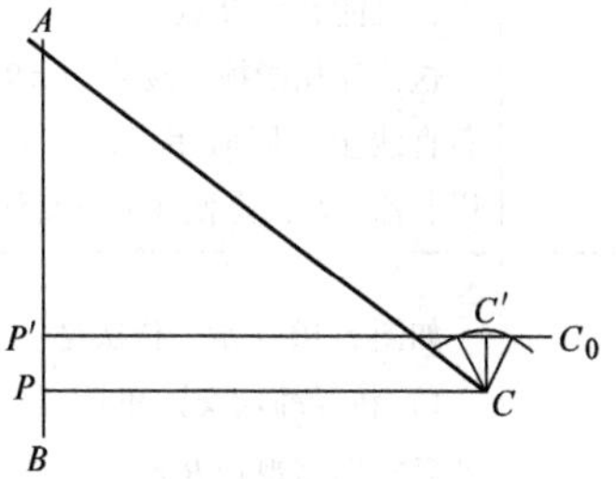 图5-6　用经纬仪与钢卷尺测设
用经纬仪与钢卷尺测设	测法2	如图5-6所示：C 点距 AB 较远，可先在 AB 直线上估出 P 点位置 P'，将经纬仪安置在 P' 点，以 A 为后视、测设 $90°$ 定出 C_0，用钢卷尺从 C 点向 $P'C_0$ 线上作垂线得 C'。量 $P'P=C'C$ 得到 P 点。最后将经纬仪安置在 P 点校测 $\angle APC$ 应为 $90°00'00''$	

细节：直线定线——两点间定线

项目	方　法	图　示
经纬仪定线	如图5-7所示，作法是： 1）将经纬仪安置在 A 点，在任意度盘位置照准 B 点 2）低转望远镜，一人手持木桩，按观测员指挥，在视线方向上根据尺段所需距离定出1点，然后再低转望远镜依次定出2、3点。则 A、3、2、1、B 点在一条直线上	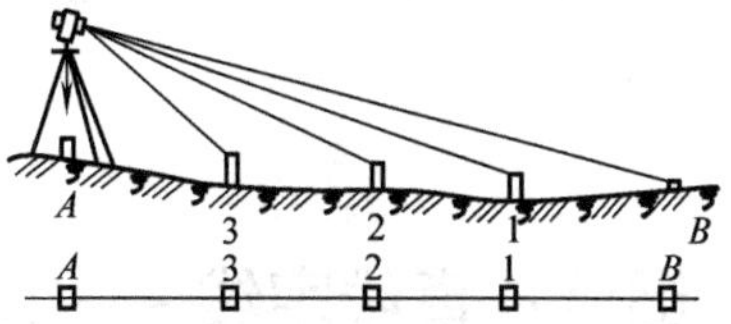 图5-7　经纬仪定线
目测法定线	如图5-8所示，作法是： 1）先在 AB 点各竖直立好花杆，观测员甲站在 A 点花杆后面，用单眼通过 A 点花杆一侧瞄准 B 点花杆同一侧，形成连线 2）观测员乙拿一花杆在待定点1处，根据观测员甲的指挥左、右移动花杆。当观测员甲观测到三根花杆成一条直线时，喊"好"，乙即在花杆处标出1点，A、1、B 在一条直线上 3）同法可定出2点	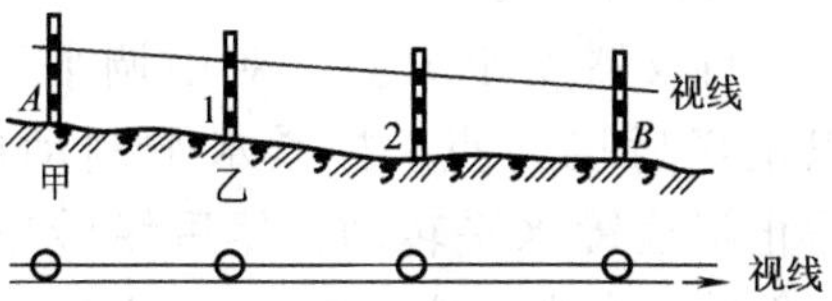 图5-8　目测法定线

根据同样道理也可做直线延长线的定线工作。

细节：直线定线——过山头定线

若两点间有山头，不能直接通视，可采用趋近法定线。

方 法	主 要 内 容	图 示
目测法	如图 5-9 所示，作法是： 1）甲选择既能看到 A 点又能看到 B 点靠近 AB 连线的一点甲₁立花杆，乙拿花杆根据甲的指挥，在甲₁B 连线上定出乙₁点，乙₁点应靠近 B 点，但应看到 A 点 2）甲按乙的指挥，在乙₁A 连线上定出甲₂点，甲₂应靠近 A 点，且能看到 B 点 这样互相指挥，逐步向 AB 连线靠近，直到 A、甲、乙在一条直线上，同时甲、乙、B 也在一条直线上为止，这时 A、甲、乙、B 四点便在一条直线上	图 5-9　目测法
经纬仪定线	如图 5-10 所示，作法是： 1）将经纬仪安置在 C_1 点，任意度盘位置，正镜后视 A 点，然后转倒镜观看 B 点，由于 C_1 点不可能恰在 AB 连线上，因此，视线偏离到 B_1 点。量出 BB_1 距离，按相似三角形比例关系： $$s_1 : CC_1 = (s_1+s_2) : BB_1$$ $$CC_1 = \frac{s_1 \times BB_1}{(s_1+s_2)} \quad (5\text{-}20)$$ s_1、s_2 的长度可以目测 2）将仪器向 AB 连线移动 CC_1 距离，再按上法进行观测，若视线仍偏离 B 点，再进行调整。直到 ACB 在一条直线上为止	图 5-10　经纬仪定线

细节：直线定线——正倒镜定线

如图 5-11 所示，要求把已知直线 AB 延长到 C 点。

具体作法是：

将仪器安于 B 点，对中调平后，先以正镜后视 A 点，拧紧水平制动旋钮，防止望远镜水平转动，然后纵转望远镜

图 5-11　正倒镜定线

成倒镜，在视线方向线上定出 C_1 点。放松水平制动螺旋，再平转望远镜用倒镜后视 A 点，拧紧水平制动螺旋，又纵转镜成为正镜，定出 C_2 点。若 C_1、C_2 两点不重合，则取 C_1、C_2 点的中间位置 C，连接 BC 作为已知直线 AB 的延长线，则 ABC 为所求。为了保证精度，规范规定直线延长的长度，一般不应大于后视边长，以减少对中和照准误差对边长的影响。

细节：直线定线——延伸法定线

如图 5-12，要求把已知直线 AB 延长到 C 点。

具体作法是：

将仪器安于 A 点，对中调平后，以正镜照准 B 点，拧紧水平制动螺旋，然后抬高望远镜，在前视方向线上定出 C 点，连接 BC，则 BC 就是 AB 直线的延长线。

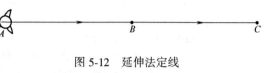

图 5-12　延伸法定线

　　上述两种方法相比较，延伸法有操作简便、对中误差对延长线的影响小等优点。从图 5-13 中可以看出，作同样的延长线，采用正倒镜法，仪器安置于 B 点，当对中偏差为 4mm 时，则 C_1 点偏离 AB 直线方向 8mm；而采用延伸法，仪器安置于 A 点，当对中偏差也为 4mm 时，则 C_1 点偏离 AB 直线 4mm，其误差比正倒镜法减少了一半。故实际工作中一般多采用延伸法。为保证测量精度，仪器

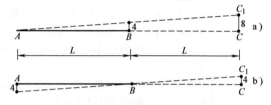

图 5-13　对中误差对延长线的影响

对中要准确（尤其是垂直视线的方向）。当观测角度较大时，仪器要仔细调平（尤其是在垂直视线的方向）。

细节：直线定线——绕障碍物定线

　　如图 5-14 所示，欲将直线 AB 延长到 C 点，但有障碍物不能通视，可利用经纬仪和钢卷尺相配合，用测等边三角形或测矩形的方法，绕过障碍物，定出 C 点。

方　法	主　要　内　容	图　　示
等边三角形法	等边三角形的特点是三条边等长，三个内角都等于 60° 　　在图 5-14 中先作直线 AB 的延长线，定出 F_1 点，移仪器于 F_1 点，后视 A 点，顺时针测 120°，定出 P 点。移仪器于 P 点，后视 F_1 点，顺时测 300°，量 $PF_2 = PF_1$ 定出 F_2 点。移仪器于 F_2 点，后视 P 点，测 120°，即可定出 C 点。并且得知 $PF_1 = PF_2 = F_1F_2 = l$	图 5-14　等边三角形法
矩形法	矩形的特点是对应边相等，内角都等于 90° 　　在图 5-15 中先作直线 AB 的延长线，定出 F_1 点，然后用测直角的方法，按箭头指的顺序，依次定出 P、M、N、F_2、F_3 五点，最后定出 C 点即为所求。为减少后视距离短对测角误差的影响，可将图中转点 P 的引测距离适当加长	图 5-15　矩形法

细节：丈量的基本方法和精度要求

1. 丈量的基本方法

方　法	步　骤
往返丈量法	如图5-16所示，丈量步骤： 后尺手拿尺的0端，前尺手持尺的末端，沿A→B方向前进。后尺手把尺的0刻划线对齐A点标志，前尺手对准传距桩1，两人同时将尺拉直，并保持尺身水平。当尺拉稳后，前尺手在传距桩标志对应位置读出读数，这样就量完一尺段。然后前、后尺手抬尺前进，当后尺到达1桩后，再重复以上操作，丈量第二尺段，依次传递直到终点 丈量过程中要随时画出丈量示意图，并及时做好记录 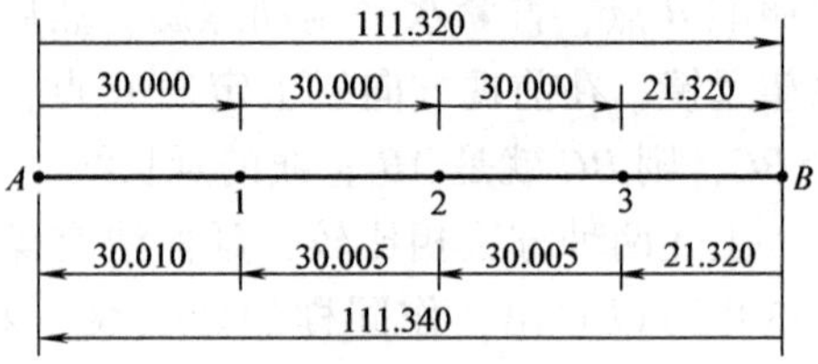 为防止错误和提高丈量精度，还要按相反方向从B点起返量至A点，故称往返测法。往返各丈量一次，称为一测回。取平均值作为丈量结果 图5-16　往返丈量示意
单程双测法	单程双测法就是按相同方向丈量两次。其操作程序与往返测法相同，也取两次丈量平均值作为丈量结果 如果丈量尺段较多，采用传距桩丈量时，要将传距桩顺序编好号。采用测钎传距时，每尺段量完后，要由后尺手将测钎拔起，量至终点时清点测钎数量，以防漏掉丈量尺段

2. 精度计算

不论采用往返测法还是单程双测法，两次测得的距离之差称为较差。较差的大小与所丈量距离的长短有关，因此用较差与平均距离之比作为衡量丈量的精度更为合理，称为相对误差，或称丈量精度。用分子等于1的分数来表示。

$$较差 \qquad \Delta_l = l_往 - l_返 \qquad (5-21)$$

$$距离平均值 \qquad L = \frac{l_往 + l_返}{2} \qquad (5-22)$$

$$丈量精度 \qquad K = \frac{|\Delta l|}{L} \qquad (5-23)$$

细节：普通丈量

普通丈量对精度的要求，在平坦地面应达到1/3000，起伏较小地面应达到1/2000。

影响丈量精度的因素很多，主要有定线不直、尺的拉力不均、尺未拉直、尺两端高差、温度变化、钢卷尺未经检验和读数误差等。因此，要求普通丈量应采用经纬仪定线或目测法定线，设传距桩，定线偏差每尺段不超过尺段长的1/100。如果使用经过检定的钢卷尺，尺长误差小于尺长的1/10000时，可不考虑尺长改正。量距时的温度与钢卷尺检定时的温度相差不超过8℃时，可不计算温差改正。丈量时，每尺段两尺端之间高差与距离之比不大于1/100时，可不做高差改正。读数误差不大于3mm，可不用弹簧秤。丈量不少于一测回。

细节：精密丈量

精密丈量对精度的要求要达到 1/10000～1/50000，为此精密丈量要求如下：

1）用经纬仪定线，清除路线上的障碍物，沿直线每尺段设传距桩，桩顶截成平面，桩顶标高尽量在同一水平高度。

2）丈量时，将弹簧秤挂在尺的零端，对钢卷尺施以检尺时的拉力，先将前尺某刻划对准点位，避免施加拉力时尺身窜动，然后两端读数。

3）每一尺段要丈量 3 次，读 3 组读数，估读到 0.5～1mm，3 次测得的读数差不超过 2mm，最后取平均值。

4）丈量过程中要随时测量温度，按每尺段丈量时的实际温度进行温差改正。

5）进行尺长、高差改正。

6）至少丈量一测回。

7）按格式认真填写记录。

细节：斜坡地段丈量

1. 平尺丈量法

在斜坡地段丈量时，可将尺的一端抬起，使尺身水平。若两尺端高差不大，可用线坠向地面投点，如图 5-17a 所示。若地面高差较大，则可利用垂球架向地面投点，如图 5-17b 所示。若量整尺段不便操作，可分零尺段丈量。一般说从上坡向下坡丈量比较方便，因为这时可将尺的 0 端固定在地面桩上，尺身不致窜动。平尺丈量时应注意：

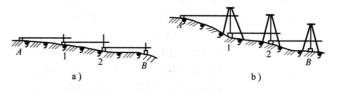

图 5-17　平尺丈量法
a）线坠向地面投点　b）垂球架向地面投点

1）定线要直。

2）垂线要稳。

3）尺身要平。

4）读数要与垂线对齐。

5）尺身悬空大于 6m 时要设水平托桩。

图 5-18 所示是利用垂球架测距的方法。

2. 斜距丈量法

如图 5-19 所示，先沿斜坡量尺，并测出尺端高差，然后计算水平距离。计算有两种方法。

（1）三角形计算法　在直角三角形中，按勾股弦定理

$$L=\sqrt{l^2-h^2} \tag{5-24}$$

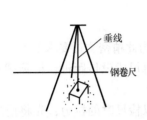

图 5-18 利用垂球架测距

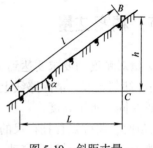

图 5-19 斜距丈量

（2）三角函数法 图 5-19 中若知道斜坡面与水平线之倾斜角 α，则可利用三角函数关系计算水平距离。

$$L = l\cos\alpha \qquad (5\text{-}25)$$

细节：点位桩的测设方法

测设点位桩是建筑物测量定位的基本工作。

方法	内　　　容	图　　　示
桩位的确定	如图 5-20 所示，确定桩位的方法是： 1）经尺长、温差、高差改正后，计算出实际量距长度 2）先用经纬仪定线。在视线方向和设计距离处，由量尺员同时拿木桩和钢卷尺，量取木桩侧面中线位置，使尺的读数符合设计距离。操作时要轻拿木桩，桩尖稍离地面，使桩身处于自由垂直状态，目估尺身水平，这样木桩打入土中后，点位不致落在桩外 3）视线照准木桩下部，当木桩同时满足定线和距离要求时，将木桩钉牢。桩身打入土中深度不应少于20cm，外露高度要考虑量尺的方便和满足设计标高的需要。一般要用水准仪配合抄平，把各桩顶截成同一标高。对露出地面较高的桩，要培土加以保护	图 5-20 桩位确定程序
点位的投测	如图 5-21 所示，点位投测的方法是： 1）用经纬仪按定线方向照准桩顶面，量尺员手持铅笔，按观测员指挥在桩顶投测出 1、2 两点，并将两点连成一条重合于视线的直线 2）精密丈量距离时，在桩顶画出垂直于视线的距离横线。在十字线交点处钉上小钉，表示点的位置	图 5-21 点位的投测方法

细节：丈量中的注意事项

1）丈量时，握前、后尺的手动作要协调，要待尺拉稳后再读数。做到定线直、尺拉紧、尺身平、拉力均、位对齐。

2）读数要细心准确，不要只注意毫米、厘米，忽视分米和米而造成大错。

3) 注意各项改正数的加减关系，不要弄错。丈量前，要明确丈量对象的精度要求。

细节：电磁波测距

电磁波测距是用不同波段的电磁波作为载波传输测距信号，以测量两点间距离的一种方法。电磁波测距与钢卷尺量距相比，只要有通视条件，它可不受地形限制，而且具有精度高、操作简单、速度快等优点。

电磁波测距仪按其所采用的载波不同可分为：用微波段的无线电波作为载波的微波测距仪；用激光作为载波的激光测距仪；用红外光作为载波的红外测距仪。前两者测程可达数十公里，多用于远程的大地测量；后两者叫做光电测距仪。红外测距仪多用于短、中程测距的地形测量和工程测量。

细节：光电测距仪的基本构造、工作原理与标称精度

1. 光电测距仪的基本构造

主机通过连接器安置在经纬仪上部，经纬仪可以是普通光学经纬仪，也可以是电子经纬仪。利用光轴调节螺旋，可使主机的发射—接受器光轴与经纬仪视准轴位于同一竖直面内。另外，测距仪横轴到经纬仪横轴的高度与觇牌中心到反射棱镜高度一致，从而使经纬仪瞄准觇牌中心的视线与测距仪瞄准反射棱镜中心的视线保持平行，配合主机测距的反射棱镜（图5-22），根据距离远近，可选用单棱镜（1500m 内）或三棱镜（2500m 内）。棱镜安置在三脚架上，根据光学对中器和长水准管进行对中整平。

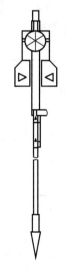

图5-22 反射棱镜

2. 光电测距仪的工作原理

按测距方式的不同，光电测距仪分为相位式和脉冲式两种。脉冲式测距是直接测定光脉冲在测线上往返传播的时间来求得距离的，精度较低。相位式测距是通过测定调制光波在测线上往返传播所产生的相位移，间接测定时间来求得距离的，精度高。目前短程红外光电测距仪都是相位式的。

3. 光电测距仪的标称精度

根据《中、短程光电测距规范》（GB/T 16818—2008）规定：测距仪出厂标称精度表达式为：

$$m_D = \pm(A + B \times D) \tag{5-26}$$

式中　　m_D——测距中误差（mm）；

A——仪器标称精度固定误差（mm）；

B——仪器标称精度比例误差系数（10^{-6} 或 mm/km）；

D——测量距离（km）。

细节：光电测距仪的分类与检定项目

（1）按精度分　根据《光电测距仪检定规程》（JJG 703—2003）规定，按1km 的测距标准

偏差 m_D 计算，准确度分为四级，见表 5-3。

表 5-3 光电测距仪准确度等级表

精度等级	1km 测距中误差 m_D	精度等级	1km 测距中误差 m_D
I	$m_D \leqslant (1+D)$ mm	III	$(3+2D)$ mm $< m_D$
II	$(1+D) < m_D$		$\leqslant (5+5D)$ mm
	$\leqslant (3+2D)$ mm	IV（等外级）	$m_D > (5+5D)$ mm

注：D——被测距离的千米数。

（2）按测程分 见表 5-4。

表 5-4 光电测距仪测程分类表

测程等级	测量距离 D	测程等级	测量距离 D
短 程	$D < 3$km	远 程	15km $< D$
中 程	3km $\leqslant D \leqslant 15$km		

（3）按构造分 有全站仪（电子测角与光电测距成为一个整体）与半站仪（光学或电子经纬仪与光电测距仪组合而成）。

（4）光电测距仪的检定 根据《光电测距仪检定规程》（JJG 703—2003）共检定 13 项，见表 5-5，检定周期为一年。

表 5-5 光电测距仪检定项目表

序 号	检 定 项 目		首次检定	后续检定	中、短程	远程
			检 定 类 别		使用中检定	
1	外观与功能		+	+	±	+
2	光学对中器		+	+	−	−
3	发射、接收、照准三轴关系的正确性		+	+	−	−
4	反射棱镜常数的一致性		+	±	−	−
5	调制光相位均匀性		+	+	−	−
6	幅相误差		+	±	−	−
7	分辨力		+	+	−	−
8	周期误差		+	±	−	−
9	测尺频率	开机特性	+	±	−	−
		温漂特性	±	−	−	−
10	加常数标准差与乘常数标准差		+	+	−	−
11	测量的重复性		+	+	−	−
12	测程		±	−	−	−
13	测距综合标准差		+	+	±	±

细节：光电测距仪的基本操作方法、使用与保养要点

光电测距仪的基本操作方法	（1）安置仪器　先在测站上安置经纬仪，对中、定平后，以盘左位置通过锁紧机构将光电测距仪主机置于望远镜上 （2）安置反射棱镜　在待测边的另一端点上安置三脚架，并装上基座及反射棱镜，对中、定平后，将反射棱镜对向测距仪。当所测的点位精度要求不高时，也可用反射棱镜对中杆 （3）测距步骤　开机后，先将测得的气压、温度输入测距仪主机，然后将望远镜照准目标（此时测距仪主机也照准反射棱镜）后，按测距仪主机上的 MEAS（量测）键起动测量显示结果，根据测得的视线斜距离和置入视线的竖直角值，即可分别得到水平距离与高差
光电测距仪的使用要点	1）使用前要仔细阅读仪器说明书。了解仪器的主要技术指标与性能、标称精度、棱镜常数与测距的配套、温度与气压对测距的修正等 2）测距仪要专人使用、专人保养。仪器要按检定规程要求定期送检。每次使用前后，均要检查主机各操作部件运转是否正常，棱镜、气压计、温度计、充电器等附件是否齐全、完好 3）测站与测线的位置符合要求。测站不应选在强电磁场影响的范围内（如变压器附近），测线应高出地面或障碍物 1m 以上，且测线附近与其延长线上不应有反光物体 4）测距前一定要做好准备工作。要使测距仪与现场温度相适应，并检查电池电压是否符合要求，反射棱镜是否与主机配套 5）测距仪与反射棱镜严禁照向强光源 6）同一条测线上只能放一个反射棱镜 7）仪器安置后，测站、棱镜站均不得离人，强阳光下要打伞。风大时，仪器和反射棱镜均要有保护措施
光电测距仪的保养要点	1）光电测距仪是集光学、机械、电子于一体的精密仪器，防潮、防尘和防振是保护好其内部光路、电路及原件的重要措施。一般不宜在 40℃ 以上高温和 -15℃ 以下低温的环境中作业和存放 2）现场作业一定要十分小心，防止摔、砸事故的发生，仪器万一被淋湿，应用干净的软布擦净，并于通风处晾干 3）室内外温差较大时，应在现场开箱和装箱，以防仪器内部受潮 4）较长期存放时，应定期（最长不超过一个月）通电（0.5h 以上）驱潮，电池应充足电存放，并定期充电检查。仪器应在铁皮保险柜中存放 5）如仪器发生故障，要认真分析原因，送专业部门修理，严禁任意拆卸仪器部件，以防损伤仪器

细节：光电测距三角高程测量

如图 5-23 所示，用光电测距仪测定两点间的斜距 D'_{AB}，再量取仪器高 i，觇标高 v，观测竖直角 θ，从而计算出高差。推算出待求点高程的方法，叫光电测距三角高程测量。随着光电测距仪的普及，这种方法的应用越来越广泛。

1. 计算公式

由图 5-23 可以看出，B 点对 A 点高差为 h_{AB}，顾及大气折光等因素的影响，按光电测距高程导线代替四等水准测量的要求，其计算公式为：

$$h_{AB} = D'_{AB} \sin \theta + \frac{1}{2R}(D'_{AB} \cos \theta)^2 + i - v \tag{5-27}$$

式中　D'_{AB}——经过仪器固定误差、比例误差
　　　　改正，气象改正后的斜距；
　　R——地球平均半径，采用 6369km（见
　　　　《国家三、四等水准测量规范》
　　　　GB/T 12898—2009）；
　　i——光电测距仪高度；
　　v——觇标高度。

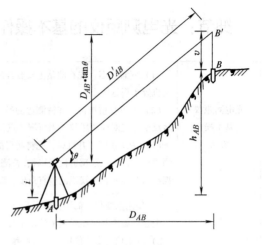

相邻测站间对向观测的高差应取平均值作
为两点间的高差。

2. 观测

将光电测距仪安置于测站上，测定其斜距
D'_{AB}。用小钢卷尺量取仪器高 i，觇标高 v。为
保证量测精度，可使用带铅直对中杆的三脚架。

图 5-23　三角高程

竖直角测量时，用十字中线照准觇标，盘左盘右观测。为消除地球曲率和大气折光的影响，
需作对向观测。

3. 适用范围

光电测距三角高程测量的误差主要来源于竖直角观测及距离测量，仪器高、反射镜和觇
标高量测的误差及外界特别是大气折光对竖直角观测的影响。当竖直角不大，距离对高差的
影响极微，对仪器高、反射镜和觇标高量测细心，对大气折光影响采取对向观测，这样，光
电测距三角高程测量可以达到较高的精度。

当视线倾斜角不超过 15°，距离在 1km 内，测距精度达到 ±($5mm+5×10^{-6}×D$)，量测仪
器高、觇标高精度在 2mm 内，四个测回测角互差不超过 5″，采用对向观测，光电测距三角
高程测量可以代替四等水准测量。

当视线倾斜角在 15° 内，视线长不大于 500m，用一般光电测距仪观测，直接照准反射
镜中心，每次照准后，两次读数较差在 30″ 内，三测回互差不超过 10″ 时，其高差精度可以
满足普通水准测量的要求。

细节：视距测法

在光电测距仪问世以前，快速、精确测定距离是测量中一大难题。视距测法是根据几何
光学原理，利用望远镜中十字线横线上下的两条视距线，测定仪器至立尺点的水平距离与高
差的一种方法，它与钢卷尺、皮尺量距相比，操作简便，速度快，一般只要通视，可不受地
形起伏限制，其精度约为 1/300，一般用于地形测图。在施工现场中，可用于测绘现场布置
图和精度要求不高的估测中。

细节：水平视线视距原理与测法

水准仪和经纬仪十字线的上下各有一条平行等距的上线和下线叫视距线。如图 5-24 所
示，当望远镜水平时，上下视距线在远处水准尺上所截取的距离 MN 叫视距段 R，它与仪器

至水准尺的水平距离 D 成正比例，即

$$D = KR \qquad (5-28)$$

式中 K——视距常数，一般 $K = 100$。

又由图 5-24 中可看出，B 点对 A 站的高差：

$$h = b - i \qquad (5-29)$$

式中 i——仪器高度；

b——水平视线中线读数，即水准前视读数。

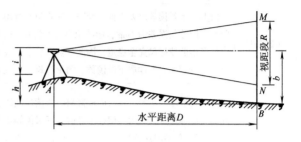

图 5-24 水平视线视距原理

细节：倾斜视线视距原理与测法

当地面起伏较大（图 5-25），为用视距法测定 B 点至 A 站的水平距离 D 和高差 h，就得使用倾斜视线视距测法。

由于经纬仪视线倾斜，它与 B 点上的水准尺不垂直，这样水平视线的视距公式（5-28）不能直接使用，而要进行两项改算：

（1）计算斜距离 D' 要将倾斜视线（仰角为 θ）在水准尺上的视距段 R，改算成垂直于斜视线的视距段 R'，并将 R' 代入公式（5-28）得：

$$R' = R\cos \theta \qquad (5-30)$$

$$D' = KR' = KR\cos \theta \qquad (5-31)$$

（2）计算水平距离 D 和高差 h' 由斜距离 D' 和仰角 θ 得：

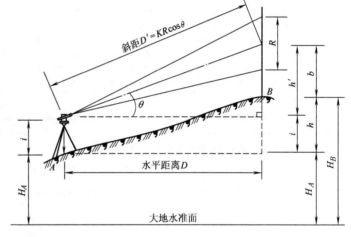

图 5-25 倾斜视线视距原理

$$D = D'\cos \theta = KR\cos^2 \theta \qquad (5-32)$$

$$h' = D'\sin \theta = KR\cos\theta\sin \theta = \frac{1}{2}KR\sin 2\theta \qquad (5-33)$$

又由图 5-25 中看可出，B 点对 A 站的高差为：

$$h = h' + i - b \qquad (5-34)$$

细节：视距测量的误差

视距测量误差的主要来源有视距丝在标尺上的读数误差、标尺不竖直的误差、竖角观测误差及大气折光的影响。

读数误差	由上、下丝读数之差求得尺间隔，计算距离时用尺间隔乘 100，因此读数误差将扩大 100 倍影响所测的距离。即读数误差为 1mm，影响距离误差为 0.1m。故在标尺读数时，必须仔细读数，消除视差。另外，立尺者不能使标尺完全稳定，因此要求上、下丝最好能同时读取。为此建议观测上丝时用竖盘微动螺旋对准整分划，立即读取下丝读数。测量边长不能过长，望远镜内划尺子分划变小，读数误差就会增大
标尺倾斜的误差	当进行坡地测量时，标尺向前倾斜时所读尺间隔，比标尺竖直时小，反之，当标尺向后倾斜时所读尺间隔，比标尺竖直时大。但在平地时，标尺前倾或后倾都使尺间隔读数增大。设标尺竖直时所读尺间隔为 l，标尺倾斜时所读尺间隔为 l'，倾斜标尺与竖直标尺夹角为 δ，推导 l' 与 l 之差 Δl 的公式为 $$\Delta l = \pm \frac{l'\delta}{\rho''}\tan \alpha \qquad (5\text{-}35)$$ 　　从表 5-6 可看出：随标尺倾斜 δ 的增大，尺间隔的误差 Δl 也随着增大；在标尺同一倾斜的情况下，测量竖角增加，尺间隔的误差 Δl 也迅速增加。因此，在山区进行视距测量时，误差会很大；在平坦地区将会好些 表 5-6　标尺倾斜在不同竖角下产生尺间隔的误差 Δl　　（单位：mm） <table><tr><td rowspan="2">l' α　δ</td><td colspan="5">1m</td></tr><tr><td>1°</td><td>2°</td><td>3°</td><td>4°</td><td>5°</td></tr><tr><td>5°</td><td>2</td><td>3</td><td>5</td><td>6</td><td>7</td></tr><tr><td>10°</td><td>3</td><td>6</td><td>9</td><td>12</td><td>15</td></tr><tr><td>20°</td><td>6</td><td>13</td><td>19</td><td>25</td><td>32</td></tr></table>
竖角测量的误差	(1) 竖角测量的误差对水平距的影响　已知 $$D = Kl\cos^2 \alpha$$ 　　对上式两边取微分 $$dD = 2Kl\cos\alpha\sin\alpha \frac{d\alpha}{\rho''}$$ $$\frac{dD}{D} = 2\tan \alpha \frac{d\alpha}{\rho''}$$ 　　设 $d\alpha = \pm 1'$，当山区作业最大 $\alpha = 45°$ 时，则 $$\frac{dD}{D} = 2 \times 1 \times \frac{60''}{206265''} = \frac{1}{1719} \qquad (5\text{-}36)$$ 　　(2) 竖角测量的误差对高差的影响　已知 $$h = D\tan \alpha = \frac{1}{2}Kl\sin 2\alpha$$ 　　对上式两边取微分 $$dh = Kl\cos 2\alpha \frac{d\alpha}{\rho''}$$ 　　当 $d\alpha = \pm 1'$，并以 dh 值为最大来考虑，即 $\alpha = 0°$，这些数值代入上式得 $$dh = 100 \times 1 \times \frac{60''}{206265''} = 0.03 \text{ m} \qquad (5\text{-}37)$$ 　　从式(5-36)与式(5-37)看出：竖角测量的误差对距离影响不大，对高差影响较大，每百米高差误差为 3cm 　　根据分析和试验数据证明，视距测量的精度一般约达 1/300

细节：视距测量的误差来源及消减方法

视距乘常数 K 的误差	仪器出厂时视距乘常数 K = 100，但由于视距丝间隔有误差，视距尺有系统性刻划误差，以及仪器检定的各种因素影响，都会使 K 值不一定恰好等于 100。K 值的误差对视距测量的影响较大，不能用相应的观测方法予以消除，故在使用新仪器前，应检定 K 值
用视距丝读取尺间隔的误差	视距丝的读数是影响视距精度的重要因素，视距丝的读数误差与尺子最小分划的宽度、距离的远近、成像清晰情况有关。在视距测量中，一般根据测量精度要求来限制最远视距
标尺倾斜误差	视距计算的公式是在视距尺严格垂直的条件下得到的。若视距尺发生倾斜，将给测量带来不可忽视的误差影响。因此，测量时立尺要尽量竖直。在山区作业时，由于地表有坡度而给人以一种错觉，使视距尺不易竖直。因此，应采用带有水准器装置的视距尺
外界条件的影响	（1）大气竖直折光的影响　大气密度分布是不均匀的，特别在晴天，接近地面部分密度变化更大，使视线弯曲，给视距测量带来误差。根据试验，只有在视线离地面超过 1m 时，折光影响才比较小 （2）空气对流使视距尺的成像不稳定　空气对流的现象常出现在晴天，视线通过水面上空和视线离地表太近时较为突出，成像不稳定造成读数误差的增大，对视距精度影响很大 （3）风力使尺子抖动　风力较大时尺立不稳而发生抖动，分别在两根视距丝上读数又不可能严格在同一个时候进行，所以对视距间隔将产生影响 减少外界条件影响的唯一办法，只有根据对视距精度的需要来选择合适的天气作业

6 小地区控制测量

细节：控制网的形式

在测区场地内，由建立的若干个控制点而构成的几何图形，称为场地控制网。控制网分为平面控制网和高程控制网两种。测定控制点平面位置的工作，称为平面控制测量；测定控制点高程的工作，称为高程控制测量。在全国范围内建立的控制网，称为国家控制网；在城镇范围内建立的控制网，称为城镇控制网；在建设区域内建立的独立控制网，称为施工控制网。采用若干三角形互相连接（用三角测量方法）构成的控制网，称为三角网，位于三角形顶点的点称为三角点。由多边形或折线形组成的控制网，称为导线网。导线转点称为导线点。

国家三角控制网和高程控制网均分为一、二、三、四等四个等级。一等精度最高，它的低等级受高等级控制，是高级的加密，如图6-1、图6-2所示。

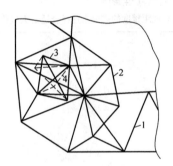

图6-1 三角控制网

1——一等三角网 2——二等三角网
3——三等三角网 4——四等三角网

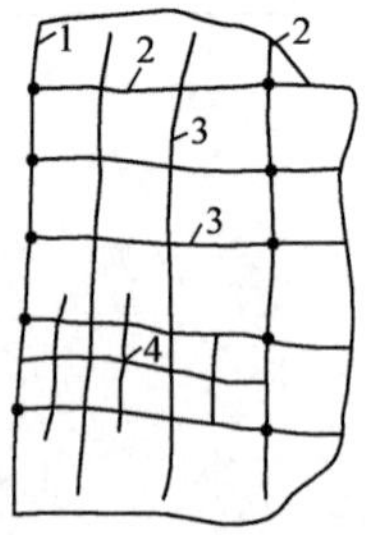

图6-2 高程控制网

1——一等水准路线 2——二等水准路线
3——三等水准路线 4——四等水准路线

城镇三角网主要技术要求见表6-1。

表6-1 城镇三角网的主要技术要求

等级	平均边长/km	测角中误差/″	起始边边长相对中误差	最弱边边长相对中误差	测回数 J_6	测回数 J_2	测回数 J_1	三角形最大闭合差/″
二等	9	±1	1：250000	1：120000			12	±3.5
三等	4.5	±1.8	1：150000（首级）1：120000（加密）	1：70000		9	6	±7
四等	2	±2.5	1：100000（首级）1：70000（加密）	1：40000	6	4		±9

（续）

等级	平均边长/km	测角中误差/″	起始边边长相对中误差	最弱边边长相对中误差	测 回 数			三角形最大闭合差/″
					J_6	J_2	J_1	
一级小三角	1	±5	1:40000	1:20000	6	2		±15
二级小三角	0.6	±10	1:20000	1:10000	2	1		±30

高程控制网的主要技术要求见表6-2。

表6-2　高程控制网的主要技术要求

等级	每公里高差中误差/mm	附合路线长度/km	水准仪型号	水准尺	观 测 次 数		往返较差、附合或环线闭合差/mm	
					与已知点联测	附合或环线	平地	山地
二	±2		S_1	铟瓦	往返各一次	往返各一次	$±4\sqrt{L}$[①]	
三	±6	50	S_9 S_1	双面铟瓦	往返各一次	往返各一次 往返一次	$±12\sqrt{L}$	$±4\sqrt{n}$[②]
四	±10	16	S_3	双面	往返各一次	往返一次	$±20\sqrt{L}$	$±6\sqrt{n}$
图根	±20	5	S_{10}		往返各一次	往返一次	$±40\sqrt{L}$	$±12\sqrt{n}$

① L 为往返测段，符合环线水准路线长度，单位为 km。

② n 为测站数。

建设场区控制网多采用小三角网或导线网。小三角网的布设形式见图6-3。三、四等水准观测的技术要求见表6-3，多用于较大新建筑区或大型工程。

导线网布设形式如图6-4所示，

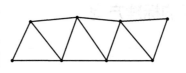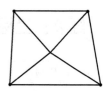

图6-3　小三角网布设形式

表6-3　三、四等水准观测的技术要求

等级	视线长度/m	视线高度/m	前后视距差/m	前后视距累积差/m	红黑面读数差/mm	红黑面高度之差/mm
三等	≤65	≥0.3	≤3	≤6	≤2	≤3
四等	≤80	≥0.2	≤5	≤10	≤3	≤5

导线测量的主要技术要求见表6-4。图6-4a 称为闭合导线。它从一已知点起，最后又回到该已知点，多用于城市街区建筑物密集区域。图6-4b 称为附合导线，导线从已知点起闭合于另一已知点，多用于铁路、管道工程等狭长地带。图6-4a 中 a、b 两点称为支导线，从已知

点出发，测若干点后终止，不与另一点相连，多用于三角网或导线网的加密测量。小区内建立控制网后，有时还不能满足大比例尺测图的需要，可用增设图根点的方法对控制网进行加密，以便安置仪器进行碎部测量，这种方法在建筑物密集区域或视线条件差地区较为适用。

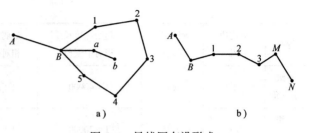

图6-4　导线网布设形式

a）闭合导线　b）附合导线

表6-4　导线测量的主要技术要求

等级	导线长度/km	平均边长/km	测角中误差/″	测距中误差/mm	测距相对中误差	测回数			方位角闭合差/″	相对闭合差
						DJ$_1$	DJ$_2$	DJ$_6$		
三等	14	3	1.8	20	≤1/150000	6	10		3.6$\sqrt{n}$	≤1/55000
四等	9	1.5	2.5	18	≤1/80000	4	6		5$\sqrt{n}$	≤1/35000
一级	4	0.5	5	15	≤1/30000		2	4	10$\sqrt{n}$	≤1/15000
二级	2.4	0.25	8	15	≤1/14000		1	3	16$\sqrt{n}$	≤1/10000
三级	1.2	0.1	12	15	≤1/7000		1	2	24$\sqrt{n}$	≤1/5000

注：1. n 为测站数。

　　2. 当测正测图的最大比例尺为1∶100，一、二、三级导线的长度、平均边长可适当放长，但最大长度不应大于表中规定相应长度的两倍。

面积在15km²范围内建立的场区控制网，称小区控制网。小区控制网应尽量与国家或城镇控制网连测，以便建立统一的坐标和高程，如果测区附近没有高级控制网，也可建立独立控制网，采用施工坐标和相对高程。

细节：坐标系的标准方向

标准方向	主要内容
真子午线方向	地面上某一点指向地球北极的方向线，就是该点的真子午线方向。真子午线方向是用天文测量方法确定的。坐标纵轴与真子午线方向相平行，称为真子午线坐标系
磁子午线方向	磁针在地球磁场的作用下，自由静止时所指的方向（磁南北极方向）就是该点的磁子午线方向。由于地球的两磁极与地球的南北极不重合（磁北极约在北纬74°、西经110°附近，磁南极约在南纬69°、东经144°附近），因此，地面上任一点的真子午线方向与磁子午线的方向是不一致的，如图6-5所示。磁子午线与真子午线有一个夹角，称为磁偏角 坐标纵轴与磁子午线相平行，称为磁子午线坐标系。图6-5中 NM 为真子午线，N'M' 为磁子午线
坐标纵轴方向	独立坐标系中以测区坐标原点的坐标纵轴为准，过某一点与坐标纵轴相平行的方向线称为该点的坐标纵轴方向
方位角	确定地面上点的位置，仅知两点之间的水平距离是不够的，还需要知道两点间连线与坐标方向的夹角，才能确定它们的平面位置 由标准方向的北端起，顺时针量得某直线（前进方向）与北端方向的夹角，称为该直线的方位角。角值为0°~360°

（续）

标 准 方 向	主 要 内 容
方位角	以真子午线为始边量得的夹角，称为真方位角 以磁子午线为始边量得的夹角，称为磁方位角 以坐标纵轴为始边量得的夹角，称为坐标方位角

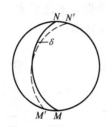

图 6-5　真子午线与磁子午线

细节：测区范围的确定

小区控制测量有两项基本功能，一是工程设计前期的勘察测量，为工程设计提供地形资料；二是建立控制网，为施工测量提供依据。

小区建设从建设性质方面可分为新建开发区、旧城区改造、矿区建设等几大类。小区测量有两种情况，一是占地范围已定，要求测出地形图；二是按使用规模、要求来确定占地范围。因此，小区测量对准确地确定占地面积、土地划拨、整体规划、合理使用土地、充分利用土地资源都有较强的实用价值和经济价值。

施测前应做如下工作：

1）收集原有地形图和与之相关的地形资料。

2）从规划主管部门索取航测图。

3）明确地界权属关系。

4）测区建设性质、功能与外部的连接。

5）附近平面和高程控制点及各项数据。

6）与设计单位密切配合。

7）现场勘察。

细节：布设控制点

现场实际勘察时，应根据地形条件和建（构）筑物布置情况，确定选点方案，并在实地确定点位。确定点位的原则如下：

1）相邻两点间应互相通视，周围视野开阔，以便测角和丈量。

2）确定控制网的测量方法（是导线网还是三角网）。

3）便于平面控制和高程控制结合使用。

4）尽量顺着道路、主要边界线、河流等布点，以便于测量和长期保存点位。

5）在建筑区内应沿道路中心布置，尽可能选在道路交叉中心或主要建筑物附近。

6）控制网能控制整个测区，满足建筑物、构筑物及各项工程的定位需要。

7）便于和附近高级控制点联测。

8）选用半永久性或永久性点位。进行编号、绘制平面简图，并标注点位附近地物特征点和相对关系，以便查找点位。尤其是在山区等野外测量时，这一点特别必要。点位被毁、被移动或错用点位数据都会给测量成果带来不良后果。

图6-6是某选矿系统工程控制网布置图。

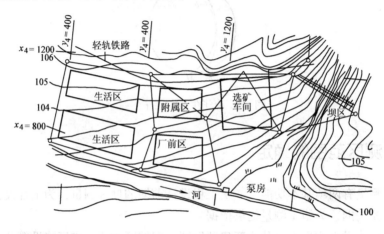

图6-6 控制网布置图

细节：控制网的精度要求

点位越密，精度越高，测量的工作量越大，施测工期就越长。但如果点位过少或精度偏低，又不能满足测量定位的需要。因此，点位的多少、布局是否合理，应以满足使用要求为准则，其精度应高于建筑物所需的定位精度，对测区能起到控制作用。

在图6-6中，选矿车间是建筑区的核心工程，精度应较高，附属区和生活区的精度相对可偏低些。尾矿由选矿车间靠溜槽自由流入尾矿坝内。尾矿虽属配套工程，但尾矿系统对高程的要求却很重要。水泵房靠压力从水源向选矿车间供水，与尾矿溜槽相比，其管线坡度可适当灵活些。

在小区控制测量中，由于观测过程的误差，可能出现整个测区与原坐标系产生偏转或位移。这时如果测区内建立的各点之间数据是正确的，保证测区的完整性，与外部衔接可以吻合，满足施工控制的需要，可不必返工重测。

图根导线边长丈量中，当坡度小于2%，温度不超过钢卷尺检定温度的±10℃，尺长改正不大于1/10000时，可不进行改正。

细节：导线测量的基本方法

导线测量工作的基本要素有四项，即测角、确定方位角、量距和坐标计算。

1. 坐标计算的基本公式

图 6-7 中设有 1、2、3、4 点，从解析图中可进一步明确导线两点之间的边长、转折角、方位角、坐标增量的相互关系。图中每两点之间都以坐标增量 Δx、Δy 构成一个直角三角形。

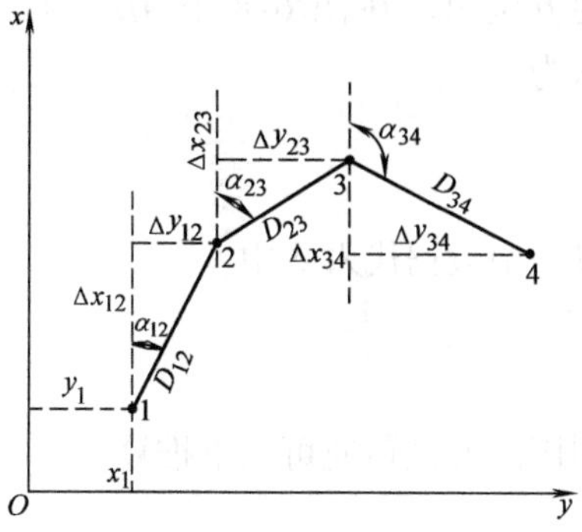

导线坐标计算实际上是逐点坐标增量的连续相加（代数和）。从每个小三角形中可以看出，两点间的坐标增量为：

图 6-7　导线解析图形

$$\Delta x_{12} = D_{12}\cos\alpha_{12} \qquad (6\text{-}1)$$
$$\Delta y_{12} = D_{12}\sin\alpha_{12} \qquad (6\text{-}2)$$
$$\Delta x_{23} = D_{23}\cos\alpha_{23} \qquad (6\text{-}3)$$
$$\Delta y_{23} = D_{23}\sin\alpha_{23} \qquad (6\text{-}4)$$
$$\Delta x_{34} = D_{34}\cos\alpha_{34} \qquad (6\text{-}5)$$
$$\Delta y_{34} = D_{34}\sin\alpha_{34} \qquad (6\text{-}6)$$

式中　α——斜边方位角；

　　　D——斜边（两点实量距离）。

从图 6-7 中显然可见：

$$x_2 = x_1 + \Delta x_{12} \qquad (6\text{-}7)$$
$$y_2 = y_1 + \Delta y_{12} \qquad (6\text{-}8)$$
$$x_3 = x_2 + \Delta x_{23} \qquad (6\text{-}9)$$
$$y_3 = y_2 + \Delta y_{23} \qquad (6\text{-}10)$$
$$x_4 = x_3 + \Delta x_{34} \qquad (6\text{-}11)$$
$$y_4 = y_3 + \Delta y_{34} \qquad (6\text{-}12)$$

式中　Δx、Δy——两点间的坐标增量。

综上所述，可得出以下规律：

纵轴坐标增量为　$\Delta x = D\cos\alpha$

横轴坐标增量为　$\Delta y = D\sin\alpha$

式中 D 是实量距离，永为正值。利用方位角计算出来的坐标增量 Δx、Δy，其符号有正负之分，它是根据方位角 α 所在象限来确定的。

点的坐标为：

$$x_{前} = x_{后} + \Delta x \qquad (6\text{-}13)$$
$$y_{前} = y_{后} + \Delta y \qquad (6\text{-}14)$$

直线（前进方向）方位角为

测左角公式：

$$\alpha_{前} = \alpha_{后} + \beta_{左} - 180° \qquad (6\text{-}15)$$

测右角公式：

$$\alpha_{前} = \alpha_{后} + 180° - \beta_{右} \qquad (6\text{-}16)$$

2. 确定方位角

（1）坐标方位角　导线与已知控制网联测时，可根据已知点坐标来计算导线起始边的方位角。在图 6-8 中 AB 为已知点，坐标分别为 x_A、y_A、x_B、y_B，则 AB 直线的方位角为：

$$\alpha_{AB} = \arctan \frac{\Delta y}{\Delta x} \qquad (6\text{-}17)$$

将图中数据代入式中：

$$\alpha_{AB} = \arctan \frac{\Delta y_B - \Delta y_A}{\Delta x_B - \Delta x_A} \qquad (6\text{-}18)$$

利用此方位角便可往下推算：

$$\alpha_{B1} = \alpha_{AB} + \beta_B - 180° \qquad (6\text{-}19)$$

（2）磁方位角　所测导线不便与外部坐标系连接时，可用罗盘来确定磁方位角，图 6-9 中要建立 1、2、3、4 点的导线，方法如下：

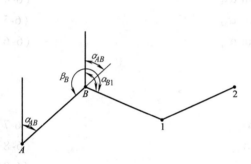

图 6-8　方位角计算

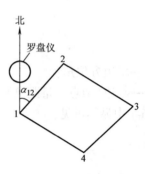

图 6-9　用罗盘仪确定方位角

过 1 点朝北方向拉一直线，在直线下面放置罗盘或指北针，然后左右摆动直线和罗盘，当磁针自由静止时，直线恰于罗盘轴线相重合（有的经纬照准部带有罗盘），该直线即为磁北方向线，然后测得 12 直线与磁北方向线的夹角 α_{12}，该角即为 12 直线的磁方位角。

（3）假定方位角　如果测区控制网对坐标方向没有严格要求，可随地形条件，采用独立坐标系。为坐标计算的方便，设假定方位角。假定方位角（坐标纵轴）的建立，应尽量考虑建筑物施工测量方便。

3. 量距

小区控制测量一般均应采用尺丈量方法量距，丈量次数不少于一测回（往返测各一次或往测两次），取其平均值。丈量精度应符合导线测量的技术要求，见表 6-4。

4. 测角

一般测附合导线采用测左角（测角在导线前进方向的左侧），测闭合导线采用测右角（测角在导线前进方向的右侧）。闭合导线一般按顺时针方向编号，测右角就是测闭合多边形的内角。在一组导线中，若观测左角一律观测左角，若观测右角则一律观测右角，两者不能混用。使用的仪器、测回数和闭合差见表 6-4。

表 6-5 是导线测量的外业记录表，导线形式见表中附图，测右角一测回。

表 6-5 导线测量的外业记录

工程名称			起止范围控 1~4			时间	记录	
测站	盘位	目标	度盘读数 /° ′ ″	观测角值 /° ′ ″	平均角值 /° ′ ″	方位角 /° ′ ″	距离/m	简 图
1	左	2	00 07 20	85 47 42	85 47 40	38 27 42	$D_{14}=179.405$	
		4	85 55 02					
	右	2	180 10 10	85 47 38			$D_{12}=147.590$	
		4	265 57 48					
2	左	3	15 21 10	86 35 36	86 35 37		$D_{21}=147.592$	
		1	101 56 46					
	右	3	180 30 10	86 35 38			$D_{23}=193.648$	
		1	267 05 48					
3	左	4	15 17 10	86 30 52	86 30 54		$D_{32}=193.646$	
		2	101 48 02					
	右	4	204 12 20	86 30 56			$D_{31}=119.738$	
		2	290 43 16					
4	左	1	12 10 20	101 06 30	101 06 29		$D_{43}=119.738$	
		3	113 16 50					
	右	1	184 07 10	101 06 28			$D_{41}=179.409$	
		3	285 13 38					

5. 小数位的取舍要求

内业计算中对小数位的取舍应符合表 6-6 的要求。

表 6-6 导线测量计算小数位要求

等 级	方向观测值 /″	各项改正数 /″	函 数	边长及 坐标/m	方位角 /″
一、二级小三角 一、二级导线	1	1	7 或 6 位	0.001	1
图根	6 或 10	6 或 10	5 位	0.01	6 或 10

细节：闭合导线的坐标计算

1. 资料整理

将外业测量的各项数据整理齐全，按顺序填写在闭合导线计算表中并经校核，对模糊不清的数字，要查找原始记录，不要主观臆断，以保证数据的可靠性。要防止因错用数据造成计算的测量成果超限，甚至造成返工。

现以表6-5中的实测数据为例，介绍闭合导线坐标计算的方法和步骤。

已知数据填写在表6-7的2、6栏内，为分析计算的方便，将各项数据标注在图6-10中。

2. 测角闭合差的计算与改正

闭合导线观测的是内角，根据几何学原理，多边形内角之和的理论值

$$\sum \beta_{理} = (n-2)180° \tag{6-20}$$

由于观测角不可避免地存在误差，致使观测角之和 $\sum \beta_{测}$ 不等于理论值，而含有误差 f_β，f_β 的数值按下式计算

$$f_\beta = \sum \beta_{测} - \sum \beta_{理} \tag{6-21}$$

闭合差数值的大小，反映的是测角精度，不同等级的导线对测角精度有不同的技术要求，见表6-4。其最大限值称为允许闭合差 $f_{\beta允}$。如果 $f_\beta > f_{\beta允}$，则说明所测角值不符合要求，应重新核对观测角值和计算过程。若 $f_\beta \leq f_{\beta允}$，则说明测角误差在允许范围内，测量数据可用。

本例内角之和理论值

$$\sum \beta_{理} = (n-2)180° = (4-2)180° = 360° \tag{6-22}$$

观测角值之和 $\sum \beta_{测} = 360°00'40''$ 见表6-7第2栏。闭合差 $f_\beta = \sum \beta_{测} - \sum \beta_{理} = +40''$ 见表6-7。现按二级导线的技术要求计算其闭合差是否符合要求。

允许闭合差 $$f_{\beta允} = \pm 24\sqrt{4} = \pm 48''$$

$$f_\beta < f_{\beta允}（精度合格）$$

测角闭合差小于允许闭合差，说明精度合格，可将闭合差按反符号平均分配到各观测角中，得到改正角，改正角之和应等于理论值。见表6-7第3、4栏。

表6-7 闭合导线计算表

点号	观测角（右）/° ' ''	改正数 /''	改正角 /° ' ''	方位角（°）/° ' ''	距离（D）/m	cos α / sin α	坐标增量 Δx / Δy	改正值	改正后增量 Δx/m	改正后增量 Δy/m	坐标值 x/m	坐标值 y/m	点号
1	2	3	4	5	6	7	8	9	10	11	12	13	14
1					D_{12}	+0.783025	+112.420	+5			300.000	300.000	1
				38 27 42	143.571	+0.621990	+89.300	-8	+112425	+89.252			
2	85 47 40	-10	85 47 30								412.425	389.292	2
				131 52 15	D_{33}	-0.667452	+129.250	+5					
					193.647	+0.744653	+144.200	-8	-129244	+144.192			
3	85 35 37	-10	86 35 27								283.181	533.484	3
				225 21 31	D_{34}	-0.702667	-84.150	+5					
					119.758	-0.711519	-85.210	-7	-84.145	-85.217			
4	86 30 54	-10	86 30 44								199036	448.267	4
				304 15 12	D_{41}	+0.562855	+100959	+5					
					179.370	-0.826556	-148.259	-8	+100.954	-148.267			
1	101 05 29	-10	101 06 19								300.000	300.000	
Σ	360 00 40	-40	360 00 00	38 27 42	636.346		$\sum x = -0.023$ / $\sum y = +0.011$	+21 / -31	0	0			

（续）

点号	观测角（右）/°′″	改正数	改正角/°′″	方位角（°）	距离（D）/m	cos α / sin α	坐标增量 Δx / Δy	改正值	改正后增量 Δx/m	Δy/m	坐标值 x/m	y/m	点号
闭合差和精度	$\sum_{\beta测}=350\ 00\ 40$ $-\sum_{\beta测}=350\ 00\ 00$ $f_\beta=\qquad +40$ $f_{\beta允}=\pm24\sqrt{4}=\pm48''$ $f_\beta<f_{\beta允}$（合格）			导线闭合差 $f_0=\sqrt{f_x^2+f_y^2}=\pm37\text{mm}$ 相对闭合差 $K=\dfrac{37}{636386}=\dfrac{1}{17000}$ 允许闭合差 $K_允=\dfrac{1}{5000}$ $K<K_允$（合格）								

角度改正值 $\beta=\dfrac{f_\beta}{n}$，当 f_β 不能被平分时，可将多余的整秒数适当分加在由短边构成的转角上。

3. 计算各边方位角

用改正后内角（即导线右角），根据起始边的方位角推算其他各边的方位角，见图 6-10 中所注数据。

$$\alpha_{12}=\quad38°\quad27'\quad42''$$
$$+\quad180°$$
$$\overline{\qquad218\quad27\quad42\qquad}$$
$$\alpha_{23}=\quad131\quad52\quad15$$
$$+\quad180$$
$$\overline{\qquad311\quad52\quad15\qquad}$$
$$-\quad86\quad30\quad44$$
$$\overline{\alpha_{34}=\quad225\quad21\quad31\qquad}$$
$$+\quad180$$
$$\overline{\qquad405\quad21\quad31\qquad}$$
$$-\quad101\quad06\quad19$$
$$\overline{\alpha_{41}\ =\quad304\quad15\quad12\qquad}$$
$$+\quad180$$
$$\overline{\qquad484\quad15\quad12\qquad}$$
$$-\quad85\quad47\quad30$$
$$\overline{\alpha_{12}\ =\quad398\quad27\quad42\qquad}$$
$$-\quad360$$
$$\overline{\qquad38\quad27\quad42\qquad}$$

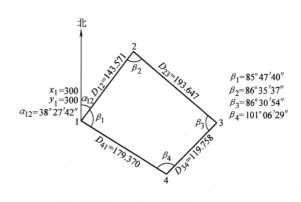

图 6-10 观测数据标记图

对闭合导线方位角推算一周，最后得出的起始边方位角与原角值相等，说明角值和计算均无误，列入表 6-7 第 5 栏。

4. 坐标增量的计算与改正

（1）坐标增量计算　根据导线边对应的方位角，先求出三角函数，再按边长计算出坐标增量。计算工具利用小型电子计算器最为方便，函数可取至 6 到 7 位，正负符号按计算器所示，或按方位角所在象限来确定，长度取位到毫米（mm）。

（2）闭合差改正　闭合导线是由导线边组成的闭合多边形，从理论上讲，导线各边的纵、横坐标增量的代数和都应等于零，即

$$\sum \Delta x = 0$$

$$\sum \Delta y = 0$$

实际上由于量距、测角、计算过程都含有误差（角度虽经调整仍存在误差），因此计算得出的坐标增量仍含有误差，致使纵、横坐标增量的代数和不等于零，而产生纵坐标增量闭合差 f_x、横坐标增量闭合差 f_y，如图 6-11 所示。

$$f_x = \sum \Delta x_{测} \tag{6-23}$$

$$f_y = \sum \Delta y_{测} \tag{6-24}$$

表 6-7 中第 8 栏

$$\sum \Delta x_{测} = -0.021\text{m}$$

$$\sum \Delta y_{测} = +0.031\text{m}$$

从图 6-11 中可以看出，由于纵、横坐标增量存在误差，使导线不闭合，f_D 的长度称为导线长度闭合差

$$f_D = \sqrt{f_x^2 + f_y^2} \tag{6-25}$$

仅从 f_D 值的大小还不能判断出导线的测量精度，应当将 f_D 与导线全长 $\sum D$ 相比，求出导线相对闭合差，以分子为 1 的形式表示

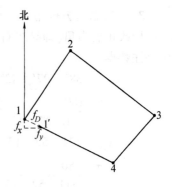

图 6-11　增量闭合差

$$K = \frac{f_D}{\sum D} = \frac{1}{\dfrac{\sum D}{f_D}} \tag{6-26}$$

$$f_D = \sqrt{21^2 + 31^2}\ \text{mm} = \pm 37\text{mm}$$

例中

$$K = \frac{37}{636387} = \frac{1}{17200}$$

$$K < K_允 = \frac{1}{500}，符合要求。$$

分母越大，精度越高，导线的允许相对闭合差 $K_允$ 见表 6-7。如果 $K > K_允$ 说明闭合差超限，应对外业记录和内业计算进行校核，找出错误所在进行改正。若 $K \le K_允$ 说明符合精度要求，将闭合差 f_x、f_y 以相反符号，分别按导线边长成正比例地分配到纵、横坐标增量中去，得到坐标改正值。坐标改正值见表 6-7 第 9 栏，改正后增量见第 10、11 栏，注意在计算过程中"+"和"-"符号不要用错。

5. 坐标计算

以起始点坐标为基数，依次按导线边调整后的坐标增量逐点相加，算出各点坐标。填入表 6-7 第 12、13 栏。最后还应回归于起点坐标，其值应与原有坐标值相等，以资校核。

7 地形图测绘

细节：测图的一般规定

1. 比例尺

地形图的比例尺应根据工程性质、规模大小、使用要求来选择，以满足使用要求为基本条件。一般规划设计用图选用1：5000比例尺，初步设计用图选用1：2000比例尺，施工设计用图选用1：1000、1：500比例尺，施工现场小面积局部测图亦可选用1：200比例尺。

测图用纸应选用变形小、不易出现皱褶的亚光纸，有条件者应选用厚度为0.07~0.1mm、伸缩率为0.04‰的聚酯薄膜(现专业测绘单位均用此材料)。

2. 图面标点精度

图上点位距离精确至0.1mm，图廓格网和控制点展点误差不大于0.2mm，图廓格网对角线和图根点间长度误差不大于0.3mm。图上地物点的位置中误差不应超过表7-1的规定。

表7-1 地形图上地物点的位置中误差规定

地 区 类 别	图上地物点位置的中误差/mm	
	主要地物	次要地物
一般地区	±0.6	±0.8
城市建筑区	±0.4	±0.6

等高距和等高线的高程中误差不应超过表7-2的规定。

表7-2 地形图上等高距和等高线的高程中误差规定

地面倾斜角	等高距/m				等高线的高程中误差(等高距)
	1：500	1：1000	1：2000	1：5000	
6°以下	0.5	0.5	1	2	1/3
6°~15°	0.5	1	2	5	1/2
15°以上	1	1	2	5	1

碎部测量时，地物点间距和视距长度不应超过表7-3的规定。

表7-3 地物点间距和视距长度规定

测图比例尺	地物点最大间距/m	最大视距/m			
		主要地物点		次要地物点	
		一般地区	城市建筑区	一般地区	城市建筑区
1：500	15	60	50(量距)	100	70
1：1000	30	100	80	150	120
1：2000	50	180	120	250	200
1：5000	100	300	—	350	—

3. 测区分类

依据测区类型、精度要求，用图性质的不同，地形测量可分为一般测区、城市建筑区、工厂区地形测量。对工厂区细部坐标点的位置中误差和高程中误差不应超过表7-4 的规定。

表7-4 厂区细部坐标点的位置中误差和高程中误差规定

地 物 名 称	细部坐标点/cm	细部高程点/cm
主要建筑物、构筑物	±5	±2
一般建筑物、构筑物	±7	±3

两相邻坐标点间反算距离与实地丈量的较差，不应大于表7-5 的规定。

表7-5 两相邻坐标点间反算距离与实地丈量的较差的规定

项 目	较差/cm	项 目	较差/cm
主要建筑物、构筑物	$7+\dfrac{S}{2000}$	一般建筑物，构筑物	$10+\dfrac{S}{2000}$

细节：小平板仪的构造

平板仪分大平板仪和小平板仪两种。

小平板仪构造比较简单，如图7-1 所示，它主要由测图板、照准仪和三脚架组成。附件有对点器和罗盘仪(指北针)。

测图板和三脚架的连接方式大都为球窝接头。在金属三脚架头上有个碗状球窝，球窝内嵌入一个具有同样半径的金属半球，半球中心有连接螺栓，图板通过连接螺栓固定在三脚架上。基座上有调平和制动两个螺旋，放松调平螺旋，图板可在三脚架上向任意方向倾、仰，从而可将图板置平。拧紧调平螺旋时，图板则不能倾仰，但可绕竖轴水平旋转。当拧紧制动螺旋时，则图板固定。

照准仪是用来照准目标，并在图纸上标出方向线和点位的主要工具，构造如图7-2 所

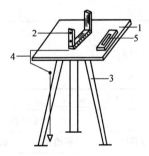

图 7-1 小平板仪

1—测图板 2—照准仪 3—三脚架
4—对点器 5—罗盘仪(指北针盒)

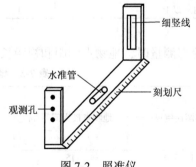

图 7-2 照准仪

示。它是一个带有比例尺刻划的直尺，尺的一端装有带观测孔的觇板，另一端觇板上开一长方形洞口，洞中央装一细竖线，由观测孔和细竖线构成一个照准面，供照准目标用。在直尺中部装一个水准管，供调平图板用。

对点器由金属架和线坠组成，借助对点器可将图上的站点与地面上的站点置于同一铅垂线上。长盒指北针是确定图板方向用的。

细节：平板仪测图原理

如图 7-3 所示，地面上有 AOB 三点，在 O 点上水平安置图板，钉上图纸。利用对点器将地面上 O 点沿铅垂方向投影到图纸上，定出 o 点，将照准仪测孔端尺边贴于 o 点，以 o 点

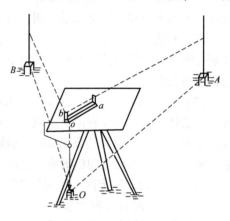

为轴(可去掉对点器,在 o 点插一大头针)平转照准仪，通过观测孔和竖线观测目标 A，当照准仪竖线与目标 A 重合时，在图纸上沿尺边过 o 点画出 OA 方向线，再量出 OA 两点地面的水平距离，按比例尺在方向线上标出 oa 线段，oa 直线就是地面上 OA 直线在图纸上的缩绘。

再转照准仪观测 B 点，当目标 B 与照准仪竖线重合时，沿尺边画出 OB 方向线，量出 OB 两点距离，按比例在方向线上标出 OB 线段。则图上 aob 三点组成的图形和地面上 AOB 三点的图形相似，这就是平板仪测图的原理。

图 7-3 平板仪测图原理

按同样方法，可在图上测出所有点的位置，如果把所有相关点连成图形，就绘出了所要测的平面图。再测出各点高程，标在图上，就形成了既有点的平面，又有点的高程的地形图。

细节：平板仪的安置

1. 图板调平

调平方法是：将照准仪放在图板上，放松调平螺旋，倾、仰图板，让照准仪上的水准管居中，将照准仪调转 90°，再调整图板，让水准管再居中，直到照准仪放置在任何方向气泡皆居中为止。

2. 对点

如图 7-4 所示，对点就是让图纸上的站点 a 和地面上站点 A 位于同一铅垂线上，对点时将对点器臂尖对准 a 点，然后移动三脚架让线坠尖对准地面上的 A 点。对点误差限值与测图比例尺有关，一般不超过比例尺分母的 5‰，见表 7-6。

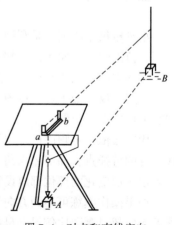

图 7-4 对点和直线定向

表7-6 不同测图比例尺的对点允许误差

测图比例尺	对点允许误差/mm	对 点 方 法	测图比例尺	对点允许误差/mm	对 点 方 法
1∶500	25	对点器对点	1∶2000	100	目估对点
1∶1000	50	对点器对点	1∶5000	250	目估对点

3. 图板定向

（1）根据控制点定向　当测区有控制点时，要把控制点（图根点）展绘在测图图纸上。展绘方法是先在测图上画出坐标方格网，然后根据控制点或图根点坐标，逐点展绘在图纸上。定向时，如图7-4所示，把照准仪尺边贴于 ab 直线上，将图板安在 A 点上，大致对点。通过照准仪照准 B 点，使 ab 展点和 AB 测点在一个竖直面内。然后平移图板，精确对点，这时测出的图形和已知坐标系统相一致。

（2）根据测区图形定向（适于测图第一站）　先根据测区的长、宽，把测区图形大略地规划在图纸上，然后转动图板，使图纸上规划图形与地面图形方向一致，以便使整个测区能匀称地布置在图幅上。

（3）根据测站点定向　图7-4中 AB 是地面测站点，欲在图上测出 ab 直线方向和 b 点位置。方法是：在 A 点安置图板，调平、对点，把照准仪尺边贴于 a 点，以 a 点为轴转动照准仪照准 B 点，然后沿尺边画出 ab 方向线，标出 b 点。因为图上 ab 点和地面上 AB 点对应关系已确定，所以图面方向已确定。此法主要用于转站测量或增设图根点。

（4）利用指北针定向　利用指北针定向有两种情况。

1）当对测图有方向要求时，应将指北针盒长边紧贴于图边框左边或右边上，平转图板，使磁针北端指向零点，然后固定图板。布图时，要考虑上北下南的阅图方法，这时图面坐标系统为磁子午线方向。

2）当图面为任意方向，需要在图上标出方向时，可将指北针盒放在图的右上角，然后平转指北针盒。当磁针北端指向零点时，沿指北针盒边画一直线，在磁针北端标出指北方向，这时指北方向为磁北方向。

细节：小平板仪量距测图

小平板仪量距测图是利用照准仪测定方向，用尺丈量距离相结合的测图方法，适于地形平坦、范围较小、便于量尺和精度要求较高的测区。

测图方法如图7-5所示。将仪器安置在测站上，定向、对点、调平。

用照准仪照准1点，在图上标出1点方向线，实量1点至测站的距离，按测图比例在方向线上标出1点位置。

用同法依一定顺序（一般按逆时针方向）依次测出图上1、2、…、9点。测点要选择地物有代表性的特征点，如房屋拐角、道路中线、交叉路口、电杆以及地形变化的地方。凡在图上能表示图形变化的部位都应设测点。

如果操作熟练可不画方向线，直接在图上标出点位，以保持图面规则、干净。量距读数误差不应超过测图比例尺分母的5‰，即图上0.05mm的长度。

然后将相关点连成线，如图中5、6、7点连线为房屋外轮廓线，1、4、9点连线为输电

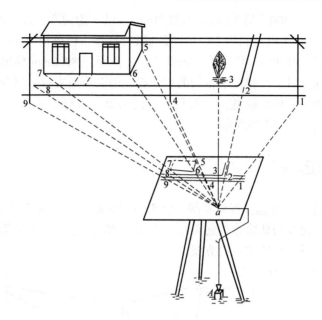

图 7-5　测图的基本方法

线路，2、8 点连线为道路中线，3 点为树的单一地物。

对于测站不能直接测定的地物点，如房屋背面，可实地丈量，然后根据该点与其他相邻点的对应位置，按比例画在图上，便可画出完整的图形，如图中虚线部分。

由于测量误差和描图误差的影响，测绘到图纸上的图形与实际可能不符，例如把矩形变成菱形，地面上是直线测出来的却是折线等。因此，在测绘过程中要注意测量精度，对密切相关的相邻点还要实际量距，用实量距离改正图上的点位，以便使测图与实际相符。

细节：小平板仪、水准仪联合测图

小平板仪、水准仪联合测图，是利用照准仪测定方向，用水准仪（或经纬仪）测距离和高程的测图方法。

测图方法如图 7-6 所示。平板仪安置在测站 A 点上，水准仪安在测站旁 2m 左右的 A' 点上，用照准仪照准 A' 点，在图上标出 a' 点。

小平板仪、水准仪联合测图，是利用照准仪测定方向，用水准仪（或经纬仪）测距离和高程的测图方法。

测图方法如图 7-6 所示。平板仪安置在测站 A 点上，水准仪安在测站旁 2m 左右的 A' 点上，用照准仪照准 A' 点，在图上标出 a' 点。

测点时先用照准仪照准 1 点，过 a 点标出 1 点方向线。用水准仪测出 1 点至 A' 的距离，如水准仪上丝读数为 1.82m，下丝读数为 1.42m，读数差 1.82m −1.42m = 0.40m。视距常数 $k = 100$，那么，1 点至 A' 点距离 = 100×0.40m = 40m。

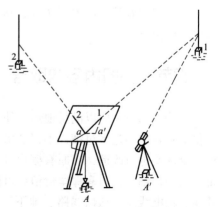

图 7-6　小平板仪、水准仪联合测图

设测图比例尺为 1∶500，则 1a′ 线段长度 80mm。以 a′ 为圆心，以 1a′ 长为半径在图上画弧与 1a 方向线相交，得 1 点。利用 1a′ 为半径画弧较费事，也可根据 1A′ 距离用目估法计算出 1A 的距离，如估为 40.40m，便可在方向线上从 a 点起量 80.8mm 标出 1 点。其他碎部点位的测法与此法相同。对于互相关系密切的相邻点，仍需实地丈量，以免图形失真。

采用视距法测距离，精度较低，一般只能达到 1/200～1/300 左右。因此规范对视距长度有所要求，不应超过表 7-3 的规定。

细节：测站选择与转站测量

测站点（也叫图根点）要选在视野宽阔、便于观测的地方。对周围各测点的距离要适中，能清晰地照准目标。视线与地物直线的夹角不宜小于 30°。建首站时要考虑图面布置是否合理，布图是否匀称和下一步转站是否方便。

建图根点的精度，要比碎部点的测图精度高一个等级，建图根点不应用视距法测距。

对于超过视距的场地，安置一次仪器不能测完全图，需要转站来扩大测图范围，如图 7-7 所示，地面上有 1、2、3、4 点，仪器安置在 A 站只能测绘出 1、2 两点，需转站 B 点。转站方法是：

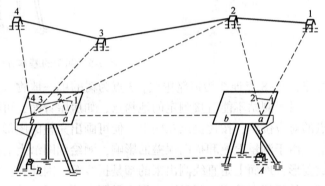

图 7-7　转站测图方法

先在拟建站处建立一固定点 B（或已知图根点），用照准仪照准 B 点，定出 ab 方向线，再实量 AB 距离，按比例在图上标出 b 点，得 ab 直线。

移仪器于 B 站，按直线定线法，将照准仪直尺边对齐 ab 直线，转动图板，通过观测孔照准 A 点定向，使 ab 直线与 AB 直线方向一致，固定图板。定向和对点过程都需转动图板，两者互相影响，一般应采用先定向、后对点的安置步骤。图板固定后，还要将照准仪尺边对齐 b2 直线，照准地面上 2 点检查是否相符，以作为校核。

平板仪安好后，以 B 点为测站接续测出 3、4 点，然后将 1、2、3、4 点连线，即得出完整的测区图形。

细节：测图内容的取舍

地物点的取舍应以满足地形图使用需要为前提。测设的内容过少，可能降低地形图的参考价值；若内容过多过细，不仅会增加测量工作量，还会使图面杂乱，影响使用效果。如城市某街区要进行改造，将原有棚户区拆除，重新规划街区，这时就不必把所有旧建筑、棚屋都测得很详细，而对有保留价值或可能保留有参考价值的地物就要测得准确。如有代表性的建筑、输电线路、通信线路、地下管线等都要测清楚，以便为规划设计和线路改造提供依据。地物点的繁简与测图比例尺有关，要视测图性质、用途、规模大小区别对待。

细节：图面修饰

1）测图过程中标点用的铅笔要细，动作要轻，不能伏在图板上操作，标点要细小准确，点位误差不大于 0.4mm。

2）相关点要随时用细线连接起来，形成图形，并用橡皮擦掉不必要的线条。

3）测图完成后，将地物、地貌图形按要求描绘清楚。道路、池塘等弯曲部分要连成圆滑曲线，不规则或模糊不清的字要改正过来。需描绘等高线的，要根据测点高程用目估法画出圆滑曲线。做到图面粗细线条分明、符号规范。

4）用测图到现场对照检查的方法，把错误、漏测的地物点填补齐全。

5）如果测区较大需分幅测量时，每幅图边要多测 5mm 以上，以便拼图时图幅可互相搭接，有不吻合处加以修边改正。

6）在图面上标出方向，图签栏注明图名、比例尺、日期和施测人员姓名等。

细节：大平板仪的构造

如图 7-8 所示是平板仪基座，如图 7-9 所示是照准仪构造，它与小平板仪的区别在于照准仪带有望远镜，代替了经纬仪的功能，并和刻划尺联在一起，使测图更为方便，利用基座调平螺旋能快捷地将图板调平。附件有对点器和长盒指北针。测图原理与小平板仪相同。

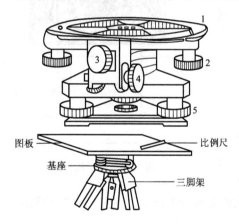

图 7-8 大平板仪基座

1—金属圆盘 2—图板固定螺旋 3—水平方向
微动螺旋 4—竖直方向微动螺旋 5—脚螺旋

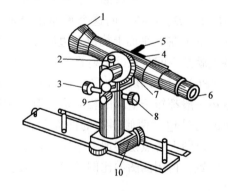

图 7-9 照准仪构造

1—物镜 2—望远镜制动螺旋 3—望远镜微动螺旋
4—竖盘指标水准管 5—读数显微镜 6—目镜
7—竖直度盘 8—竖盘指标水准管微动螺旋
9—横轴微倾螺旋 10—横轴水准管

细节：大比例尺地形图测绘

1. 概述

大比例尺地形图的测绘，就是在局部地区，根据工程建设的需要，按照测绘工作的原理和方法，将存在于地表的地物、地貌真实地测绘到图纸上。其特点是测区范围较小、精度要求较高、比例尺大。

一般所说的大比例尺地形图是指 1：500 到 1：5000 的地形图，而 1：10000 到 1：50000 比例尺测图，目前多采用航测或综合法成图。小于 1：100000 的小比例尺地图，是根据较大比例尺地图和其他多种资料综合而成。

1：10000 和 1：5000 地形图为基本比例尺地形图，是国家经济建设部门进行规划设计的一项重要依据，也是编制其他小比例尺图的基础资料。

大比例尺地形图为适应工程建设的实际具体需要，专业性较强，使用阶段和保留期限不一，对地形图的内容和技术要求也因为行业部门不同而有不同的侧重点，测量时应根据经济合理的原则，按有关规范要求的技术规定进行。

大比例尺地形图测量的具体方法也比较多。结合近几年来数字化测图的普及，可以分为传统的图纸测图、全野外数字采集计算机绘图和航测成图。前两种方法的理论原理是相同的，而航测成图有专门的一套理论和方法。但要很好地掌握测图工作的基本技能，就要从传统的图纸测图来学习和了解。本节关于地形图测绘的内容，就先介绍传统测图基本过程和方法，然后对数字地形图测量和航空摄影测量作简单叙述。

2. 测图原理

根据测量基本知识可知，反映地面情况的地图是把地面上高低不等的点投影到参考椭球面上，而在地形测量范围内，把投影面作为平面。如图 7-10 所示，上图中 A、B、C、D 和 E 是地面上高低不等的一系列点，构成一个空间多边形。下图 P 所示是个平面，从 A、B、C、E 各点向这个平面作铅垂线，这些铅垂线的垂足在 P 平面上构成多边形 $A'B'C'D'E'$，平面上各点就是空间各点的正射投影。从图中可以看到多边形 $ABCDE$ 与 $A'B'C'D'E'$ 并不相似，平面上多边形的各边一般都短于空间的相应边，至多相等。投影平面上的角是包含两倾斜边的两面角在水平面上的投影。所以图上各点是实地上相应点在水平面上正射投

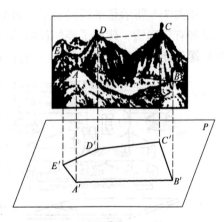

图 7-10　测图原理图

影的位置，再用测图的比例尺缩绘在纸上的。由此得出测量工作中测定点与点之间关系的三条规则。

1）测定地面上两点间的距离是指水平距离。

2）测定两条边之间的夹角是指通过角顶的两条边作两个竖直平面在水平面上的投影所构成的角，测量学上称为水平角。

3）地面上各点的高差是指各点沿铅垂线方向至大地水准面的距离之差，即高程之差。

水平距离、水平角和高差的测量原理和方法，在前面均已详细论述。在地形图测量中，实际上就是在已经建立的控制点上，测量地物和地形的特征点的水平距离、水平角和高差，确定这些特征点的位置或三维坐标，展绘在图纸上或计算机内绘制成图。

3. 测图前的准备工作

项 目	内 容
图纸选用	地形测图一般选用一面打毛的聚酯薄膜作图纸，其厚度约为 0.07~0.1mm，经过热定型处理，伸缩率小于 0.3‰。聚酯薄膜坚韧耐湿，图面用脏后可清洗，便于野外作业，可在图纸清绘着墨后直接晒蓝图。但聚酯薄膜易燃，有折痕后不能消失，在测图、使用、保管过程中要予以注意
绘制坐标格网	地形图是根据控制点进行测绘的，测图之前应将控制点展绘到图纸上。为了能准确地运用展绘控制点，首先要在图纸上精确地绘制直角坐标方格网。大比例尺地形图的图幅分 50cm×50cm、50cm×40cm、40cm×40cm 等几种，直角坐标格网是由边长为 10cm 的正方形组成的。一般可以在测绘用品商店购买印制好坐标格网的聚酯薄膜，也可在计算机中用 AutoCAD 软件编辑好坐标格网图形，然后把图形通过绘图仪绘制在图纸上 绘制或印制好的坐标格网，在使用前必须进行检查。方法是：利用坐标格网尺或直尺检查对角线上各交点是否在一直线上，偏离不应大于 0.2mm；检查内图廓边长及每方格的边长，允许误差为 0.2mm；每格对角线长及图廓对角线长与理论长度之差的允许值为 0.3mm。超过允许值时，应将格网进行修改或重绘。根据测区的地形图分幅，确定各幅图纸的范围（坐标值），并在坐标格网外边注记坐标值
展绘控制点	展绘控制点时，首先要确定控制点所在的方格，用比例尺进行展点。最后用比例尺量取相邻控制点之间的图上距离与已知距离进行比较，作为展绘控制点的检核，最大误差不应超过图上±0.3m，否则，控制点位应重新展绘 当控制点的平面位置展绘在图纸上以后，按图式要求绘控制点符号并注记点号和高程，高程注记到毫米（mm）

4. 碎部点平面位置的测绘方法

方 法	主 要 内 容	图 示
极坐标法	如图 7-11 所示，测定测站点至碎部点方向和测站点至后视点（另一个控制点）方向间的水平角 β，测定测站至碎部点的距离 D，便能确定碎部点的平面位置。这就是极坐标法。极坐标法是碎部测量最基本的方法	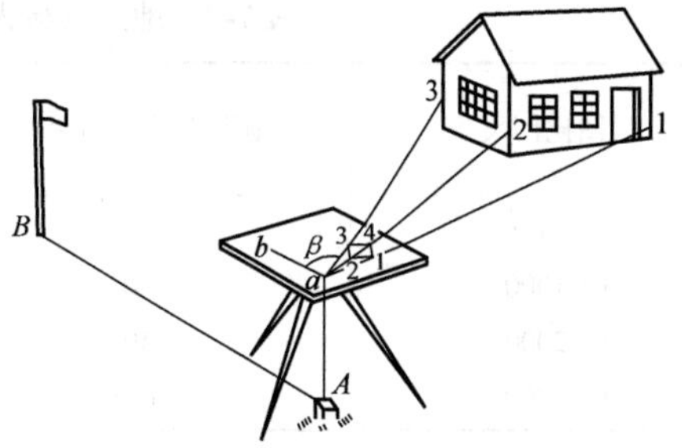 图 7-11 极坐标法测量碎部点的平面位置
方向交会法	如图 7-12 所示，测定测站 A 至碎部点方向和测站 A 至后视点 B 方向间的水平角 β_1，测定测站 B 至碎部点方向和测站 B 至后视点 A 方向间的水平角 β_2，便能确定碎部点的平面位置。这就是方向交会法。当碎部点距测站较远，或遇河流、水田及其他情况等人员不便达到时，可用此法	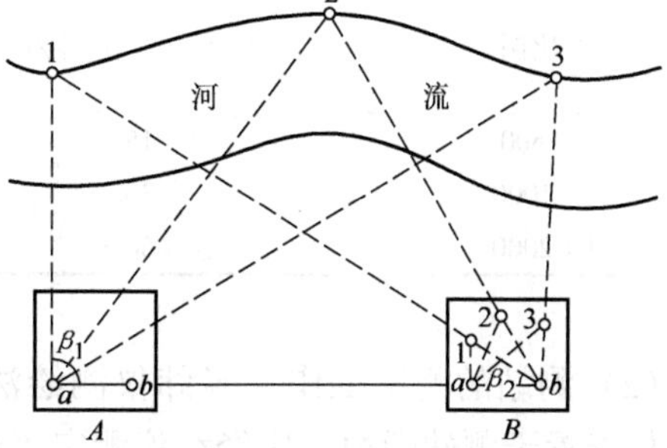 图 7-12 方向交会法测量碎部点的平面位置

（续）

方　　法	主　要　内　容	图　　示
距离交会法	如图 7-13 所示，测定已知点 1 至碎部点 M 的距离 D_1、已知点 2 至 M 的距离 D_2，便能确定碎部点 M 的平面位置。这就是距离交会法。此处已知点不一定是测站点，可能是已测定出平面位置的碎部点	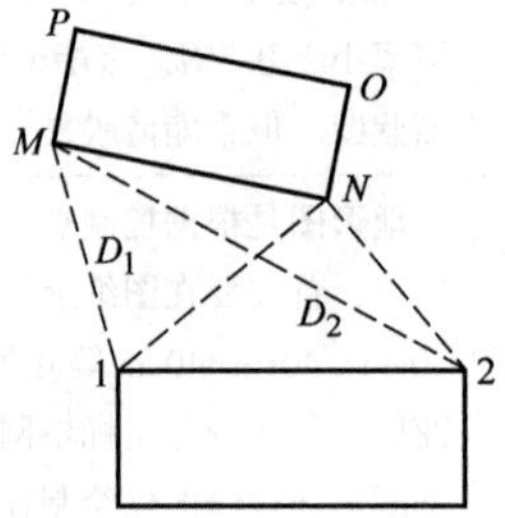 图 7-13　距离交会法测量碎部点的平面位置

5. 经纬仪测绘法

（1）碎部点的采集　碎部测量就是测定碎部点的平面位置和高程。地形图的质量在很大程度上取决于司尺人员能否正确合理地选择地形点。地形点应选在地物或地貌的特征点上，地物特征点就是地物轮廓的转折、交叉等变化处的点及独立地物的中心点。地貌特征点就是控制地貌的山脊线、山谷线和倾斜变化线等地平线上的最高、最低点，坡度和方向变化处、山头和鞍部等处的点。

地形点的密度主要取决于地形的复杂程度，也取决于测图比例尺和测图的目的。测绘不同比例尺的地形图，对碎部点间距以及碎部点距测站的最远距离有不同的限制。表 7-7 和表 7-8 给出了地形点最大间距以及视距测量方法测量距离时的最大视距的允许值。

表 7-7　地形点最大间距和最大视距（一般地区）

测图比例尺	地形点最大间距/m	最大视距/m	
		主要地物特征点	次要地物特征点
1∶500	15	60	100
1∶1000	30	100	150
1∶2000	50	130	250
1∶5000	100	300	350

表 7-8　地形点最大间距和最大视距（城镇建筑区）

测图比例尺	地形点最大间距/m	最大视距/m	
		主要地物特征点	次要地物特征点
1∶500	15	50	70
1∶1000	30	80	120
1∶2000	50	120	200

（2）测站的测绘工作　经纬仪测绘法的实质是极坐标法。先将经纬仪安置在测站上，绘图板安置于测站旁边。用经纬仪测定碎部点方向与已知方向之间的水平角，并以视距测量方法测定测站点至碎部点的距离和碎部点的高程。然后根据数据用半圆仪和比例尺把碎部点

的平面位置展绘于图纸上，并在点的右侧注记高程，对照实地勾绘地形。全站仪代替经纬仪测绘地形图的方法，称为全站仪测绘法。其测绘步骤和过程与经纬仪法类似。

经纬仪测绘法测图操作简单、灵活，适用于各种类型的测区。以下介绍经纬仪测绘法一个测站的测绘工作程序。

程　序	主　要　内　容
安置仪器和图板	将经纬仪安置于测站点(控制点)上，进行对中和整平。量取仪器高 i，测量竖盘指标差 x。记录员在碎部测量手簿中记录，包括表头的其他内容。绘图员在测站旁边安置好图板并准备好图纸，在图上相应点的位置设置好半圆仪
定向	经纬仪置于盘左的位置，照准另外一已知控制点以作为后视方向，置水平度盘于 $0°00′00″$。绘图员在图上同名方向上画一短直线，短直线过半圆仪的半径，作为半圆仪读数的基准线
立尺	司尺员依次将视距尺立在地物、地貌特征点上。立尺时，司尺员应弄清实测范围和实地概略情况，选定立尺点，并与观测员、绘图员共同商定跑尺路线
观测	观测员照准视距尺，读取水平角、视距、中丝读数和竖盘垂直角读数
计算、记录	记录员使用计算器根据视距测量计算式编辑程序，依据视距、中丝读数、竖盘读数和竖盘指标差 x、仪器高 i、测站高程，计算出平距和高程，报给绘图员。对于有特殊作用的碎部点，如房角、山头、鞍部等，应记录并加以说明
展绘碎部点	绘图员根据观测员读出的水平角，转动半圆仪，将半圆仪上等于所读水平角值的刻划线对准基准线，此时半圆仪零刻划方向即为该碎部点的图上方向。根据计算出来的平距和高程，依照绘图比例尺在图上定出碎部点的位置，用铅笔在图上点示，并在点的右侧注记高程。同时，应将有关地形点连接起来，并注意检查测点是否有错
测站检查	为了保证测图正确且顺利地进行，必须在新测站工作开始时进行测站检查。检查方法是在新测站上测量已测过的地形点，检查重复点精度在限差内即可。否则，应检查测站点是否展错。此外，在工作中间和结束前，观测员可利用时间间隙照准后视点进行归零检查，归零差应不大于 $4′$。在测站工作结束时，应检查确认本站的地物、地貌没有错测和漏测的部分，把一站工作清理完成后方可搬至下站 测图时还应注意，一个测区往往是分成若干幅图在进行测量，为了和相邻图幅的拼接，本幅图应向外多测至图廓以外 5mm

6. 平板仪测图简介

平板仪测图是以相似形理论为依据，以图解法为手段，将地面点的平面位置和高程测量到图纸上而测绘成地形图的技术。平板仪测量是测绘大比例尺地形图的一种常规方法。过去使用较多，读取数据速度较慢，精度也比较低。近年来使用越来越少。

用平板仪测图时，图根点的密度要求较大，应事先做到比较充分够用。测量方法是：在一已知控制点上水平地安置一块图板，将已按测图比例尺展绘出的控制点的图纸固定在平板上，通过平移平板使图上所展的控制点和地面上相应点在同一铅垂线上；通过转动平板，根据放在图上瞄向后视控制点方向上的瞄准器，使图上所用的控制点方向与实地对应的控制点方向位于同一铅垂面内；固定图板，用瞄准器瞄准要测的方向，根据平板仪所读视距依比例在此方向展出测量点在图上的位置。将测量得到的高程注记在图上点位的旁边。

大平板仪的平板由图板、基座和三脚架组成，可对其进行对中、整平、定向等安置。照准仪主要由望远镜、竖盘和直尺组成，用于视距测量及绘图。此外，还有对点器、定向罗盘和圆水准器等附件。

7. 地形图的绘制

（1）地物描绘 在测绘地形图时，对地物测绘的质量主要取决于地物特征点的选择是否正确合理，如房角、道路边线的转折点、河岸线的转折点、电杆的中心点等。主要的特征点应独立测定，一些次要特征点可采用量距、交会、推平行线等其他几何作图方法绘出。

一般规定，主要建筑物轮廓线的凹凸长度在图上大于 0.4mm 时，都要表示出来。在 1：500比例尺的地形图上，主要地物轮廓凹凸大于 0.2mm 时应在图上表示出来。对于大比例尺测图，应按如下原则进行取点。

1）有些房屋凹凸转折较多时，可只测定其主要转折角（大于两个），量取有关长度，然后按其几何关系用推平行线法画出其轮廓线。

2）对于圆形建筑物可测定其中心并量其半径绘图，或在其外廓测定三点，然后用作图法定出圆心，绘出外廓。

3）公路在图上应按实测两侧边线绘出；大路或小路可只测其一侧边线，另一侧按量得的路宽绘出。

4）道路转折点处的圆曲线边线应至少测定三个点（起点、终点和中点）绘出。

5）围墙应实测其特征点，按半比例符号绘出其外围的实际位置。

对于已测定的地物点应连接起来的要随测随连，以便将图上测得的地物与地面进行实际对照。这样，才能保证在测图中如有错误和遗漏，可以及时发现，给予修正或补测。

在测图过程中，可根据地物情况和仪器状况选择不同的测绘方法，如极坐标法、方向交会法、距离交会法等。

（2）地貌勾绘 在测出地貌特征点后，即可勾绘等高线。勾绘等高线时，首先用铅笔轻轻描绘出山脊线、山谷线等地性线。由于等高距都是整米数或半米数，因此基本等高线通过的地面高程也都是整米数或半米数。由于所测地形点大多数不会正好就在等高线上，因此必须在相邻地形点间，先用内插法定出基本等高线要通过的点，再将相邻同高程的点参照实际地貌用光滑曲线进行连接，即勾绘出等高线。不能用等高线表示的地貌，如悬崖、峭壁、土堆、冲沟、雨裂等，应按图式中标准符号表示。对于不同的比例尺和不同的地形，基本等高距也不同。

等高线的内插如图 7-14 所示，等高线的勾绘如图 7-15 所示。等高线应在现场边测图边勾绘，要运用等高线的特性，至少应勾绘出设计曲线，以控制等高线的走向，以便与实地地形相对照，可以当场发现错误和遗漏，并能及时纠正。

（3）地形图的拼接 测区面积较大时，整个测区必须划分为若干幅图进行施测。这样，在相邻图幅连接处，由于测量和绘图误差的影响，无论是地物轮廓线，还是等高线往往不能完全吻合。如图 7-16 所示两图幅相邻边的衔接情况，房屋、道路、等高线都有误差。拼接不透明的图纸时，用宽约 5cm 的透明图纸蒙在左图幅的图边上，用铅笔

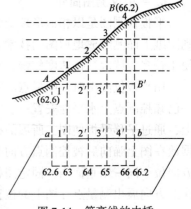

图 7-14 等高线的内插

把坐标格网线、地物、地貌勾绘在透明纸上，然后
再把透明纸按坐标格网线位置蒙在右图幅衔接边
上，同样用铅笔勾绘地物和地貌，同一地物和等高
线在两幅图上不重合时，就是接边误差。当用聚酯
薄膜进行测图时，利用其自身的透明性，可将相邻
两幅图的坐标格网线重叠，就可量化地物和等高线
的接边误差。若地物、等高线的接边误差不超过表
7-9 中规定的地物点平面位置中误差、等高线高程
中误差的 $2\sqrt{2}$ 倍时，则可取其平均位置进行改正。
若接边误差超过规定限差，则应分析原因，到实地
测量检查，以便得到纠正。

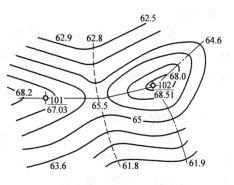

图 7-15 等高线的勾绘

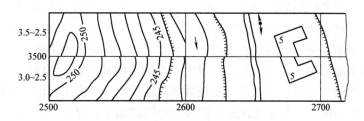

图 7-16 两图幅相邻边的衔接

表 7-9 地物点平面位置中误差和地形点高程中误差

地 区 类 别	点位中误差	平　　地	丘陵地	山　　地	高山地	铺装地面
山地、高山地	图上 0.8mm	高程注记点的高程中误差				
		$h/3$	$h/2$	$2h/3$	h	0.15m
城镇建筑区、工矿建筑区、平面、丘陵地	图上 0.6mm	高程注记点的高程中误差				
		$h/2$	$2h/3$	h	h	

（4）地形图的检查 为了确保地形图的质量，除施测过程中加强检查外，在地形图测
完后，必须对成图质量进行全面检查。

1）室内检查。室内检查的内容有：图上地物、地貌是否清晰易读；各种符号注记是否
正确；等高线与地形点的高程是否相符，有无矛盾可疑之处；图边拼接有无问题等。如发现
错误或疑问，就应到野外进行实地检查解决。

2）外业检查。

① 巡视检查。检查时应带图沿预定的线路巡视，将原图上的地物、地貌和相应实地上
的地物、地貌对照。查看图上有无遗漏，名称注记是否与实地一致等。这是检查原图的主要
方法，一般应在整个测区范围内进行，特别是应对接边时所遗留的问题和室内图面检查时发
现的问题作重点检查。发现问题后应当场解决，否则，应设站检查纠正。

② 仪器检查。对于室内检查和野外巡视检查中发现的错误、遗漏和疑点，应用仪器进
行补测与检查，并进行必要的修改。仪器设站检查量一般为 10%。把测图仪器重新安置在
图根控制点上，对一些主要地物和地貌进行重测。如发现点位误差超限，则应按正确的观测

结果修正。

（5）地形图的整饰 地形图经过上述拼接和检查后，还应清绘和整饰，使图面更加合理、清晰、美观。整饰次序是先图内后图外，图内应先注记后符号，先地物、后地貌，并按规定的图式进行整饰。图廓外应按图式要求书写出图名、图号、比例尺、坐标系统和高程系统、施测单位和日期等。如是地方独立坐标系统，还应画出正北方向。

8. 数字化测图简介

（1）数字化测图概述 采用传统的图纸测图，以及采用人工整理、抄写、计算成果和手工制图等方法，既费工又费时，成图周期长，且易出错。其成果为表格和图纸，采用文本、文件保存，占用大量空间，且不易查找。而纸质资料又会随保存时间的延续逐渐变质、变形，造成数据丢失和精度降低的现象。航空摄影测量用于城市大比例尺成图后，与白纸手工测图相比虽是前进了一大步，但还是没有从根本上改变上述情况。随着科学技术的进步，先进的信息化测量仪器(全站仪)的广泛应用，以及微型计算机硬件和软件迅猛发展与渗透，促进了地形测绘的自动化，常规的白纸测图正逐渐被数字化方法所取代。测量的成果不仅是绘制在纸上的地形图，更重要的是提交可供传输、处理、共享的数字地形信息，即以计算机磁盘为载体的数字地形图，这将成为信息时代不可缺少的地理信息的重要组成部分。所以，数字测图是地形测绘发展的技术前沿。实现数字化地形测图降低了测图工作强度，提高了作业效率，缩短了成图周期。数字化地形测图使地形图的编绘、保存、修测更为方便。更为重要的是数字化地形图为用图者提供了更为先进的信息技术基础，使CAD、优化设计得以实现并更为方便。

数字地形图和传统的图纸地形图最重要的区别在于，它是用数字形式存储全部的地形地貌和其他信息，是用数字形式描述地形要素的属性、定位和关联信息的数据集合，是存储在具有直接存取性能的介质上的关联数据文件。需要时它可以用传统图纸方式输出。图纸仅成为了它的一种表现形式。

（2）数字化测图原理和作业模式

1）数字化测图原理。数字化测图，就是应用计算机及其一套输入输出设备代替手工在图纸上绘图。其设备除野外采集数据用的现代化的测量仪器设备外，还有计算机、数字化仪、绘图机和联机编辑装置等，统称为制图硬件。为了实现计算机对整个制图过程的自动控制，并完成各项制图任务的计算和处理，必须把完成这些任务的方法和步骤，用计算机能接受的语言或指令表示出来，这就是程序。由于地图制图任务很复杂，所以这些程序也是一个很复杂的系统，统称为制图软件。有了这些硬件和软件，只要给出需要加工的制图数据，以及必要的制图参数，就可以通过计算机、绘图机得到所需要的地图。

数字地形图尽管内容丰富，表示方法各不相同，图形变化万千，但是概括起来讲，所有图形的几何特征基本上也都是点、线、面的变化形式。其中，点是最基本的变化形式，因为有限个不同的点的集合可组成线，而一切闭合的曲线或者多边形可以围成面。因此，地形图上的一切要素都可以看成是点或点的集合。而任何一个点都可以用 X、Y、Z 来表示，其中，X、Y 表示其平面位置，Z 表示其属性特征。这种 X、Y、Z 的点集，不但可以用来描绘各种图形(如点、直线、曲线及面状符号)，而且可以用来区分各种图形(如河流、交通线、居民地等)。这样，一幅图就可以用数字来表示和记录。因此，无论是数字统计资料、各种地图资料或者相片资料，都能以数字形式输入计算机。虽然信息量非常大，计算机都能为输入、存储、识别和处理数据提供足够的空间。

2）数字化测图的作业模式。大比例尺数字化测图主要有数字测记和电子平板测绘两种模式。数字测记模式用全站仪测量，电子手簿记录，对复杂地形配画人工草图，到室内将测量数据由记录器传输到计算机，由计算机自动检索编辑图形文件，配合人工草图进一步编辑、修改，自动成图。该模式在测绘复杂的地形图、地籍图时，需要现场绘制包括每一碎部点的草图，但其具有测量灵活，系统硬件对地形、天气等条件的依赖性较小，可由多台全站仪配合一台计算机、一套软件生产，易形成规模化生产等优点。电子平板测绘模式用全站仪测量，用加装了相应测图软件的便携机（电子平板）与全站仪通信，由便携机实现测量数据的记录、解算、建模，以及图形编辑、图形修正，实现了内外业一体化。该测图模式现场直接生成地形图，即测即显，所见即所得。但便携机在野外作业时，对阴雨天、暴晒或灰尘等条件难以适应，另外，把室内编辑图的工作放在外业完成会增加测图成本。目前，具有图数采集、处理等功能的掌上微机取代便携机的袖珍电子平板测图系统，解决了系统硬件对外业环境要求较高的问题。随着 GPS 实时动态定位技术（RTK）的迅速发展，以 PTK 型 GPS 接收机作为数据采集的作业模式也已广泛应用。此外，可用扫描仪对已有地图扫描获得栅格数据，再用专业软件转化为矢量数据；也可用专业数字化仪对已有地图数字化。

（3）大比例尺数字化测图的主要工作内容及方法

1）地形编码。在进行数字化测图时，对某一碎部点的描述必须具备点的三维坐标、属性和连接关系三方面的信息，为实现计算机自动化成图，必须对所测碎部点的这些信息进行编码。这种信息编码应执行统一的标准，例如《基础地理信息要素分类与代码》（GB/T 13923—2006），在该标准中，地形信息的编码由四部分组成：大类码、中类码、小类码、子类码。第一大类码包括定位基础、水系、居民地及设施、交通、管线、境界与政区、地貌、土质与植被等 8 类；中类在上述各大类基础上划分出共 46 类，地名要素作为隐含类以特殊编码方式在小类中具体体现。小类码、子类码按照 1：500、1：1000、1：2000、1：5000、1：100000、1：250000～1：1000000 三个比例尺段进行类别划分。大类、中类不得重新定义和扩充，小类、子类不得重新定义，根据需要可进行扩充。

2）连接信息。连接信息可分解为连接点和连接线型。当测点是独立地物时，只要用地形编码来表明它的属性即可，而一个线状或面状地物，就需要明确本测点与何点相连，以何种线型相连。所谓线型是指直线、曲线、圆弧或独立点等，可分别用 1、2、3、0 或空白为代码。

对于一个测点，有了其三维坐标、编码和连接信息，就具备了计算机自动成图的必要条件。当然在实际工作中，数字化测图软件还需对记录中的信息做进一步的整理。

3）测点信息的采集与输入。

① 电子平板测图模式下的信息采集。由于电子平板测图内外业一体化，实时成图，所以测点的信息采用全站仪直接传入和人工键入（选择）方法输入，以清华山维的 EPSW 软件为例，编写了极坐标测量记录窗口。当选用极坐标测量时，弹出此窗口。测点时，由全站仪自动输入测量数据，键入其他信息，确保点的各项记录齐全可靠。

点号：即点的测量顺序号。第一个点号输入以后，其后的点号不必再由人工输入。每测一个点，点号自动累加 1，一个测区内点号是唯一的，不能重复。

编码：顺序测量时，同类编码只输入一次，其后的编码由程序自动默认。只有测点编码变换时才输入新的编码。

H、V、S 或 Y、X、H 各项：由全站仪观测并自动记录。

觇标高：由人工键入，输入一次以后，其余测点的觇标高则由程序默认（自动填入原值）。只有觇标高改变了，才需重新键入。

连接点：凡与上一点相连时，程序在连接点栏自动默认上一点号。当需要与其他点相连时，则需键入该连接点的点号。电子平板系统可在便携机的显示屏上，用光笔或鼠标捕捉连接点，其点号将自动填入记录框。

线型：表明点间（本点与连接点间）的连接线型。可用光笔或鼠标单击直线按钮，改变线型时自动加入线型代码，直线为1、曲线为2、圆弧为3，三点才能画圆或弧；独立点则为空。

此外，EPSW 还为完善测图系统而设计了其他功能项，如"方向"按钮可随时修正"有向符号"的方向等。

② 测记模式下的信息采集。由于测记模式测图是采用野外观测并记录、内业处理成图的方式，分两步进行，不能实时成图，所以对外业信息采集过程的要求更高，测点信息中的三维坐标等直接观测值由全站仪内存或记录手簿直接记录，测点号、编码由手工输入到全站仪内存或记录手簿中，与观测数据一起记录，测点号可自行累加，编码默认上一点值，可减少输入量。测记模式中最难记录的是连接信息，有的测图软件是在编码中解决测点顺序连接问题，例如在四位编码的基础上增加地物顺序码和测点顺序码等。但仅靠编码仍不能完全解决问题，只有在现场绘制已标注各碎部点点号的草图，可以帮助记忆。

4）数据处理。将野外实测数据输入计算机，计算机用程序对控制点进行平差处理，求出测站点坐标 X、Y、H，再计算出各碎部点坐标 X_i、Y_i、H_i。再将其按编码分类、整理，形成地形编码对应的数据文件：一个是带有点号、编码的坐标文件，录有全部点的坐标，另一个是连接信息文件，含有所有点的连接信息。

5）绘图。首先建立一个与地形编码相应的地形图图式符号库，供绘图使用。绘图程序根据输入的比例尺、图廓坐标、已生成的坐标文件和连接信息文件，按编码分类，分层进入房屋、道路、水系、独立地和植被及地貌等各层，进行绘图处理，生成绘图命令，并在屏幕上显示所绘图形，再根据操作员的人为判断，对屏幕图形作最后的编辑、修改。经过编辑修改的图形生成图形文件，由绘图仪绘制出地形图。通过打印机打印出必要的控制点成果数据。

将实地采集的地物、地貌特征点的坐标和高程，经过计算机处理，自动生成不规则的三角形（TIN），建立起数字地面模型（DTM）。该模型的核心目的是用内插法求得任意已知坐标点的高程。据此可以内插绘制等高线和断面图，为道路、管线、水利等工程设计服务，还能根据需要随时取出数据，绘制任何比例尺的地形原图。

（4）数字化测图的优点和前景 数字化测图系统经过近年来的不断发展，越来越完善和成熟，已经成为一个能用多种手段采集数据，既有批量式的数据处理，又有人机交互式进行图形编辑的多功能的自动化程度较高的综合性测图系统。数字化地形图能够充分发挥基础地形图的综合功能，真正做到一测多用。数字地图完成后，为以后图纸的更新提供了先进的手段，使更新变成一种常规作业，便于修测，保证了图的现势性。也不会因修测次数过多使原图无法使用而作废的问题。数字化测图，大大提高了作业的自动化程度，降低作业人员的劳动强度。

总之，数字化测图既有良好的现实经济效益，又有巨大的社会效益。数字化地形图将逐步代替原来的白纸地形图，成为国民经济社会发展中的重要基础资料，在工程建设方面也将发挥更大效率的作用。

9. 航空摄影测量简介

航空摄影测量是利用摄影像片测绘地形图的一种方法。这种方法可将大量外业测量工作改到室内完成，具有成图快、精度均匀、成本低、不受气候季节限制等优点。1∶1万~1∶10万国家基本图及1∶5000、1∶2000甚至部分1∶1000及1∶500的大比例尺地形图均可采用这种方法测绘。

（1）航摄相片的基本知识　航摄相片是采用航空摄影机在飞机上对地面摄影得到的，航摄相片是航测测图的基本资料。航摄一般要在晴朗无云的天气进行，按选定的航高在测区内已规划好的航线上飞行，对地面连续摄影。航摄相片影像范围的大小叫像幅。通常采用的像幅有18cm×18cm、23cm×23cm等。航空摄影得到的相片要能覆盖整个测区，并有一定的重叠度。所谓重叠度是指两张相邻相片之间重叠影像的长度占整张相片之比例。航摄规范规定航向重叠为60%~65%，旁向重叠为15%~30%。航摄相片四周有框标标志，依据框标可以量测出像点坐标。航摄相片与地形图相比有如下特点。

1）投影方向的差别。地形图是铅垂投影，是利用平行光束将地面上的地物、地貌铅垂投影到水平面上，缩小后绘制而成的。因此投影面上任意两点间的距离与相应空间两点间的水平距离之比是一个常数，即测图比例尺。航摄相片是中心投影。如图7-17所示，地面上A点发出的光线通过航摄仪镜头S成像于底片a点，B点成像于b点。镜头中心点S到地面的铅垂距离称为航高，以H表示，从S点到底片的距离为摄影机焦距f。由图可得到相片的比例尺为

$$\frac{1}{M}=\frac{ab}{AB}=\frac{d}{D}=\frac{f}{H} \tag{7-1}$$

2）地面起伏引起像点位移。由图7-17及航摄相片比例尺公式可知，只有当地面绝对平坦，并且摄影时相片又能严格水平时，中心投影才与地形图所要求的垂直投影保持一致。由于地面起伏引起像点在相片上的位移所产生的误差，称为投影误差。

投影误差的大小与地面点对基准面的高差成正比，高差越大投影误差也越大。在基准面上的地面点，投影误差为零。由此可见，投影误差可随选择基准面的不同而改变。因此，在航测内业中，可根据少量的地面已知高程点，采取分层投影的方法，将投影误差限制在一定的范围内，使之不影响地形图的精度。

3）航摄相片倾斜误差。由于相片倾斜引起像点位移所产生的误差称为倾斜误差。由于倾斜误差的存在会使相片各片的比例尺不一致。对此，航测内业中可利用少量的地面已知控制点，采取相片纠正的方法予以消除。

4）表示方法和表示内容不同。在表示方法上，地形图是按成图比例尺所规定的地形图符号来表示地物和地貌的，而相片则是反映实地的影像，它是由影像的大小、

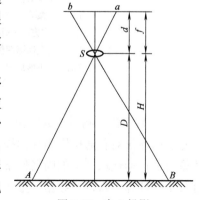

图7-17　中心投影

形状、色调来反映地物和地貌的。在表示的内容上，地形图常用注记符号对地物和地貌符号作补充说明，如村名、房屋类型、道路等级、河流的深度和流向、地面的高程等，而这些在相片上是表示不出来的。因此，对航空相片必须进行航测外业的调绘工作。利用相片上的影像进行判读、调查和综合取舍，然后按统一规定的图式符号，把各类地形元素真实而准确地描绘在相片上。所谓相片判读就是在航摄相片上根据物体的成像规律和特征，识别出地面上相应物体的性质、位置和大小。

（2）航测成图过程简介 航测成图包括航空摄影、控制测量与调绘、测图三个过程。

过　程	主　要　内　容
航空摄影	摄影前，要做一系列的准备工作，如制定飞行计划，在地图上标出航线，检验摄影仪，租用飞机等。然后进行空中摄影，摄取地面的影像，经过显影、定影、水洗和晒干等工序获得底片，晒印成正片后，供各作业部门使用
控制测量与调绘	把相片制成地形图是以地面控制点为基础的，因此，必须具有足够数量的控制点。这些控制点在已有的大地控制点的基础上进行加密，其步骤分为野外控制测量和室内控制加密 1）野外控制测量。携带测量仪器和航空相片到野外，根据已知控制点，用控制测量方法，测定相片控制点的平面坐标和高程，并对照实地将所测点的位置，精确地刺到相片上。这项工作也称相片联测 2）室内控制加密。由于野外测定的控制点数量还不够，需要在室内进一步加密。可根据野外测定的相片控制点，用解析法、图解法来加密。由于计算机技术的发展，解析法空中三角测量进行室内加密控制点的方法被广泛使用 3）相片调绘。就是利用航摄相片进行调查和绘图。具体来说，就是利用相片到实地识别相片上各种影像所反映的地物、地貌，根据用图的要求进行适当的综合取舍，按图式规定的符号将地物、地貌元素描绘在相应的影像上。同时，还要调查地形图上所必须注记的各种资料，并补测地形图上必须有而相片上未能显示出的地物，最后进行室内整饰和着墨
测图	由于地形的不同和测图要求的不同，目前采用以下三种主要的成图方法 1）综合法。在室内利用航摄相片确定地物的平面位置，其名称和类别等通过外业调绘确定，等高线则在野外用常规方法，在经过纠正为测图比例的相片上测绘。它综合了航测和地形测量两种方法，故称综合法。此法适用于平坦地区作业 2）微分法。在野外控制测量和调绘完成后，在室内进行控制点的加密。然后在室内用立体量测仪测定等高线，再通过分带投影转绘的方法确定地物的平面位置。因为立体量测仪的解算公式是建立在微小变量的基础上，所以称为微分法。又因为确定平面位置和高程分别在不同的仪器上进行，故又称为分式法。微分法采用的仪器比较简单，此法适用于地形起伏较大的山区 3）全能法。在完成野外控制测量和相片调绘后，利用具有重叠的航摄相片，在全能型仪器（如多倍仪和各种精密立体测图仪等）上建立地形立体模型，并在模型上作立体观察，测绘地物和地貌，经着墨、整饰测绘出地形图。此法适用于各种地区，成图质量比较高

（3）数字摄影测量 数字摄影测量是用专业数字摄影机获取数字化相片，或用高精度的专业扫描仪对普通摄影相片扫描，获得地面各种地理信息的栅格数据；由计算机在每个立体像对上自动选取大量的同名像素点，再从其中优化选取大量点作为像控点，组成控制网并进行平差计算；将栅格数据矢量化，最终获得数字地图。目前，国家测绘科学研究院、武汉大学等分别研制出的数字立体测图仪已普遍应用于各专业测绘单位的摄影测量中，不仅提高

了航测成图的质量、速度，也为地理信息系统（GIS）提供了更为高效的地理信息获取方法。

10. 水下地形图测量简介

（1）水下地形的表示方法　水下地形在测量时是看不见的，因此水下地形除独立地物用符号表示外，一般是测量规定数量的水下地形点展绘于图上，绘制成等深线图，称为水下地形图。水下地形点是通过船只和测深仪器工具在水面测量位置及相应的水深，再根据水面高进行计算才能得到的。

（2）水下地形测量的仪器、工具

测深杆	测深杆是测量水深的杆，一般用竹杆、木杆或其他材料的杆子，直径为4~5cm，杆长4~7m。杆的底端装有网状铁垫。根据测深精度要求，在测深杆上用红白漆涂成每格为0.1m或0.5m的分划，以便于测量时读数 测深杆只能适用于流速不大、水深在5m以内的水深。使用时只需要将测深杆插水底，并使测深杆垂直，读取水面杆上读数即可
测深锤	测深锤一般用铅铸成六角锥形或圆锥形，质量可根据深度、流速选用5~10kg。测深锤上的测绳需用桐油浸透吹干的腊绳；或用浸入水中2~3d后取出晒干的麻绳。在绳上每隔0.1m或0.5m用色布条作一标记；每逢5、10m处作一特殊标记。标记的零点与测深锤底齐平。每次测量之前须将测绳悬挂起来与皮尺校对 测深锤适用于流速不大、水深在10m以内的水深测量。使用方法是将测深锤向逆流方向抛出，待铅锤到达水底后将测绳提直，与此同时读记测绳的深度标记
测深仪	一般使用的是回声测深仪，测深原理是测定发信振动器所发声波碰到水底后反射回来到达收信振动器所用的时间，再利用声波在水中传播的速度计算出水深。测深仪所测量的水深，由指示器或记录器表示出来。用于水深测量时，往往只用记录器。使用测深仪时，首先要熟悉所有插头和开关。换能器安装到测深船上时，要求换能器的连接杆既垂直于水面而又牢固，并要使发射接收面前进方向的一端稍微高于其后端。换能器在船行驶时，至少没入水面下0.6m，再经对有关项目的检查调整后，才能开始作业

（3）测深点的定位方法

1）沿绳索横断面法。在测量范围离岸边150m以内，流速在1m/s以下，船只往来较少的条件下，可以采用沿绳索横断面法。基本测量步骤如下：

① 布设断面桩。在水域岸边，根据需要和测图比例尺要求，每隔10~40m打一个断面桩，在转弯处宜转90°后再打断面桩，这样可使各断面线相互平行，测点分布均匀。每个断面桩应布设副桩；副桩可以用经纬仪定出，但一般用直角棱镜或十字架定出就可。要求断面线与水流方向基本垂直，在一直线上断面桩的起点和终点都要按图根点的精度要求测定其坐标值。测深时在断面桩和副桩上树立较高的大红白旗，作为测船定向的标志。

② 抛锚定船。在要测量水域外面一些，依次在断面线上抛锚定船。如所测河流本身只有几十米宽，可在两边岸上拉上绳索，而不必抛锚定船。

③ 船岸连线。大船在断面线上锚定后，用牢固的绳索，一端用撬棍系紧插入地下，使零点置于断面桩上。另一端系于船上，用小型绞车或用人力拉紧绳索，使其露出水面。在绳索上根据所要求的测深点间距，用色布条事先做好标记。

④ 沿绳索逐点进行测深作业。另用一只小船载着测深小组（记录、测深）沿着已系定的绳索从岸边向大船（或另一岸）移动，每到有标记处，测量水深，并作记录。

⑤ 测定水面高程。在测水深的同时，可以用水准测量的方法测出水面高程，也可在所测水域中间靠近岸边处，设立临时水尺。水面高程的观测次数，在水位比较平稳的河段，一般在上午、下午水深测量前、后各观测一次，取其平均值。在受潮汐影响的河、海，水面高程的测量次数应根据水面涨落的速度而定，一般在前后两次观测间隔内的水位涨落不应超过 0.1m，并做时刻记录。

2）断面交会法。这种方法适用于深水、流速缓慢、往来船只较多的水域。首先在岸上布设断面桩（布设方法与沿绳索横断面法相同）。测量水深时，将两台经纬仪置于断面桩上或置于附近较高处控制点上，经纬仪水平度盘零位置后视已知方向。测深船沿断面线航行（断面桩的正副桩上树立定向标志），每隔一定距离或一定时间，用测深仪或测深锤进行测深，同时发出信号，与岸上的经纬仪进行交会，定出测深点位。交会时应注意：

① 位置线交会角应大于 30°且小于 150°。

② 岸上经纬仪、测深船同时各自记录测点号和时刻。每测完一个断面，船上应立即与岸上联系核对本断面的测点数，若测点数一致，则本断面才算结束。

水面高程的观测方法和观测次数，与沿绳索横断面法相同。

（4）散点交会法　此法在岸上不打断面桩，由测船在水域任意点测深，同时在岸上用两台仪器（置于两个测站上的经纬仪或平板仪）进行交会。

此法用于水流湍急、测深船无法依横断面线航行，或者只需对该水域的深度作一般性的了解时。用此法时，测深点位往往疏密不一，因此在需绘制水底地形图时很少使用。

（5）测距仪极坐标定位法　用一台经纬仪加测距仪，按极坐标法测定测深点的位置。此法的优点在于设立控制点较自由、方便，但在测定时要求使用具有自动跟踪测量功能的测距仪，并使用多反射棱镜组，或使用测距中误差小于 10cm 的无合作目标的激光测距仪。这种方法适用于风浪小、水流较平稳的水面。

11. 水下地形测量工作中应注意的事项

1）由于水深测量是在水上作业，应特别重视安全作业，船上人员都应背戴救生衣，以免发生意外事故。在锚定的大船上，应悬挂抛锚信号旗帜，使来往船只注意减速和避让。万一有船闯进测区，应迅速将船岸连线的绳索放松，以免绳索挂住船舵。对所用的锚具、绳缆等，应事先检查其牢固性，以免锚具损失。

2）在水深测量工作中，每一测深点的测量（测深和定位）都必须在极短的瞬间完成，因此要加强船、岸间的相互联系，密切配合，使测深和定位工作同时进行。船、岸间的联系一般可用两种方法：一种是在测深船上由一人用醒目的手旗指挥。当准备测深时，指挥者将手旗举起，岸上指挥者即将经纬仪（或平板仪）跟随测深者（用测深仪时，则跟随船上定位目标）移动。当测深杆或测深锤到达河底将要读数时，指挥者将手旗放下。若用测深仪测深时，即同步按下测深仪定标键，此时岸上观测者固定度盘，读记水平角（或绘交会方向线）；另一种是，船、岸用对讲机联系，当准备测深时，指挥者发出信号"准备"，岸上观测者得信号后即开始跟踪目标，约相隔 5s，指挥者发出测定指令信号，同时指挥者同步按下测深仪定标键，岸上观测者即固定度盘，读取水平角。或者在船上用定时信号发生器，船、岸根据发出的信号，同时分别读取各点的水深记录和水平角值。

3）用测深仪并配合专门的测深船测深时，浪高超过 1m 时应停止测深。浪高在 1m 以下时，取波峰、波谷读数的中数。如果无专门的测深船，则不管用何种仪器工具测深，浪高不得超过

0.2m。即使在特殊的情况下，也不得超过0.4m。读数时，同样要读取波峰、波谷的中数。

12. 测深点的高程计算与绘制水底地形图

1）计算各测深点的水底高程

$$H_{底} = H_{面} - H_{W} \tag{7-2}$$

式中　$H_{底}$——测深点的水底高程；

　　　H_{W}——测深点的水面高程；

　　　$H_{面}$——水深。

2）将各测深点的点位和高程按一般方法（如截距法、分度器交会法）标于图上。若所测的水域面积较大，测深点的定位由两台经纬仪交会，则测深点用计算机算出其坐标值后再展绘于图上。

3）根据各点高程勾绘等深线，绘制水底地形图。

细节：地形图应用的内容

（1）求图上某点的坐标　大比例尺地形图上都有方格网，方格网的边长为10cm，某一点在方格网中的坐标可以用比例尺量得。如图7-18所示，欲求点 P 的坐标，在方格网 abcd 中，量取 af 和 ak 的长度就可求得 P 点的坐标。

$$\left.\begin{array}{l} x_P = x_a + \dfrac{l}{|ab|}afM \\[2mm] y_P = y_a + \dfrac{l}{|ad|}akM \end{array}\right\} \tag{7-3}$$

式中 l 为坐标方格边长，M 为地形图比例尺分母。

实际求解坐标时要考虑图纸伸缩的影响，根据量出坐标方格的长度，并和理论值比较得出图纸伸缩系数进行改正。既保证坐标值的更精确，又起到校核量测结果的作用。

（2）求图上某点的高程　地形图上，点的高程可根据等高线的高程求得。如图7-19所示，若某点 A 正好位于等高线上，则 A 点的高程就是该等高线的高程，即 $H_A = 51.0\mathrm{m}$。若某

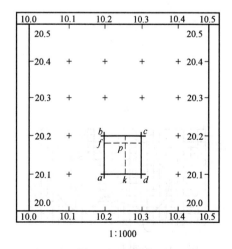

图 7-18　求坐标

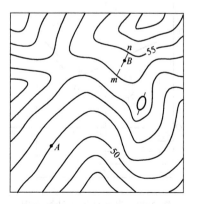

图 7-19　求某点 A 的高程

点 B 不在等高线上，而位于 54m 和 55m 两根等高线之间，这时可通过 B 点作一条大致垂直于相邻两等高线的线段 mn，量取 mn 和 mB 的长度，分别为 9.0mm 和 6.0mm，已知等高距 h 为 1m，则可用内插法求得 B 点的高程为 54.66m。

实际求图上某点的高程时，通常根据等高线用目估法按比例推算该点的高程。

（3）求两点间的坡度　对图上任意两个点，可以分别求出它们的高程，两点间的坡度就是两点间的高差与水平距离之比，并用百分数或千分数来表示。

若直线两端点位于相邻等高线上，则求得的坡度可认为符合实际坡度。假如直线较长，中间通过许多条等高线，且等高线的平距不等，则所求的坡度只是该直线两端点间的平均坡度。

（4）量测图形面积　在工程建设和规划设计中，常常需要在地形图上量测一定轮廓范围内的面积。量测面积的方法比较多，以下为常用的几种方法。

1）坐标计算法。如图 7-20 所示，对多边形进行面积量算时，可在图上确定多边形各顶点的坐标（或以其他方法测得），直接用坐标计算面积。

根据图形对面积计算的推导，可以得出当图形为 n 边形时的面积计算的一般形式为

$$A = \frac{1}{2} \sum_{i=1}^{n} x_i (y_{i+1} - y_{i-1}) \tag{7-4}$$

若多边形各顶点投影于 y 轴，则有

$$A = \frac{1}{2} \sum_{i=1}^{n} y_i (x_{i+1} - x_{i-1}) \tag{7-5}$$

式中　n 为多边形边数。当 $i=1$ 时，y_{i-1} 和 x_{i-1} 分别用 y_n 和 x_n 代入。

可用两公式算出的结果互作计算检核。

对于轮廓为曲线的图形进行面积估算时，可采用以折线代替曲线进行估算。取样点的密度决定估算面积的精度，当对估算精度要求高时，应加大取样点的密度。该方法可实现计算机自动计算。

2）透明方格纸法。如图 7-21 所示，要计算曲线内的面积 A，将一张透明方格纸覆盖在图形上，数出曲线内的整方格数 n_1 和不足整格的方格数 n_2。设每个方格的面积为 a，则曲线围成的图形实地面积为

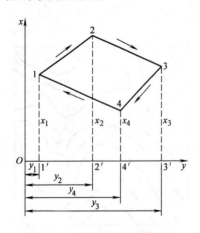

图 7-20　坐标计算法计算面积

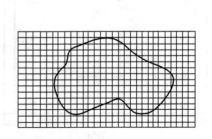

图 7-21　透明方格纸法计算面积

$$A = \left(n_1 + \frac{1}{2}n_2\right)aM^2 \qquad (7\text{-}6)$$

式中 M 为比例尺分母，计算时应注意 a 的单位。

3）平行线法。如图 7-22 所示，在曲线围成的图形上绘出间隔相等的一组平行线，并使两条平行线与曲线图形边缘相切。将这两条平行线间隔等分得相邻平行线间距为 h。每相邻平行线之间的图形近似为梯形。用比例尺量出各平行线在曲线内的长度为 l_1、l_2、$\cdots$、l_n，则根据梯形面积计算公式先计算出各梯形面积，然后累计计算图形总面 A 为

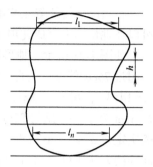

$$A = A_1 + A_2 + \cdots + A_n$$

$$= h(l_1、l_2、\cdots、l_n) = h\sum_{i=1}^{n} l_i \qquad (7\text{-}7)$$

图 7-22 平行线法计算面积

4）求积仪法。求积仪是一种专供在图上量算图形面积用的仪器，其优点是量算速度快、操作简便，适用于各种不同几何图形的面积量算，且能达到较高的精度要求。

细节：按设计线路绘制纵断面图

在线路工程设计中，为了进行填挖土(石)方量的概算，合理地确定线路的纵坡，需要较详细地了解沿线方向的地形起伏情况，为此，可根据大比例尺地形图绘制该方向的纵断面图。

如图 7-23 所示，要沿 MN 方向绘制断面图。先在图纸上或方格纸上绘 MN 水平线，过 M 点作 MN 垂线，水平线表示距离，垂线表示高程，如图 7-24 所示。水平距离一般采用与地形图相同的比例尺或选定的比例尺，称为水平比例尺；为了明显地表示地面的高低起伏变化情况，高程比例尺一般为水平距离比例尺的 10 倍或 20 倍。然后在地形图上沿 MN 方向线，量取交点 a、b、c、$\cdots$、i 等点至 M 点的距离，按各点的距离数值，自 M 点起依次截取于直线 MN 上，则得 a、b、c、$\cdots$、i 各点在直线 MN 上的位置。在地形图上读取各点的高程，然后再将各点的高程按高程比例尺画垂线，就得到各点在断面图上的位置。最后将各相邻点用平滑曲线连接起来，即为 MN 方向的断面图。

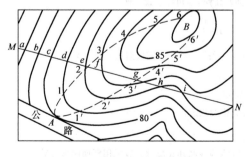

图 7-23 地形图

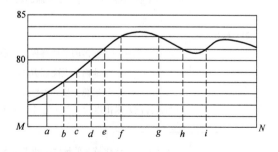

图 7-24 MN 方向断面图

细节：按限制坡度绘制同坡度线和选定最短线路

在道路、管线等工程的规划中，一般要求按限制坡度选定一条最短路线或一等坡度线，可以在地形图上完成此项工作。

如图7-23所示，地形图比例尺为1:2000，等高距为1m，要求从A点到B点选择坡度不超过7%的线路。为此，先根据7%坡度求出相邻两等高线间的最小平距 $d = h/I = (1/0.07)$ m = 14.3m，在1:2000地形图上为7.1mm。将分规卡成7.1mm的长度，以A为圆心，以7.1mm为半径作弧与81m等高线交于1点，再以1点为圆心作弧与82m等高线交于2点，依次定出3、4、…、6各点，直到B点附近，即得坡度不大于7%的线路。在该地形图上，用同样的方法还可定出另一条线路A、1'、2'、…、6'，作为比较方案。这时比较两条路线的长度就可以得出一条最短的线路。

在实际工作中，要最后确定这条线路，还需综合考虑地质条件、人文社会、工程造价、环境保护等众多因素。

细节：确定汇水面积

当道路跨越河流或沟谷时，需要修建桥梁或涵洞。桥梁或涵洞的孔径大小，取决于河流或沟谷的水流量，水的流量大小又取决于汇水面积。地面上某区域内雨水注入同一山谷或河流，并通过某一断面（如道路的桥涵），这一区域的面积称为汇水面积。汇水面积可由地形图上山脊线的界线求得，用山脊线和设计断面线所包围的面积，就是设计桥涵的汇水面积。

细节：平整场地中的土石方量计算

方 法	内 容
等高线法	当地面高低起伏较大且变化较多时，可以采用等高线法。此法是先在地形图上求出各条等高线所包围的面积，乘以等高距，得各等高线间的土方量，再求总和，即为场地内最低等高线 H_0 以上的总土方量 $V_总$。如要平整为一水平面的场地，其涉及程 $H_设$ 可按下式计算 $$H_设 = H_0 + \frac{V_总}{S} \tag{7-8}$$ 式中　H_0——场地内的最低高程，一般不在某一条等高线上，需根据相邻等高线内插求出 　　　$V_总$——场地内最低高程 H_0 以上的总土方量 　　　S——场地总面积，由场地外轮廓线决定 当设计高程求出以后，后续的计算工作可按方格网法进行
断面法	在地形起伏变化较大的地区，或者如道路、管线等线状建设场地，宜采用断面法来计算填、挖土方量 如图7-25所示，ABCD是某建设场地的边界线，拟按设计高程47m对建设场地进行平整，现采用

（续）

方　法	内　容
断面法	断面法计算填方和挖方的土方量。根据建设场地边界线 ABCD 内的地形情况，每隔一定间距（图 7-25 中，图上距离为 2cm）绘一垂直于场地左、右边界线 AD 和 BC 的断面图。图 7-26 所示为 A—B、Ⅰ—Ⅰ的断面图。由于设计高程定位 47m，在每个断面图上，凡低于 47m 的地面与 47m 设计等高线所围成的面积即为该断面的填方面积，如图 7-26 所示的填方面积；凡高于 47m 的地面与 47m 设计等高线所围成的面积即为该断面的挖方面积，如图 7-26 中所示的挖方面积 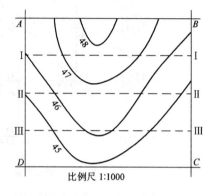 图 7-25　断面法计算土方 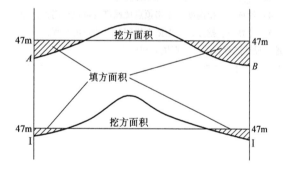 图 7-26　断面图 　　分别计算出每一断面的总填、挖土方面积后，然后将相邻两断面的总填（挖）土方面积相加后取平均值，再乘上相邻两断面间距 L，即可计算出相邻两断面间的填、挖土方量
方格网法	该法适用于高低起伏较小、地面坡度变化均匀的场地。如图 7-27 所示，欲将该地区平整成与地面高度相同的平坦场地，其步骤如下： 　　1）绘制方格网：方格网的网格大小取决于地形图的比例尺大小、地形的复杂程度以及土（石）方量估算的精度。方格的边长一般取为 10m 或 20m。本图的比例尺为 1∶1000，方格网的边长为 20m×20m。对方格进行编号，纵向（南北方向）用 A、B、C、……进行编号，横向（东西方向）用 1、2、3、4、……进行编号，因此，各方格顶点编号由纵横编号组成。则各方格点的编号用相应的行号列号表示，如 A_1、A_2 等，并标注在各方格点左下角 　　2）绘方格网并求格网点高程。在地形图上拟平整场地范围内绘方格网，方格网的边长主要取决于地形的复杂程度、地图比例尺的大小和土石方估算的精度要求，一般方格尺寸为 10m×10m、20m×20m。根据等高线确定各方格顶点的高程，并注记在各顶点的上方

（续）

方　法	内　容
方格网法	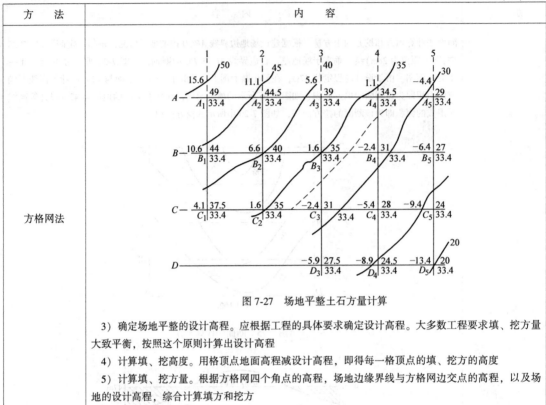 图7-27　场地平整土石方量计算 　　3）确定场地平整的设计高程。应根据工程的具体要求确定设计高程。大多数工程要求填、挖方量大致平衡，按照这个原则计算出设计高程 　　4）计算填、挖高度。用格顶点地面高程减设计高程，即得每一格顶点的填、挖方的高度 　　5）计算填、挖方量。根据方格网四个角点的高程，场地边缘界线与方格网边交点的高程，以及场地的设计高程，综合计算填方和挖方

8　建筑施工测量

细节：建筑施工控制测量

1. 施工控制测量的意义

施工测量的实质，就是把图纸上设计建筑物的位置标定到实地，建筑物的位置通常是由它的特征点(线)与其他已知点(线)的相对关系来确定的。当建筑区较大、建筑物较多时，表示建筑物位置的特征点(线)就不仅数量多，而且往往因分期施工而分批定点(线)。如果在测量过程中都是从一点开始，逐渐累计进行施测，那么到最后一点时就可能发生非常大的偏差。因为测量过程中的每一次定点，都不可避免地产生误差，若以本身就存在误差的点为基准又去测定更多的点，那测定出来的点就包含着更大的误差。如图 8-1 所示，1、2、3、4、5 表示点的正确位置，1 点以较高的精度定出。若 2 点以 1 点为准

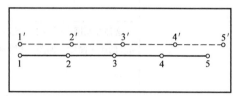

图 8-1　误差的积累

定出，那么必然产生一次误差，为 2′点；若 3 点又以本身就含有一次误差的 2′点定出，那必然含有两次误差，为 3′点；……照这样定下去，5 点的位置 5′所包含的误差就会大得惊人了。甚至在建筑场地范围内可能已经没有 5 点的位置了。这种误差逐渐增大的现象，叫做误差累积。在施工测量中，除单栋房屋建筑外，一般是不允许用上述方法来定点的。因为它缺乏全局观点，没有从整体上来考虑建筑物的位置关系，因而导致偏位。

从整个建筑区域的全局上看，要保证各种建筑物、构筑物、地上的、地下的、可见的、不可见的都满足设计上相对位置关系的要求，就必须在标定建筑物位置之前，以设计部门提供的控制点为基准建立施工控制网，作为每幢建筑物定位和放线的依据。设计部门提供的控制点既有平面位置的数据(以坐标值的形式给出)，又有高程数据，而且精度较高。建筑物各特征点(线)的位置都以高精度的控制点为准在地面上标定出来，即使出现误差，误差的次数和数值也都大致相同，避免了可能是非常大的误差累积，使点位关系的正确性得以保证。

这种"先整体后局部"，以高精度控制低精度的测量工作原则，就是施工测量必须遵守的控制准则，为建立施工控制网而进行的测量工作，叫施工控制测量。它的意义在于：

1) 从根本上保证整个测区各建筑物、构筑物的位置关系满足设计要求。

2) 把整个建筑区划分成若干片，既便于分期分批施工，更便于分期分批地定点放线。

2. 平面控制测量的方法

怎样在测区内布设控制点，用什么样的方法来测算出各控制点的坐标和高程，这是属于基本控制测量的研究内容，在前面的控制测量中已经介绍。而施工测量的工作就是使用这些点，用它来建立建筑施工控制网，从而标定建筑物的位置。

施工控制网的建立主要取决于建筑场地的基本情况和建筑物本身的布置形式及其特点，归纳起来，主要有下面三种类型。

施工导线网	这种控制网主要用于建筑物比较密集的地区(如城市街区、工矿厂区等)或某些线路工程(如道路、管道等)的施工测量。如图8-2所示为某厂区的施工导线控制网 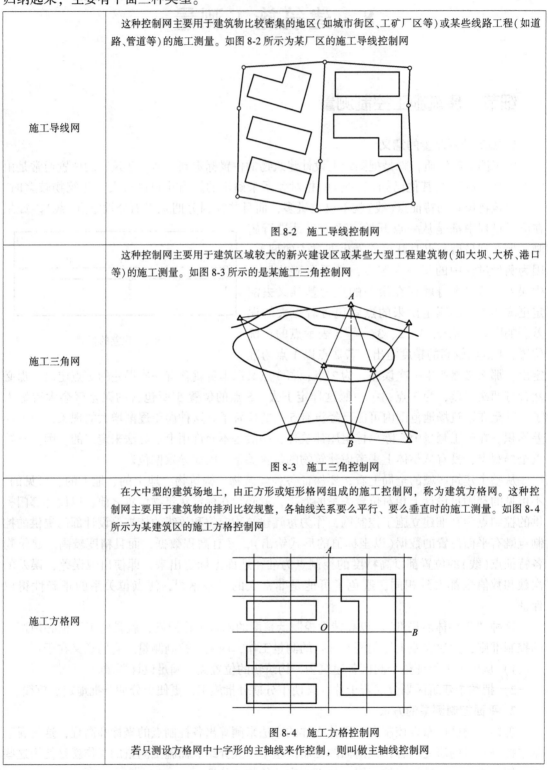 图8-2 施工导线控制网
施工三角网	这种控制网主要用于建筑区域较大的新兴建设区或某些大型工程建筑物(如大坝、大桥、港口等)的施工测量。如图8-3所示的是某施工三角控制网 图8-3 施工三角控制网
施工方格网	在大中型的建筑场地上，由正方形或矩形格网组成的施工控制网，称为建筑方格网。这种控制网主要用于建筑物的排列比较规整，各轴线关系要么平行、要么垂直时的施工测量。如图8-4所示为某建筑区的施工方格控制网 图8-4 施工方格控制网 若只测设方格网中十字形的主轴线来作控制，则叫做主轴线控制网

3. 高程控制的方法

建筑场地上的高程控制采用水准网。一般分两级布设,即满足整个场地的基本高程控制和根据各施工阶段放样需要而布设的加密高程控制。基本高程控制一般采用三等水准测量施测,加密高程控制通常采用四等水准测量。

细节：施工控制网的测设

上述施工控制测量的方法中,三角网和导线网一般用于较大的工程和基础控制,而且其测量方法与前面所讲的一般平面控制测量一致,本节不作叙述。而在建筑工程中,无论工业厂房建设和民用房屋建设,使用建筑方格网都具有便于施工放线和保证放线精度较高的优点,因此在实际工程中使用较多。而建筑基线在一定的现场条件下和遇到比较小型房屋建筑时使用都具有方便简单的特点。下面主要介绍它们的测设方法。

1. 建筑基线

在面积不大、地势较平坦的建筑场地上,布设一条或几条基准线,作为施工测量的平面控制,称为建筑基线。如图 8-5 所示为几种形式的建筑基线。

建筑基线要根据建筑设计总平面图上建筑物的分布、现场地形条件及原有测图控制点的分布情况来布设,一般布设成三点直线形、三点直角形、四点丁字形和五点十字形等形式,如图 8-5 所示。布设时应注意:建筑基线应平行或垂直于主要建筑物的轴线,以便用直角坐标法进行测设;建筑基线相邻点间应互相通视,边长为 $100 \sim 400\text{m}$,点位不受施工影响,且能长期保存;基线点应不少于 3个,以便检测建筑基线点有无变动。建筑基线的测设方法与建筑方格网主轴线的测设方法类似(见下面建筑方格网主轴线测设)。各角应为直角(或平角),其不符值不应超过 $\pm24''$;基线点间距离与设计值相比较,其不符值不应大于 1/10000。否则,应进行必要的点位调整。

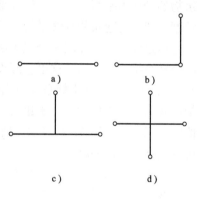

图 8-5 建筑基线的形式

a) 三点直线形　b) 三点直角形

c) 四点丁字形　d) 五点十字形

2. 建筑方格网

(1) 建筑方格网的设计　建筑方格网是根据设计总平面图中建筑物、构筑物、道路和各种管线的位置,结合现场的地形情况来布设的。布设时,先选定方格网的主轴线,然后再全面布设成方格网。方格网可设计成正方形或矩形,当场地面积较大时,可以分成两级布设。首级可以采用"十"字形和"口"字形或"田"字形,然后再加密成方格网。但当场地面积不大时,应尽量一次布置成为全面网。方格网的布置如图8-6 所示。

方格网设计时,主轴线应尽可能通过建筑场地中央且与主要建筑物轴线平行;方格网转折角严格布置为 90°(图 8-7)。其边长应根据测设对象而定,一般以 $100 \sim 200\text{m}$ 为宜,并尽可能为 50m 的整数倍,边长的相对精度一般为 $1/10000 \sim 1/20000$。方格网的边长应保证通视并且便于测距和测量角度,点位标石应埋设牢固,并利于长期保存。

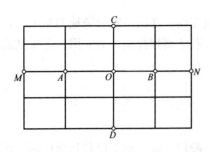

图 8-6 方格网的布置

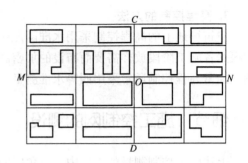

图 8-7 方格网的设计

（2）建筑方格网的测设

1）施工坐标系和测量坐标系的坐标换算。施工方格网是专门为建筑工程施工放线而设计的。为了保证放线工作的精确、方便、快捷，一般要求构成方格网的纵、横格网线与建筑物的轴线平行（或垂直），这也是施工方格网的最大特点。但是，建筑物的位置是由设计部门根据建筑场地的地形条件和建筑物本身的构造要求设定的，而设计建筑物使用的地形图的坐标系统（多为国家坐标系统或当地独立坐标系统）是固定不变的，因此，坐标轴往往与建筑物的轴线不平行。此时，设计部门就在设计时人为地把坐标轴旋转（有时还要平移）一个角度，使之与建筑物轴线平行，这样对设计和将来的放线是有利的。

但这样一来，在同一个建筑区就使用两个不同的坐标系统。对同一点来说，就有两个不同坐标系统的坐标值。这里，假设设计使用的且坐标轴不平行于建筑物轴线的坐标系为城建坐标系（可以是国家坐标系统或当地独立坐标系统）。其坐标值叫城建坐标，用 X、Y 表示。把旋转后的、坐标轴平行于建筑物轴线的坐标系叫施工坐标系（也叫建筑坐标系），其坐标值叫施工坐标，用 A、B 表示。所以在进行施工测量的各项工作时，就一定存在两个坐标系统的坐标转换的问题。

为了把城建坐标换算为施工坐标，以便于用施工坐标测设施工方格网，设计部门必须至少同时给出两个点的城建坐标和施工坐标，以据此把所有点（包括控制点和建筑物的特征点）的城建坐标全部换算为施工坐标。

坐标换算可以由设计部门来完成，但设计部门往往只换算两个或少数几个，其余的只有施工单位自己换算了；况且，就是设计部门全部换算完，施工单位使用前也要自己复核换算一遍。因此，测量单位必须了解掌握坐标换算的具体换算公式和方法。

① 换算公式。

施工坐标系相对于城建坐标系顺时针旋转时（图 8-8），坐标换算公式为

$$A_k = (x_k - x_0) \cos \alpha + (y_k - y_0) \sin \alpha \qquad (8-1)$$

$$B_k = -(x_k - x_0) \sin \alpha + (y_k - y_0) \cos \alpha \qquad (8-2)$$

$$x_0 = x - A \cos \alpha + B \sin \alpha \qquad (8-3)$$

$$y_0 = y_k - A \cos \alpha - B \sin \alpha \qquad (8-4)$$

式中 A、B——施工坐标；

x、y——城建坐标；

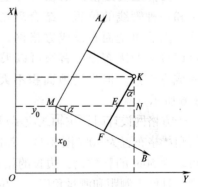

图 8-8 顺时针旋转时

x_0、y_0——施工坐标系的原点在城建坐标系中的坐标。

A、B、x、y为同一点的施工坐标和城建坐标；α为施工坐标系的坐标轴相对于城建坐标系的坐标轴的转角，其计算可以按照前面讲过的坐标反算公式进行。也可以按式（8-5）进行。

$$\alpha = \tan^{-1}\frac{\Delta y}{\Delta x} \tag{8-5}$$

式中　Δx、Δy——施工纵坐标相等的两个建筑物特征点的城建坐标的差值。

当顺时针旋转时，取公式中"–"号，反之取"+"号。

② 换算中应注意的问题：

a. 坐标换算的目的是使施工坐标系的坐标轴平行于建筑物的轴线，因此首先要分清施工坐标系的坐标轴相对于城建坐标系的坐标轴的旋转方向，然后选用相应的坐标换算公式。

b. 换算之前先算出转角 α，用施工纵坐标相等的那两点的城建坐标差来解算。在计算 x_0、y_0 时，一定要用同一点的城建坐标与施工坐标一并代入求算。

c. 换算要校核，分别用两点的城建坐标和施工坐标来计算这两点间的距离，若结果相同，则说明换算无误。

2）确定方格网主轴线交点的坐标。方格网的设计一般都是在施工总平面图上进行。根据建筑区的具体情况，首先确定方格网的中心位置，然后过这个中心点先测设出互相垂直的两条方格网线，称为方格网主轴线。中心的位置（亦是主轴线的交点）是在图上确定的，一般定在建筑区的中心且不易被破坏的地方。中心位置定下后，按图上比例尺求出中心的纵、横坐标值（只要有一个坐标值，一定能在地上测设出具有这个坐标值的点，在新建项目，场地没有很大的限制时，这个坐标的精度不太高没关系，因为地上做出的这个点是准的）。

3）在地面上测设出主轴线交点。在图上量出主轴线交点的坐标值后，仅仅是在图上有了此点，而地上暂时还没有。应根据地面上控制点的坐标和主轴线交点的坐标，用极坐标定点法把主轴线交点的位置测设到地面上。

如图 8-9 所示，主轴线交点 O 的位置在图上已定出，现可以利用控制点 N_1、N_2、N_3 来测设 O 点的位置，具体应用坐标放线法测设交点 O，做法如下：确定 N_2 点为测站点，后视 N_1 点；反算出放样角度 β_2 和放样距离 D_2；用仪器进行角度和距离放样，定出 O 点。

4）测设方格网主轴线。主轴线交点在地面上定出后，可立即进行主轴线测设（方格网主轴线也可看作施工坐标系的纵或横坐标轴），具体作法如下：如图 8-10

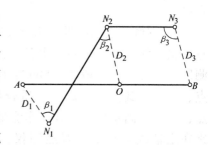

图 8-9　测设主轴交点 O

所示，紧接着上述测设工作，再分别利用测量控制点 N_1、N_3 为测站点，用同样的坐标放样的方法根据放样角度 β_1、β_3 和放样距离 D_1、D_3 测设出主轴线的另外两个主点 A、B。这样就在实际地面测设出了 A、O、B 三个主点的概略位置 A'、O'、B'，并用混凝土桩把各点标定下来。桩顶部通常设置一块 100mm×100mm 的铁板，供调整点位时用。

由于存在测设误差，致使三个主轴线点一般不严格在一条直线上，如图 8-10 所示。因此需在 O' 点上安置经纬仪，精确测量∠$A'O'B'$ 的角值，如果它和 180°之差超过±10″，需要根据不同等级控制网的具体要求(或是±5″)进行调整。调整时,各主轴线点应在 AOB 的垂线方向移动同一改正值 δ,使三点成一直线。如图 8-10 所示,设三点在垂直于轴线的方向上移动一段微小的距离 δ,由于 μ 和 γ 角均很小,故可以得出求解改正值 δ 的计算式

$$\delta = \frac{ab}{2(a+b)} \frac{1}{\rho} (180° - \beta) \tag{8-6}$$

式中各个符号含义如图 8-10 所示。

定好 A、O、B 三个主点后,如图 8-11 所示,将经纬仪安置在 O 点,瞄准 A 点,分别向左、右转 90°,测设出另一主轴线 COD,同样用混凝土桩在地上定出其概略位置 C' 和 D',再精确测出 $\angle AOC'$ 和 $\angle AOD'$,分别算出它们与 90°的差 ε_1'' 和 ε_2''。并计算出改正值 l_1 和 l_2

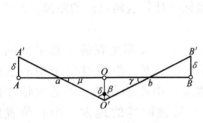

图 8-10 主轴线的测设

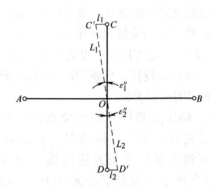

图 8-11 测设另一条主轴线

$$l_i = L_i \frac{\varepsilon''}{\rho''} \tag{8-7}$$

式中 L_i 指 OC' 或 OD' 间的距离。

C、D 两点定出后,还应观测改正后的 $\angle COD$,它与 180°之差也应在限差范围之内。然后精密丈量出 OA、OB、OC、OD 的距离,若超过限差则应进行调整,最后在铁板上刻出各点点位。

5)方格网点的测设。测设施工方格网,并不是真正要在地面上画出若干条相互垂直的格网线,而只是测设出各格网线的交点位置。每格的边长由建筑物本身的尺寸和测区大小而定,一般为 100m 左右。因为格网线的交点就是建筑物定位放线时的控制点,所以,其位置应选在土质较好且不受施工影响的地点,并设立固定标志。具体作法是在主轴线测设好后,分别在主轴线端点上安置经纬仪,均以 O 点为起始方向,分别向左、右测设出 90°角,这样就交会出田字形方格网点,如图 8-12 所示。为了进行校核,还要安置经纬仪于方格网点上,测量其角值是否为 90°,并测量各相邻点间的距离,看它是否与设计边长相等,误差均应在允许范围之内。此后再以基本方格网点为基础,加密方格网中其余各点。

建筑方格网测设后,还应对其进行实地检测。检测时可

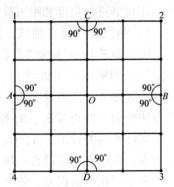

图 8-12 方格网点的测设

隔点设站测角，并有重点地实量几条边长。检查结果应符合规范要求。

若把高程引测到格网点上，则格网点还可作为高程控制点。

3. 高程控制网

建筑场地上的高程控制采用水准网，一般布设成两级。首级为整个场地的高程基本控制，应布设成闭合路线，尽量与国家水准点联测。水准点应布设在场地平整范围以外土质坚实、不受振动影响、便于长期使用的地点，并埋设成永久性标志。以首级控制为基础，布设成闭合、附合水准路线的加密控制，加密点的密度应尽可能满足安置一次仪器即可测设出所需的高程建筑场地上的高程点，其点可埋设成临时标志，也可在方格网点桩面上中心点旁边设置一个突出的半球标志。在一般情况下，首级网采用四等水准测量方法建立，而对连续生产的车间、下水管道或建筑物间高差关系要求严格的建筑场地上，则需采用三等水准测量的方法测定各水准点的高程。加密水准网根据测设精度的不同要求，可采用四等水准或图根水准的技术要求进行施测。其具体测量方法按前面所讲的相应等级的水准测量方法进行。

细节：土石方工程施工测量

土石方工程施工测量包括建筑场地平整、基坑（槽）、路基及某些特殊构筑物的开挖、回填等施工中的测量工作，其重要内容就是土石方量的测算。

1. 场地平整测量

场地平整的目的是将高低不平的建筑场地平整为一个水平面（特殊情况时平整为倾斜面）。其中，测量工作的主要任务是为挖、填土方的平衡而做出相应的施工标志，并且计算出挖（填）土方量。

（1）土方方格网的测设及挖（填）土方量计算　土方方格网不同于前面所讲的施工方格网。施工方格网是用来控制建筑物的位置，其方格网点具有坐标值，所以要根据控制点的坐标来测设。而土方方格网仅仅用来测算土方量，其方格网点并不带坐标值，所以无需根据控制点的坐标来测设，而只把要平整的场地用纵横相交的网点连线分成面积相等的若干个小方格就行了，并且测设精度要求较低，其点位误差允许值为±30cm，标高误差允许值为±2cm，平整范围定线误差为±20cm。当然，若把施工方格网加密，则施工方格网也可作为土方方格网来测算土方量。

土方方格网可用经纬仪或钢卷尺、皮尺在平整场地上任定方向测设，每个小方格的边长依场地大小、地面起伏状况和精度要求而定，一般为 10～40m，通常采用 20m。每个格网点要用木桩标定并按顺序编号。

土方方格网有满边网与退格网之分，其测设方法也有所不同，现分别介绍如下：

1）满边土方方格网的测设方法及挖（填）土方量计算。

① 测设方法。如图 8-13 所示，A、B、C、D 为一块平整场地的四个边界点，1、5、21、25 为在该场地上布设的方格网的四个角点。像这种在平整场地的边界上就开始设网点的方格网叫满边方格网，其测设步骤要点为：

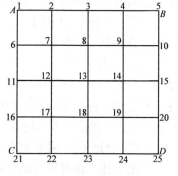

图 8-13　满边方格网

a. 在任一角点 A 安置经纬仪，后视另一角点 B，转 90°水平角而定出 C 点。把 AB 间隔均匀地分成若干等份，用钢卷尺量距定点(或用测距仪测边定点)。把 AC 间隔均匀地分成若干等份(不一定与 AB 边各份的距离相同)，用钢卷尺量距定点。

b. 在 C 点安置经纬仪，后视 A 点，转 90°水平角，按 AB 边上边长的分法定出 D 点，把 BD 边按 AC 边上的分法分成若干等份，用钢卷尺量距定点。这样，方格网四个周边及其周边上各点就测设出来了。若闭合边 BD 在允许值内，则可进行中间各网点的测设。

c. 在周边各网点上用经纬仪转直角定线，用钢卷尺量距来定出中间各网点的位置，并用木桩标定之。这样，满边方格网就测设完毕。

② 测定各网点的地面高程。根据场地附近水准点，用水准仪按水准测量的方法测定各网点的地面标高。若场地附近没有水准点，则可认定一个固定点(并假设其高程值)作后视点，测出各点的相对高程。因为测定各网点标高的目的只是要找出各网点之间的高差，确定各网点的平均高度和计算施工高度，进而算出挖(填)土方量，所以，用假定后视点高程的方法是完全可以的。

③ 计算各网点的平均高程值。各方格网点的地面高程不尽一致，最高点和最低点的高差达 1m 多。如果要将高就低把这块场地整平，就必然存在一个不挖不填的高度。这个高度就是各方格网点的平均高度。高于平均高度的地方就要挖，低于平均高度的地方就要填，高多少就挖多少，低多少就填多少，这样，挖填将自然平衡(即挖方量等于填方量)。因此，要想计算挖(填)土方量。必须首先计算出各方格网点的平均高程值。

a. 用算术平均法计算各方格网点的平均高程值。用算术平均法计算各方格网点的平均高程值的方法是：把各方格网点的地面标高数字全部加起来，然后再除以方格网点的个数，即

$$H_{平均} = \frac{\sum_{i=1}^{n} H_i}{n} \tag{8-8}$$

式中　$H_{平均}$——各方格网点的算术平均高程；

　　　H_i——各方格网点的单个高程；

　　　　n——方格网点的个数。

b. 用加权平均法计算各方格网点的平均高程值。用加权平均法计算各方格网点的平均高程值的基本思想是，先根据各小方格角上的四个高程数据，算出各小方格的平均高程值，然后根据各小方格的平均高程值，再算出整个方格网的平均高程值。

例如，在图 8-14 由 1、2、6、7 四个网点组成的小方格中，其平均高程为 1、2、6、7 四个网点的单个高程加起来除以 4；由 2、3、7、8 四个网点组成的小方格中，其平均高程为 2、3、7、8 四个网点的单个高程加起来除以 4。不难发现，在计算上述两个小方格各自的平均高程时，2、7 两点的单个高程值用了两次。观察整个计算过程，可以得出这样的规律：在计算各小方格的平均高程值时，1、5、21、25 这四个角的高程值只参与计算一次，2、3、4 等边点的高程值将参与计算两次，7、8、9 等中间点的高程值将参与计算四次(凹角点为三次,本例中暂无)。我们把各网点单个高程值参与计算的次数称为各点的权。

根据上述规律可以总结出用加权平均法来计算各网点的平均高程值的方法为：用各网点的高程值乘以该点的权，并求出其总和，然后再除以各点权的总和，即

$$H_{平均} = \frac{\sum_{i=1}^{n} P_i H_i}{\sum_{i=1}^{n} P_i} \tag{8-9}$$

式中　$H_{平均}$——各方格网点的加权平均高程；

　　　　H_i——各方格网点的单个高程；

　　　　P_i——各方格网点的权；

　　　　n——方格网点的个数。

像这种在求一群已知数的平均数时，不但要考虑这群已知数的数值，而且还把这些数各自的权也带进去参加计算的方法，叫加权平均法，其算得的值叫加权平均值。

把用加权平均法算得的结果与用算术平均法算得的结果进行比较，可以看出两个结果其值不等。用加权平均法算得的结果精度高，加权平均值比算术平均值的结果更接近于真值。

④ 计算各网点的施工高度。各网点的施工高度也就是各网点的应挖高度或应填深度。其计算方法是，用各网点的单个地面高程值减去加权平均高程值。若算得的差为正，则表示应挖，若算得的差为负，则表示应填，若算得的差为零，则表示不挖不填。将其计算结果标注在方格网图各网点地面高程值的下面，并在平整现场各网点的标桩上写明。

⑤ 计算各小方格的施工高度。把各小方格四个角点上的施工高度求代数和，然后再除以 4，即得各小方格的施工高度，也就是在这个小方格面积范围内的应挖高度或应填深度。各小方格的施工高度计算出后，标注在方格网各小方格的中央（图 8-14），以便于计算挖（填）土方量。

显然，各小方格的施工高度有正有负，这正说明有挖有填。如果计算无误的话，那么应挖高度和应填深度一定相等，而且以此算出的应挖方量与应填方量也必然相等。

−0.34	−0.38	−0.28	−0.13
−0.07	−0.25	−0.17	+0.06
+0.18	−0.12	−0.04	+0.27
+0.35	+0.16	+0.24	+0.52

图 8-14　施工高度的表示

⑥ 计算挖（填）土方量。将各小方格的施工高度乘以其面积，就得到各小方格的挖（填）土方量。其正值的总和为总挖方量，其负值的总和为总填方量。计算后如果看到总挖高等于总填深，总挖方等于总填方，则表明此块场地平整挖、填平衡，测算无误。

2）退格土方方格网的测设方法及挖（填）方量计算。

在布设土方方格网时，为了计算土方量的方便，可由场地的纵、横边界各向内缩进半个小方格边长而开始布设网点。这样，各网点实际上就是满边方格网各小方格的中心（如图 8-15 中纵横虚线的交点所示）。像这种由平整场地的边界向内缩进一个尺寸后才开始布设网点的方格网叫退格方格网。例如，图 8-15 中虚线所构成的方格网就是退格方格网。

① 退格方格网的测设要点。

a. 按测设满边方格网的方法定出 AB 与 AC 边。

b. 在 AB 边上，自 A 点起量取半个小方格边长为 A_1 点，在 AC 边上自 A 点起量取半个小方格边长为 A_2 点。

c. 过 A_1 点作 AC 的平行线，过 A_2 点作 AB 的平行线，两平行线的交点即为退格方格网的角点 A′。

d. 在 A' 点安置经纬仪，延长 A_2A'，并按各方格的边长量距得 B' 点。再转 90°水平角，同样按各方格的边长量距得 C' 点。

e. 以下再按测设满边方格网的方法即可以测设出退格方格网。

② 测定各网点的地面高程。测设方法与测定满边方格网各网点的地面高程的方法相同。只不过此时各网点的地面高程实际上已代表满边方格网相应小方格的平均高程。

③ 计算各网点的平均高程值。计算各网点的平均高程值时，仍可用算术平均法和加权平均法。因加权平均法较为精确，所以，通常都采用加权平均法。

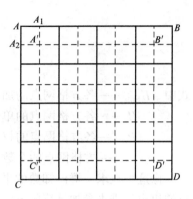

图 8-15 退格方格网

④ 计算各网点的施工高度。各网点施工高度的计算方法仍然是用各网点的地面高程值减去加权平均高程值。此时，各网点的施工高度就是满边方格网中相应小方格的施工高度，可直接用它来计算挖(填)土方量。

⑤ 计算挖(填)土方量。各网点的施工高度乘以各小方格的面积，就是各小方格的挖(填)土方量。若各网点的挖高与填深相等，且总挖方又等于总填方，则表明计算无误。

从两种方格网的测设与土方量的计算过程来看，满边网的测设过程稍稍简单一点，但数据多且计算过程也多一步，退格网的测设过程稍稍复杂一点，但数据少且计算过程较简单。可以肯定，满边网的计算精度比退格网高，特别是在地面高低变化不均匀的场地上进行场地平整时，不宜采用退格网。

(2) 零线位置的标定 在场地平整施工中，有时需要将挖、填的分界线测定于地上，并撒出白灰线，作为施工时掌握挖与填的标志线。这条挖与填的标志线在场地平整测量中叫做零线。

1) 零点的计算。在高低不平的地面上进行场地平整，总有一个不挖不填的高度，在已算出各方格网点的施工高度后，如一点为挖方，另一相邻点为填方，则在这两点之间，必然存在一个不挖不填的点，这个不挖不填的点在场地平整测量中就叫做零点。求出零点的位置后，把相邻零点连接起来，就得到了零线。

零点位置的计算公式为

$$x_1 = \frac{ah_1}{h_1+h_2} \tag{8-10}$$

式中 a——小方格边长；

h_1、h_2——相邻两方格点的施工高度，其符号相反，均用绝对值代入计算；

x_1——零点与施工高度为 h_1 的方格点间的距离。

2) 零线的连成。零点的位置全部计算出来后，即可在平整现场相应的网点上通过用量距的方法把零点标定出来。然后沿相邻零点的连结线撒白灰线，就标定出了以白灰线为准的零线位置。

2. 土石方量的测算方法

土石方量的计算是建筑工程施工中工程量的计算、编制施工组织设计和合理安排施工现场的一项重要依据。若土方的自然形状比较规则，则可按相应的几何形状的体积计算公式来计算土方量。若土方的自然形状不规则，则可以根据前面讲到的地形图应用中的土方量计算的几种方法进行计算。

细节：建筑物的定位放线

1. 测设前的准备工作

首先是熟悉图纸，了解设计意图。设计图纸是施工测量的主要依据。与测设有关的图纸主要有：建筑总平面图、建筑平面图、立面图、剖面图、基础平面图和基础详图。设计总平面图是施工放线的总体依据，建筑物都是根据总平面图上所给的尺寸关系进行定位的。建筑平面图给出了建筑物各轴线的间距。立面图和剖面图给出了基础、室内外地坪、门窗、楼板、屋架、屋面等处设计标高。基础平面图和基础详图给出基础轴线、基础宽度和标高的尺寸关系。在测设工作之前，需了解施工的建筑物与相邻建筑物的相互关系，以及建筑物的尺寸和施工的要求等。对各设计图纸的有关尺寸及测设数据应仔细核对，必要时要将图纸上主要尺寸摘抄于施测记录本上，以便随时查找使用。

其次要现场踏勘，全面了解现场情况，检测所给原有测量控制点。平整和清理施工现场，以便进行测设工作。

然后按照施工进度计划要求，制定测设计划，包括测设方法、测设数据计算和绘制测设草图。

在测量过程中，还必须清楚测量的技术要求，因此，测量人员对施工规范和工程测量规范的相关要求应进行学习和掌握。

2. 建筑物的定位

建筑物的定位是根据设计条件，将建筑物外廓的各轴线交点（简称角点）测设到地面上，作为基础放线和细部放线的依据。由于设计条件不同，定位方法主要有下述三种：

（1）根据与原有建筑物的关系定位　在建筑区内新建或扩建建筑物时，一般设计图上都给出新建筑物与附近原有建筑物或道路中心线的相互关系，如下列几种图形情况。图 8-16 中绘有斜线的是原有建筑物，没有斜线的是拟建建筑物。

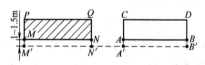

图 8-16　建筑物的延长直线法定位

如图 8-16 所示，拟建的建筑物轴线 AB 在原有建筑物轴线 MN 的延长线上，可用延长直线法定位。为了能够准确地测设 AB，应先作 MN 的平行线 M'N'。作法是沿原建筑物 PM 与 QN 墙面向外量出 MM' 及 NN'，并使 MM' = NN'，在地面上定出 M' 和 N' 两点作为建筑基线。再安置经纬仪于 M'点，照准 N'点，然后沿视线方向，根据图纸上所给的 NA 和 AB 尺寸，从 N'点用量距方法依次定出 A'、B'两点。再安置经纬仪于 A'点和 B'点测设 90°而定出 AC 和 BD。

如图 8-17 所示，可用直角坐标法定位。先按上法作 MN 的平行线 M'N'，然后安置经纬仪于 N'点，作 M'N'的延长线，量取 ON'距离，定出 O 点，再将经纬仪安置于 O 点上测设 90°角，丈量 OA 值定出 A 点，继续丈量 AB 而定出 B 点。最后在 A 点和 B 点安置经纬仪测设 90°，根据建筑物的宽度而定出 C 点和 D 点。

如图 8-18 所示，拟建建筑物 ABCD 与道路中心线平行，根据图示条件，主轴线的测设仍可用直角坐标法。测法是先用拉尺分中法找出道路中心线，然后用经纬仪作垂线，定出拟建建筑物的轴线。

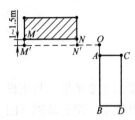
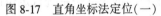

图 8-17　直角坐标法定位(一)

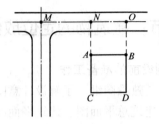

图 8-18　直角坐标法定位(二)

（2）根据建筑方格网定位　在建筑场地已设有建筑方格网，可根据建筑物和附近方格网点的坐标，用直角坐标法测设。如图 8-19 所示，由 A、B 点的设计坐标值可算出建筑物的长度和宽度。测设建筑物定位点 A、B、C、D 时，先把经纬仪安置在方格点 M 上，照准 N 点，沿视线方向自 M 点用钢卷尺量取 A 与 M 点的横坐标差得 A' 点，再由 A' 点沿视线方向量建筑物的长度得 B' 点，然后安置经纬仪于 A' 点，照准 N 点，向左测设 90°，并在视线上量取 AA' 得 A 点，再由 A 点继续量取建筑物的宽度得 D 点。安置经纬仪于 B' 点，同法定出 B、C 点。为了校核，应再测量 AB、CD 及 BC、AD 的长度，看其是否等于建筑物的设计长度和宽度。

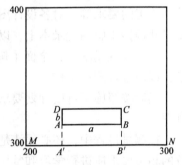

图 8-19　建筑方格网定位

（3）根据控制点的坐标定位　在场地附近如果有测量控制点可以利用，也可以根据控制点及建筑物定位点的设计坐标，反算出交会角度或距离后，因地制宜采用极坐标法或角度交会法将建筑物的主要轴线测设到地面上。

3. 建筑物的放线

建筑物放线是指根据定位的主轴线桩(即角桩)，详细测设其他各轴线交点的位置，并用木桩(桩顶钉小钉)标定出来，称为中心桩，并据此按基础宽和放坡宽用白灰线撒出基槽边界线。

由于在施工开挖基槽时中心桩要被挖掉，因此，在基槽外各轴线延长线的两端应钉轴线控制桩(也叫保险桩或引桩)，作为开槽后各阶段施工中恢复轴线的依据。控制桩一般钉在槽边外 2~4m 不受施工干扰并便于引测和保存桩位的地方，如附近有建筑物，亦可把轴线投测到建筑物上，用红油漆作出标志，以代替控制桩。

（1）龙门桩的测设　在一般民用建筑中，为了便于施工，常在基槽开挖之前将各轴线引测至槽外的水平木板上，以作为挖槽后各阶段施工恢复轴线的依据。水平木板称为龙门板，固定龙门板的木桩称为龙门桩，如图 8-20 所示。设置龙门板的步骤如下：

1）在建筑物四角和中间隔墙的两端基槽外 1.5~2m 处(可根据槽深和土质而定)设置龙门桩。桩要竖直、牢固，桩的侧面应与基槽平行。

2）根据附近水准点，用水准仪在每个龙门桩外侧测设出该建筑物室内地坪设计高程线即±0 标高线，并作出标志。在地形条件受到限制时，可测设比±0 高或低整分米数的标高

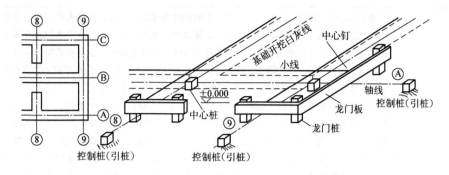

图 8-20 龙门桩的设置

线，但同一个建筑物最好只选用一个标高。如地形起伏较大需用两个标高时，必须标注清楚，以免使用时发生错误。

3）沿龙门桩上±0 标高线钉设龙门板，这样龙门板顶面的高程就同在±0 的水平面上。然后用水准仪校核龙门板的高程，如有差错则应及时纠正。

4）把经纬仪安置于中心桩上，将各轴线引测到龙门板顶面上，并钉小钉作为标志（称为中心钉）。如果建筑物较小，也可用垂球对准定位桩中心，在轴线两端龙门板间拉一小线绳，使其贴靠垂球线，用这种方法将轴线延长标在龙门板上。

5）用钢直尺沿龙门板顶面，检查中心钉的间距，其误差不超过 1/20000。检查合格后，以中心钉为准，将墙宽、基础宽标在龙门板上。最后根据基槽上口宽度拉线，用石灰撒出开挖边线。

龙门板使用方便，它可以控制±0 以下各层标高和基槽宽、基础宽、墙身宽。但它需要木材较多，且占用施工场地影响交通，对机械化施工不适应。这时候可以用轴线控制桩的方法来代替。

（2）轴线控制桩的测设 轴线控制桩的方法实质上就是厂房控制网的方法。在建筑物定位时，不是直接测设建筑物外廓的各主轴线点，而是在基槽外 1～2m 处（视槽的深度而定），测设一个与建筑物各轴线平行的矩形网。在矩形网边上测设出各轴线与之相交的交点桩，称为轴线控制桩或引桩。利用这些轴线控制桩，作为在实地上定出基槽上口宽、基础边线、墙边线等的依据。

一般建筑物放线时，±0.000 标高测设误差不得大于±3mm，轴线间距校核的距离相对误差不得大于 1/3000。

细节：一般基础工程施工测量

基础是建筑物的地下入土部分，它的作用是将建筑物的总荷载传给地基。不同基础的埋置深度是设计部门依据多种因素而确定的，因此，基槽开挖的深度必须满足基础埋置深度的要求。另外，为了保证基础的设计宽度得以满足，还必须在基础垫层上弹出基础边界线。当基础施工结束后，还要检查基础面是否水平，其标高是否满足设计要求。与此同时，还要检查基础面四角是否是直角等。这些都是基础工程施工中必须进行的测量工作。

基槽开挖深度的控制	当基槽挖到一定的深度时，如果有一个明确的高程标志来告诉开挖人员，再往下挖多少就是槽底的设计标高；那基槽开挖工作就一定能又快又准地完成。这个"明确的高程标志"是完全可以做出来的，而且做法也很简单。就是当基槽开挖到接近槽底设计标高时，用水准仪在槽壁上每隔 2~3m 测设一个比槽底设计标高高出 0.500m(或某一整数)的水平桩，并沿水平桩在槽壁上弹一条标记线(比如墨线)，依此控制挖槽深度和打基础垫层高度 水平桩一般根据施工现场已测设的±0 标志或龙门板顶高程，用水准仪按高程测设的方法测设的。如图 8-21 所示，设槽底设计标高为-1.70m，欲测设比槽底设计标高高 0.500m 的水平桩，首先在地面适当地方安置水准仪，立水准尺于龙门板顶面上，读取后视读数为0.774m，求得测设水平桩的应读前视读数为 0.774m+1.700m-0.500m = 1.974m。然后立尺于槽内一侧并上下移动，直至水准仪视线读数为1.974m 时，即可沿尺子底面在槽壁上打一小木桩，即为要测设之水平桩 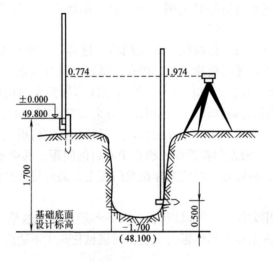 图 8-21　水平桩的测设
在垫层上弹线	根据控制桩或龙门板上的中心钉等标志，在垫层上用墨线弹出轴线、墙边线和基础边线(俗称撂底)。因为这是基础施工的基准线，所以墨线弹后要进行严格的复核检查
基础砌筑时的标高控制	砌筑基础时，一般用皮数杆作为标高控制。立基础皮数杆时，可先在立杆处打一木桩，用水准仪在木桩侧面抄出一条高于垫层某一数值(如 10cm)的水平线。然后将皮数杆上相同的一条标高线对准木桩上的水平线，并用钉子把皮数杆竖直钉牢，作为砌筑时的标高依据。当基础墙砌到±0.000 标高下一层砖时，应用水准仪测设防潮层标高，其误差不应大于±5mm 基础施工结束后，要检查各轴线交点上的基础面的标高是否符合设计要求。一般建筑物的基础面标高允许误差为±10mm
基础面直角的检查	在施工结束后的基础面上，恢复出轴线后，应检查基础面上的 4 个角点上的角度是否等于90°。尤其是未测设控制桩的基础施工，更应进行这项检查 除角度检查外，还要对各轴线点之间的距离进行检查，然后才能进行墙体的施工

细节：桩基础的施工测量

采用桩基础的建筑物多数是高层建筑，它的一般特点是：基坑较深；位于市区，施工场地不宽敞；多数情况下，建筑物是根据红线或其他地物来定位；整幢建筑物可能会有几条不平行的轴线。

桩的定位精度要求较高，根据建筑物主轴线测设桩基和板桩轴线位置的允许偏差为20mm，对于单排桩则为10mm。沿轴线测设桩位时，纵向（沿轴线方向）偏差不宜大于3cm，横向偏差不宜大于2cm。位于群桩外周边上的桩，测设偏差不得大于桩径或桩边长（方形桩）的1/10；群桩中间的桩则不得大于桩径或桩边长的1/5。

桩基施工前，应测设厂房控制网，控制网点及轴线控制桩，应设置在基坑施工范围以外，距基坑边缘的距离不应小于坑深的1.5倍。基坑挖好后，当从轴线控制桩上直接向坑底投设轴线有困难时，则可沿轴方向在坑边精确地测设临时性的副控制桩，用它在坑底恢复各轴线位置。这些副控制桩在使用期间应做定期检测。

项　目	内　容
桩的定位	桩位测设工作，必须在对恢复后的各轴线核查无误后进行。桩的排列随建筑物形状和基础结构的不同而异。最简单的是排列成格网形状，此时只要根据轴线精确地测设出格网的4个角点进行加密即可。有的基础则是由若干个承台和基础梁连接而成。如图8-22所示为某建筑基础的一角。承台下面是群桩；基础梁下面有的是单排桩，有的是双排桩。承台下群桩的排列，有时也会有不同。测设时一般是按照"先整体、后局部，先外廓、后内部"的顺序进行。测设方法通常是根据轴线，用直角坐标法测设不在轴线上的点。为了测设工作的方便，可以预制一些直角尺（边长不小于1m），供测设使用 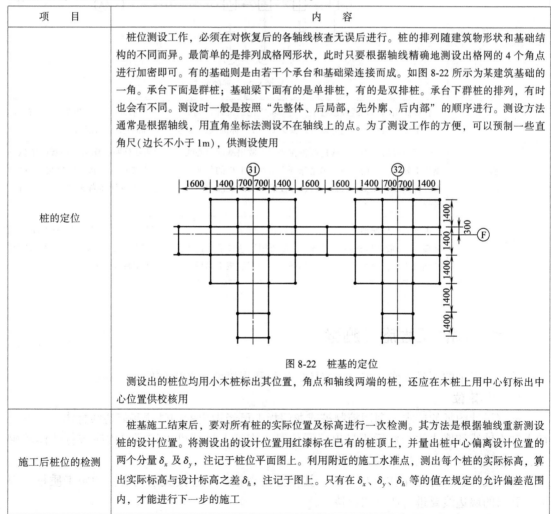 图8-22　桩基的定位 测设出的桩位均用小木桩标出其位置，角点和轴线两端的桩，还应在木桩上用中心钉标出中心位置供校核用
施工后桩位的检测	桩基施工结束后，要对所有桩的实际位置及标高进行一次检测。其方法是根据轴线重新测设桩的设计位置。将测设出的设计位置用红漆标在已有的桩顶上，并量出桩中心偏离设计位置的两个分量 δ_x 及 δ_y，注记于桩位平面图上。利用附近的施工水准点，测出每个桩的实际标高，算出实际标高与设计标高之差 δ_h，注记于图上。只有在 δ_x、δ_y、δ_h 等的值在规定的允许偏差范围内，才能进行下一步的施工

细节：混凝土杯形基础施工测量

项　　目	内　　　　容
基础定位	利用厂房控制网的指标桩，用内分点方法测设出基础的轴线控制桩（基础中心线与厂房控制网边的交点），并用小钉标出点位。然后用方向线交会法在地面上定出基础中心的位置，如图8-23所示。按基础尺寸用灰线标出开挖范围即可开挖 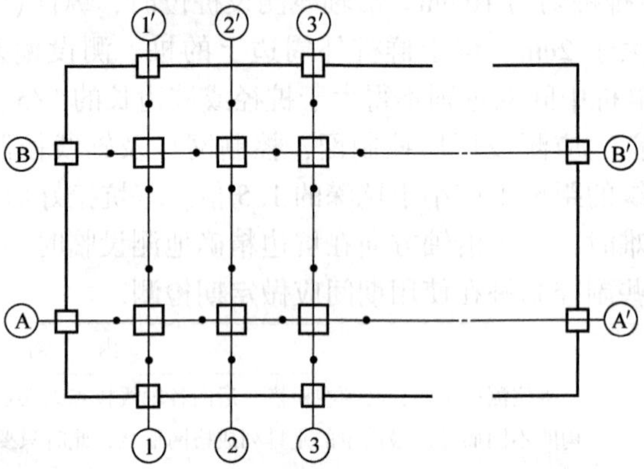 图 8-23　基础的定位
基坑抄平	将标高引测到轴线控制桩上，当基坑快挖到设计标高时，利用小木桩及弹墨线的方法，在基坑壁上测设出一条距基底设计标高为 0.5m 的标高线，作为挖基坑和打垫层的依据
支立模板时的测量工作	垫层打好后，根据轴线控制桩在垫层上放出基础中心线，并弹墨线标明，作为支模板的依据。模板支好后，应用拉线、吊垂球等方法检查上口的位置。然后用水准仪在模板内壁定出基础面设计标高线。在支杯底模板时，应注意使实际浇灌出的杯底面略低于设计标高 3～5cm，以便以后修平
杯口竣工后的测量工作	拆模后，根据轴线控制桩，在杯口顶面标出柱中心线，并在杯的内壁测设出一条-0.600m 的标高线（一般杯口标高为-0.500m，故可用钢卷尺沿顶向下量 10cm 即可），供修平杯底用。杯形基础竣工后，应实测每个杯底标高，然后编制竣工测量成果表，供安装柱子使用

细节：墙体工程施工测量

墙体施工中的测量工作，主要是墙体的定位和提供墙体各部位的高程标志。

1. 墙体定位

根据设计图纸的要求，利用控制桩或龙门板上已经做出的中轴线和墙边线标志，在基础面上弹出轴线和墙边线，然后再量出门洞位置。施工人员就可以按照墙边线进行墙体的砌筑，中轴线则作为向上投测轴线的依据。

墙边线是整个房屋主体的尺寸线，其位置是否正确，直接关系到房屋的施工质量。因此，弹出的墙边线要进行严格的校核。

当墙砌到窗台面高度时，要在外墙面上，根据轴线量出窗的位置，以便砌墙时预留窗洞。

2. 墙体各部位标高的控制

在墙边线弹出后，在内墙的转角处树立皮数杆，如图 8-24 所示。皮数杆是用来表明在一定高度内应砌砖的行数（皮数）和砖缝厚度的专用木杆。在制作皮数杆时，若墙体上各构件的标高可以稍有变动，则按标准缝厚把砖的行数画成整皮数。否则就要调节灰缝厚度，使规定高度内成整皮数。砖缝的厚度可按式（8-11）计算

$$h_{缝} = \frac{H - nh_{砖}}{n}$$ (8-11)

式中 $h_{缝}$——砖缝的厚度；

$\quad\quad H$——墙体上某一高度；

$\quad\quad n$——砖的皮数；

$\quad\quad h_{砖}$——砖的厚度。

计算时，可先根据 H 大致估计一个 n 值进行计算，然后再作调节，最后得出 $h_{缝}$ 的值。按砌体施工规范规定，砖缝厚度应在 0.8~1.2cm 之间。

立皮数杆时，先在地面打一木桩，用水准仪在桩的一侧测出±0.000 的位置，划出横线，然后把皮数杆上的±0.000 线与之对齐，并将皮数杆固定即可。

每层的墙体砌到窗台时，要在内墙面上、高出室内地坪 0.5m 处，用水准仪测设一条标高线，并用墨线在墙面上弹出。在安装楼板时，可用作检查墙面的标高，并可作为室内装修等工作的标高依据。

墙的垂直度是用托线板（图 8-25）来进行校正的。把托线板紧靠墙面，如果垂球线与板上的墨线不重合，就要对砌砖的位置进行校正。

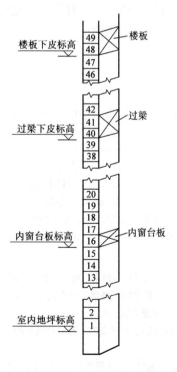

图 8-24 皮数杆

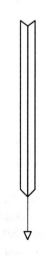

图 8-25 托线板

在楼板安装好后，将底层的墙体轴线引测到楼面上，并定出墙边线。在砌墙开始前，要重新立皮数杆，立杆处要进行"抄平"，使皮数杆底的标高与相应的标高一致。

3. 轴线和标高的传递

（1）轴线的传递　将底层的各轴线传递到楼面上去的方法有两种。当建筑物层数不多时，可用垂球来传递。从上一层楼面悬挂垂球，使垂球尖对准基础面上的轴线标志。当垂球稳定后，根据垂球线，在楼面边缘做出标记即可。同样，这种方法也可用作检查墙角线是否竖直。另一种方法是用经纬仪，按正、倒镜法，将基础面上的轴线传递到任一层楼面上去。

轴线的传递可以逐个进行，当轴线较多时，也可以将主要轴线传递到楼面上后，再用它来确定其他轴线。无论按哪种方法，对传递到楼面上的轴线，都要进行严格的校核。

对于框架结构的建筑物，也可以在支柱子模板时严格校核其中心位置和垂直度。拆模后，用经纬仪在桩面上投点并弹出其轴线即可。

（2）高程的传递　一般建筑物可以用皮数杆来传递标高。对于标高传递精度要求较高的建筑物，可用钢直尺直接丈量来传递高度。一般是在底层墙身砌筑到 1.5m 高后，用水准仪在内墙面上测设一条高出室内地坪线 +0.500m 的水平线。作为该层地面施工及室内装修时的标高控制线。对于两层以上各层，同样在墙身砌到 1.5m 以后，一般从楼梯间用钢直尺从下层的 +0.5m 标高线向上量取一段等于该层层高的距离，并作标志。然后，再用水准仪测设出上一层的 "+0.5m" 标高线。这样用钢直尺逐层向上引测。

另外，根据具体情况也可采用悬挂钢直尺代替水准尺，用水准仪读数，从下向上传递高程。由地面上已知高程点向建筑物楼面传递高程，先从楼面向下悬挂一支钢直尺，钢直尺下端悬一重锤。在观测时为了使钢直尺比较稳定，可将重锤浸于一盛满水的容器中。然后在地面及楼面各置一台水准仪，按水准测量方法同时读取钢直尺上的读数，计算截取的钢直尺的长度，以此作为这一段的高差，则不难由地面高程计算楼顶面的高程。

细节：高层建筑基础施工测量

在高层建筑中，多采用箱形基础。箱形基础挖深较大，有时深达 20m，施工测量要注意以下几项工作。

注意事项	注意内容
施工控制点的保存	由于施工场地狭窄，建筑设备、材料、作业区布置紧凑，基础施工过程中降水、土的侧压力等因素造成地表沉降、基坑壁水平位移等因素，对点位要采取较好的保存措施，施工场地内的点应围砌墩爆，将这些点位的后视方向投测到施工范围外的建筑物上，也可瞄准远处一些地物，记录各方向读数以备作为后视检核控制点是否发生位移，并应尽可能将坐标或轴线方向与高程引测至施工范围外作备用点位保存
基坑的标定	根据建筑物的大小、几何图形的繁简程度、施工场地条件等因素，可考虑如下方案 1）按设计要素计算出各基坑轮廓点的施工坐标，根据施工场地上已有的导线点、建筑方格（基线）点，以极坐标法测设这些基坑轮廓点以确定开挖范围 2）根据建筑红线、现有建筑物、建筑方格网（基线）、导线点等，测设建筑物的主轴线，再根据主轴线控制点测设基坑开挖范围 3）在施工场地上已进行了建筑物定位，根据施工场地上建筑物角桩或其轴线控制桩测设基坑开挖范围

（续）

注 意 事 项	注 意 内 容
基坑支护工程的监测	通常情况下，由于施工场地狭窄，不可能采用放坡开挖施工，为保证土壁的稳定，深基坑一般需要采用挡土支护措施。为此需要对基坑支护结构的变形以及基坑施工对周围建筑物的影响进行现场监测，以便为基坑施工以及周围环境保护问题做出合理的技术决策和为现场的应变决定提供有效的依据。基坑支护工程的沉降监测和水平位移监测方法和一般建筑物的变形监测原理相同，具体方法见本书第十二章建筑物的变形观测。结合到建筑施工工地的特点，对支护工程的平面位移多采用视准线法。这种方法方便易行，但在狭窄的施工现场布设四条基线通常比较困难。对有全站仪的单位，可以采用全站仪监测法 　　在观测中应注意以下事项： 　　1）基准点应选在与所有观测点通视的地方，最好做成强制对中式的观测墩，这样可消除对中误差，同时提高工作效率，而且在繁杂的工地上也易于得到保护 　　2）基准方向至少选两个，每次观测时可以检查基准线间夹角，以便间接检查基准点的稳定性 　　3）观测点应设置在支护的柱或圈梁上，应当稳固且尽可能明显，以提高成果质量 　　4）监测成果应及时反馈给有关各方，及时解决施工中出现的问题
基坑的高程测设	高程控制测量，既可采用悬吊钢直尺的方法将高程传递到基坑中，也可利用土方施工中的工作面，以水准测量方法传递高程。在坑底设置多个临时水准点，并应通过检核使其精度符合要求，供基坑中垫层、模板支护、基础浇筑等各项施工的高程测设之用
基础轴线的测设	在基础垫层上，根据基坑周围的导线点、建筑方格（基线）点或建筑物主轴线控制桩，在基坑底进行建筑物定位，并测设各轴线，检查各项均应符合精度要求 　　某些建筑物采用箱基和桩基联合的基础形式。在测设基础各轴线后，根据桩位平面图测设桩位

细节：高层建筑主体结构施工测量

　　高层建筑物多采用框架或框—剪结构形式和整体现浇施工。其每层内施工测量方法与砌体结构大致相同，下面介绍轴线投测方法以及滑模施工中的测量工作。

1. 轴线投测

　　（1）吊锤线法　对于高层建筑，可用质量为 $10\sim20kg$ 的特制重锤，用直径 $0.5\sim0.8mm$ 钢丝悬吊，在 ±0.000 首层地面上以靠近高层建筑物主体结构四周的轴线点为准，逐层向上悬吊引测轴线并控制建筑物的竖向偏差。在用此方法时，要采取一些必要措施，如用铅直的塑料管套在垂线上，以防风吹，并采用专用观测设备，以保证精度。

　　（2）经纬仪投测法　和一般建筑物墙体工程施工中经纬仪投测轴线的方法相同，但当建筑物楼层增至相当高度时，经纬仪向上投测的仰角增大，投点精度会随着仰角的增大而降低，且观测操作也不方便。因此，必须将主轴线控制点引测到远处的稳固地点或附近大楼的屋面上，以减小仰角。为保证投测质量，使用的经纬仪必须经过严格的检验校正，尤其是照准部水准管轴应严格垂直于仪器竖轴，安置仪器时必须使照准部水准管严格居中。应选无风时投测，并给仪器打伞。这种方法要求有宽阔的施测场地，对于非常狭窄的施工场地不宜应用。

　　（3）激光铅垂仪投测轴线　如图 8-26a 所示，首先根据梁、柱的结构尺寸，在互相垂直的主轴线上分别选定距轴线 $0.5\sim1.0m$ 的投测点。为提高投测精度，各点可设成强制对中式

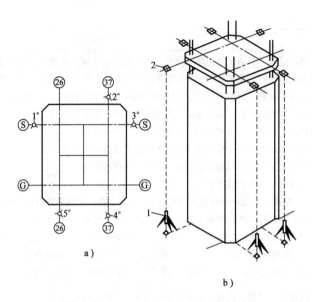

图 8-26 激光铅垂仪投测轴线

a) 选定投测点　b) 在选点上安置激光铅垂仪

的观测墩。在各点上分别安置激光铅垂仪(或装配弯管目镜的激光经纬仪、普通经纬仪),如图 8-26b 所示。根据观测站位置,在每层楼面相应位置都应预留孔洞,供铅垂仪照准及安放接收屏之用。根据激光束读取激光靶的读数,并转动照准部,以对称的 3~4 个方向的中心为投测结果。

2. 高程传递

在墙体工程施工中,对高程的传递方法已做介绍。高层建筑的施工测量仍然可以使用上述的方法。但一定要注意应多设几个传递点,以利校核。

3. 滑模施工中的测量工作

滑模施工就是在现浇混凝土结构施工中,一次装设 1m 多高的模板,浇筑一定高度的混凝土,通过一套提升设备将模板不断向上提,在模板内不断绑扎钢筋和浇筑混凝土,随着模板的不断向上滑升,逐步完成建筑物的混凝土浇筑工作。在施工过程中所做的测量工作主要有铅直度和水平度的观测及标高测设。

(1) 铅直度观测　滑模施工的质量关键是保证铅直度。可采用前面介绍的吊锤球、经纬仪投测法,但应尽量采用激光铅垂仪投测方法。

(2) 标高测设　首先在墙体上测设 +1m 的标高线,然后用钢直尺从标高线沿墙体向上测量,最后将标高测设在支承杆上。为了减少逐层读数误差的影响,可采用数层累计读数的测法,如三层读一次尺。

(3) 水平度观测　在滑升过程中,若施工平台发生倾斜,则滑出来的结构就会发生偏扭,将直接影响建筑物的垂直度,所以施工平台的水平度观测是十分重要的。在每层停滑间歇,用水准仪在支承杆上独立进行两次抄平,互为检核,标注红三角标记,再利用红三角标记在支承杆上每隔 0.2m 弹设一分划线,以控制各支承点滑升的同步性,从而保证施工平台的水平度。

细节：特殊结构形式建筑的施工放样

1. 三角形建筑物的施工放样

三角形建筑也可叫作点式建筑。三角形的平面形式在高层建筑中最为多见。有的建筑平面直接为正三角形，有的在正三角形的基础上又有变化，从而使平面形式多种多样。而正三角形建筑物的施工放样其实并不复杂。首先应将建筑物的中心轴线或某一边的轴线位置确定，然后放出建筑物的全部尺寸线。

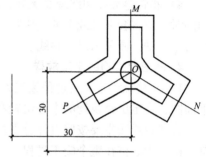

图 8-27 三角形建筑物的施工放样

如图 8-27 所示，为某大楼平面呈三角形点式形状。此建筑物有三条主要轴线，三轴线交点距两边规划红线都是 30m，其施工放样步骤如下。

1）按照总设计平面图给定的数据，从两边规划红线分别量取 30m，得此点式建筑的中心点。

2）测定出建筑物北端中心轴线 OM 的方向，并将中点位置 $M(OM=15\text{m})$ 确定。

3）将经纬仪架设于 O 点，先瞄准 M 点，把经纬仪以顺时针方向转动 120°，定出房屋东南方向的中心轴线 ON，并量取 $ON=15\text{m}$，定出 N 点。再把经纬仪以顺时针方向转动 120°，同样方法定出西南中心点 P。

4）由于房屋的其他尺寸都是直线的关系，根据平面图所给的尺寸，测设出整个楼房的全部轴线和边线位置，并且定出轴线桩。

2. 双曲线形建筑物的施工放样

1）依据总平面图，测设出双曲线平面图形的中心位置点及主轴线方向。

2）在 x 轴方向上，以中心点为对称点，向上、向下分别取相应数值得到相应点。

3）将经纬仪分别架设于各点，作 90° 垂直线，定出相应的各弧分点，最后连接各点，即可得到符合设计要求的双曲线平面图形。

4）确定各弧分点后，在相应位置设置龙门桩（板）。

另外，对于双曲线来讲，也可以用直接拉线法来放线。由于双曲线上任意一点到两个焦点的距离之差为一常数。所以，在放样时先要找到两个焦点，然后做两根线绳，一条长一条短，相差为曲线焦点的距离，两线绳端点分别固定于两个焦点上，作图即可。

3. 抛物线形建筑物的施工放样

如图 8-28 所示，由于采用坐标系不同，曲线的方程式也不同。在建筑工程测量中的坐标系和数学中的坐标系也有所不同，即 X 轴与 Y 轴正好相反，因此应注意。建筑工程中用于拱形屋顶大多采用抛物线形式。

用拉线法放抛物线的方法如下：

1）用墨斗弹出 X、Y 轴，在 X 轴上定出已知焦点 O

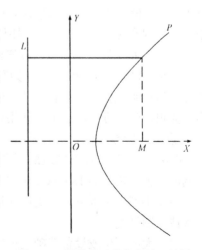

图 8-28 抛物线建筑物的施工放样

和顶点 M、准线 d 的位置，并要在 M 点钉铁钉作为标志。

2）作准线：用曲尺经过准线点作 x 轴的垂线 d，将一根光滑的细铁丝拉紧并重合于准线，两端钉上钉子固定。

3）将等长的两条线绳松松地搓成一股，一端固定于 M 点的钉子上，另一端用活套环套在准线铁丝上，使线绳能沿准线滑动。

4）将铅笔夹在两线绳交叉处，由顶点开始往后拖，使搓的线绳逐渐展开，在移动铅笔的同时，应将套在准线上的线头徐徐向 y 方向移动，并用曲尺掌握方向，使这股绳一直保持平行于 x 轴，便可画出抛物线。

4. 圆形建筑物的施工放样

1）直接拉线法。 这种施工方法较为简单，适用于圆弧半径较小的情况。依据设计总平面图，先定出建筑物的中心位置和主轴线，再根据设计数据，就可进行施工放样操作。

直接拉线法主要按照设计总平面图，实地测设出圆的中心位置，并设置较为稳定的中心桩。由于中心桩在整个施工过程中要经常使用，因此桩要设置牢固并应妥善保护。同时，为防止中心桩发生碰撞移位或因挖土被挖出，四周应设置辅助桩，以便对中心桩加以复核或重新设置，保证中心桩位置正确。使用木桩时，木桩中心处钉一小钉；使用水泥桩时，在水泥桩中心处应埋设钢筋。把钢尺的零点对准圆心处中心桩上的小钉或钢筋，按照设计半径，画圆弧即可测设出圆曲线。

2）坐标计算法。 坐标计算法是用于当圆弧形建筑平面的半径尺寸很大，圆心已远远超出建筑物平面以外，无法通过直接拉线法时所采用的一种施工放样方法。

坐标计算法一般是先根据设计平面图所给条件建立直角坐标系，进行一系列计算，并将计算结果列成表格后，根据表格再进行现场施工放样。所以，该法的实际现场的施工放样工作较为简单，而且能获得较高的施工精度。

细节：工业厂房控制网的测设

厂房的定位应该是根据现场建筑方格网进行的。由于厂房多为排柱式建筑，跨距和间距较大，但是隔墙少，平面布置比较简单，所以厂房施工中多采用由柱轴线控制桩组成的厂房矩形方格网作为厂房的基本控制网，这个厂房控制网是在建筑方格网下测设出来的。在图8-29 中Ⅰ、Ⅱ、Ⅲ、Ⅳ为建筑方格网点，a、b、c、d 为厂房最外边的四条轴线的交点，其设计坐标为已知。A、B、C、D 为布置在基坑开挖范围以外的厂房矩形控制网的四个角点，称为厂房控制桩。厂房控制桩的坐标可根据厂房外轮廓轴线交点的坐标和设计间距 l_1、l_2 求出。先根据建筑方格网点Ⅰ、Ⅱ用直角坐标法精确测设 A、B 两点，然后由 A、B 测设 C 点和 D 点，最后校核 $\angle DCA$、$\angle BDC$ 及 CD 边长，对一般厂房来说，误差不应超过 $\pm 10''$ 和 $1/10000$。为了便于柱列轴线的测设，需在测设和检查距离的过程中，由控制点起沿矩形控制网的边上，按每隔18m 或24m 设置一桩，称为距离指示桩。

对于小型厂房也可采用民用建筑的测设方法直接测设厂房四个角点，再将轴线投测到龙门板或控制桩上。

对于大型厂房或设备基础复杂的厂房，则应先精确测设厂房控制网的主轴线，如图8-30中的 MON 和 POQ，再根据主轴线测设厂房控制网 $ABCD$。

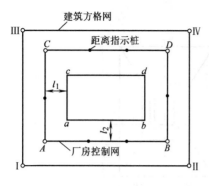

图 8-29　厂房控制网的测设

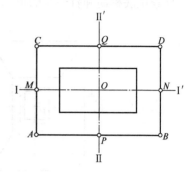

图 8-30　主轴线的测设

细节：工业厂房柱列轴线的测设与柱列基础放线

1. 柱列轴线的测设

根据厂房柱列平面图（图 8-31）上设计的柱间距和柱跨距的尺寸，使用距离指示桩，用钢直尺沿厂房控制网的边逐段测设距离，以定出各轴线控制桩，并在桩顶钉小钉以示点位。相应控制桩的连线即为柱列轴线（又称定位轴线），并应注意变形缝等处特殊轴线的尺寸变化，按照正确尺寸进行测设。

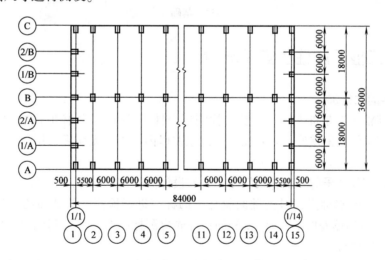

图 8-31　柱列轴线的测设

2. 柱基的测设

用两架经纬仪分别安置在纵、横轴线控制桩上，交会出柱基定位点（即定位轴线的交点）。再根据定位点和定位轴线，按基础详图（图 8-32）上的尺寸和基坑放坡宽度，放出开挖边线，并撒上白灰标明。同时在基坑外的轴线上，离开挖边线约 2m 处，各打入一个基坑定位小木桩，桩顶钉小钉作为修坑和立模的依据。

由于定位轴线不一定是基础中心线，故在测设外墙、变形缝等处柱基时，应特别注意。

3. 基坑的高程测设

当基坑挖到一定深度时，再用水准仪在基坑四壁距坑底设计标高 0.3～0.5m 处设置水平桩，作为检查坑底标高和打垫层的依据。

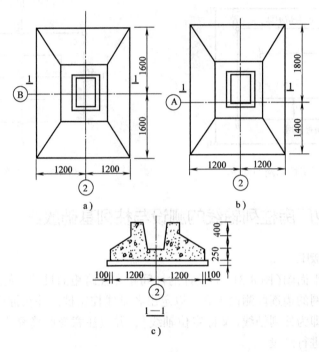

图 8-32　基础详图

细节：工业厂房柱子安装测量

1. 安装前的准备工作

1）在基础轴线控制桩上置经纬仪，检测每个柱子基础（一种杯形构筑物，如图 8-33 所示）中心线偏离轴线的偏差值，是否在规定的限差以内。检查无误后，用墨线将纵、横轴线标在基础面上。

2）检查各相邻柱子的基础轴线间距，其与设计值的偏差不得大于规定的限差。

3）利用附近的水准点，对基础面及杯底的标高进行检测。基础面的设计标高一般为 −0.5m，检测所得的偏差值不得超过 ±3mm；杯底检测标高的限差与基础面相同。超过限差的，要对基础进行修整。

4）在每根柱子的两个相邻侧面上，用墨线弹出柱中线，并根据牛腿面的设计标高，自牛腿面向下精确地量出 ±0.000 及 −0.600 标志线，如图 8-34 所示。

2. 柱子安装测量

安装柱子的要求如下：

1）位置准确。柱中线对轴线位移不得大于 5mm。

2）柱身竖直。柱顶对柱底的垂直度偏差，当柱高 $H \leqslant 5m$ 时，不得大于 5mm；$5m < H \leqslant 10m$ 时，不得大于 10mm；$H > 10m$ 时，不得大于 $H/1000$，但不超过 25mm。

3）牛腿面在设计的高度上。其允许偏差为 −5mm。

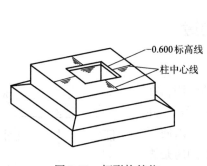

图 8-33 杯形构筑物

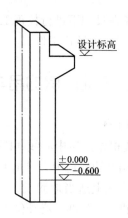

图 8-34 画出标志线

在安装时，柱中线与基础面已弹出的纵、横轴线应重合，并使-0.600 的标志线与杯口顶面对齐后将其固定。

测定柱子的垂直偏差量时，在纵、横轴线方向上的经纬仪，分别将柱顶中心线投点至柱底。根据纵、横两个方向的投点偏差计算偏差量和垂直度。

3. 柱子的校正

（1）柱子的水平位置校正　柱子吊入杯口后，使柱子中心线对准杯口定位线，并用木楔或钢楔作临时固定，如果发现错动，可用敲打楔块的方法进行校正，为了便于校正时使柱脚移动，事先在杯中放入少量粗砂。

（2）柱子的铅直校正　如图 8-35 所示，将两架经纬仪分别安置在纵、横轴线附近，离柱子的距离约为 1.5 倍柱高。先瞄准柱脚中线标志符号，固定照准部并逐渐抬高望远镜，若是柱子上部的中线标志符号在视线上，则说明柱子在这一方向上是竖直的。否则，应进行校正。校正的方法有敲打楔块法、变换撑杆长度法以及千斤顶斜顶法等。根据具体情况采用适当的校正方法，使柱子在两个方向上都满足铅直度要求为止。

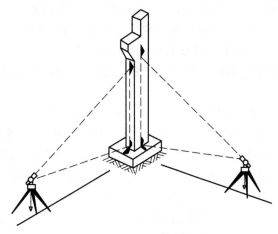

图 8-35 柱子的铅直校正

在实际工作中，常把成排柱子都竖起来，这时可把经纬仪安置在柱列轴线的一侧，使得安置一次仪器能校正数根柱子。为了提高校正的精度，视线与轴线的夹角不得大于 15°。

（3）柱子铅直校正的注意事项

1）校正用的经纬仪必须经过严格的检查和校正。操作时要注意照准部水准管的气泡要严格居中。

2）柱子的垂直度校正好后，要复查柱子下部中心线是否仍对准基础定位线。

3）在校正截面有变化的柱子时，经纬仪必须安置在柱列轴线上，以防差错。

4）避免在日照下进行校正工作，应选择在阴天或早晨，以防由于温度差使柱子向阴面弯曲，而影响柱子校正工作。

细节：工业厂房的吊车梁、轨安装测量

1. 准备工作

1）首先根据厂房中心线 AA' 及两条吊车轨道间的跨距，在实地上测设出两边轨道中心线 A_1A_1' 及 A_2A_2'，如图 8-36 所示。并在这两条中心线上适当地测设一些对应的点 1、2、…，以便于向牛腿面上投点。这些点必须位于直线上，并应检查其间跨是否与轨距一致。而后在这些点上置经纬仪，将轨道中心线投测到牛腿面上，并用墨线在牛腿面上弹出中心线。

2）在预制好的钢筋混凝土梁的顶面及两个端面上，用墨线弹出梁中心线，如图 8-37 所示。

3）根据基础面的标高，沿柱子侧面用钢直尺向上量出吊车梁顶面的设计标高线（也可量出比梁面设计标高线高 5～10cm 的标高线），供修整梁面时控制梁面标高用。

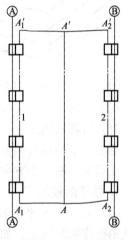

图 8-36　测设轨道中心线

2. 吊车梁安装测量

1）吊装吊车梁时，只要使吊车梁两个端面上的中心线，分别与牛腿面上的中心线对齐即可，其误差应小于 3mm。

2）吊车梁安装就位后，要根据梁面设计标高对梁面进行修整，对梁底与牛腿面间的空隙进行填实等处理。而后用水准仪检测梁面标高（一般每 3m 测一点），其与设计标高的偏差不应大于 -5mm。

3）安装好吊车梁后，在安装吊车轨前还要对吊车梁中心线进行一次检测，检测时通常用平行线法。如图 8-38 所示，在离轨道中心线 A_1A' 间距为 1m 处，测设一条平行线 aa'。为了便于观测，在平行线上每隔一定距离再设置几个观测点。将经纬仪置于平行线上，后视端点 a 或 a' 后向上投点，使一人在吊车梁上横置一木尺对点。当望远镜的十字丝中心对准木尺上的 1m 读数时，尺的零点处即为轨道中心。用这样的方法，在梁面上重新定出轨道中心线供安装轨道用。

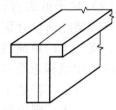

图 8-37　弹出梁中心线墨线

3. 轨道安装测量

1）吊车梁中心线检测无误后，即可沿中心线安放轨道垫板。垫板的高度应该根据轨道安装后的标高偏差不大于 ±2mm 来确定。

2）轨道应按照检测后的中心线安装，在固定前，应进行轨道中心线、跨距和轨顶标高检测。

轨道中心线的检测方法与梁中心线检测方法相同，其允许偏差为 ±2mm。

跨距检测方法是在两条轨道的对称点上，直接用钢直尺精确丈量，检测的位置应在轨道的两端点和中间点，但最大间隔不得大于 15m。实量与设计值的偏差不得超过 ±3 ～ ±5mm。

轨顶标高(安装好后的)根据柱面上已定出的标高线用水准仪进行检测。检测位置应在轨道接头处及中间每隔 5m 左右处。轨顶标高的偏差值不应大于±2mm。

细节：工业厂房的屋架安装测量

1. 屋架安装前的准备工作

屋架吊装前，用经纬仪或其他方法在柱顶面上测设出屋架定位轴线。在屋架两端弹出屋架中心线，以便进行定位。

2. 屋架的安装测量

屋架吊装就位时，应使屋架的中心线与柱顶面上的定位轴线对准，允许误差为 5mm。屋架的垂直度可用锤球或经纬仪进行检查。用经纬仪检校方法如下：

1）如图 8-39 所示，在屋架上安装三把卡尺，一把卡尺安装在屋架上弦中点附近，另外两把分别安装在屋架的两端。自屋架几何中心沿卡尺向外量出一定距离，一般为 500mm，作出标志。

2）在地面上，距屋架中线同样距离处安置经纬仪，观测三把卡尺的标志是否在同一竖直面内，如果屋架竖向偏差较大，则用机具校正，最后将屋架固定。

垂直度允许偏差为：薄腹梁为 5mm；桁架为屋架高的 1/250。

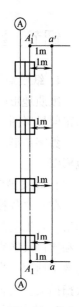

图 8-38　量出设计标高线

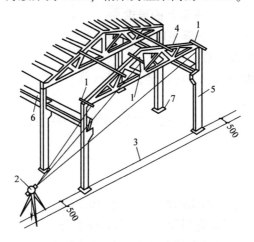

图 8-39　屋架的安装测量

1—卡尺　2—经纬仪　3—定位轴线
4—屋架　5—柱　6—吊车梁　7—柱基

9 现代的数字化技术

细节：数字化成图技术

1. 纸质地形图与数字地形图

纸质地形图是把地形信息直接用符号、注记及等高线表示并绘制在纸质或者聚酯薄膜上的正射投影图。

数字地形图是把地形信息按一定的规则和方法采用计算机生成和计算机数据格式存储的地形图。

2. 地图数字化技术

在建立各种 GIS 系统时，对原有地图进行数字化处理，在建库工作中占据了十分大的工作量，各工程测绘部门都投入相当大的人力和财力。对于已有纸质地图，如果其现时性、精度和比例尺能满足要求，就可以借助数字化仪器将其输入计算机，经编辑、修补后生成相应的数字地图。当前有手扶跟踪数字化和扫描矢量化两大类仪器，针对大比例尺地形图，大多数扫描矢量化软件能自动提取多边形信息，高效、便捷以及保真地对地图进行数字化处理。

3. 数字地形测量软件的选用宜满足的要求

数字地形测量软件的选用，宜满足以下要求：

1）适合于地形测量作业特点。

2）符合本规范的精度要求、功能齐全、符号规范。

3）操作简便、界面简洁。

4）采用常用的数据、图形输出格式，对软件特有的线型、汉字以及符号，应提供相应的数据库文件。

5）具有网络共享功能。

6）具有用户开发功能。

4. 全站仪测图所使用的仪器和应用程序应符合的规定

全站仪测图所使用的仪器和应用程序，应符合以下规定：

1）宜使用 6″级全站仪，其测距标称精度，比例误差系数不应大于 $5×10^{-6}$，固定误差不应大于 10mm。

2）测图的应用程序，应符合内业数据处理和图形编辑的基本要求。

3）数据传输后，宜将测量数据转换成为常用数据格式。

5. 全站仪数字化测绘中作业模式

数字化测绘设备是全站仪加电子手簿或者电子平板。全站仪测图的方法，可以采用编码法、草图法(无码法)或内外业一体化的实时成图法等。当布设的图根点不能符合测图需要时，可采用极坐标法增设少量测站点。

其中，编码方法在记录测量数据时必须按照碎部点的类型及相互间的几何关系输入特征编码，作业员不仅要熟记编码，为正确输入编码，测站与棱镜间还需要较多有关测点的信息交流，所以作业速度慢。特别当地形复杂、通视困难、对一个地物的测量是不连续的，甚至要经过几个测站的观测才能完成时，作业难度大，出错机会多。

无码作业则不需要输入任何编码，代之以绘制草图记录所测点位及相邻关系。测站同棱镜间联络较少，测站照准目标操作电子手簿驱动，全站仪测取数据后，只需要向棱镜处作业员报告碎部点号。具有平板测图知识的作业员随棱镜现场绘制草图，轻松并且不易出错。实际上测图工作主要在棱镜处进行，测站观测速度很快，一台全站仪可观测 2~3 个棱镜，相当于 2~3 个图板的平板测图。因此无码作业方法更容易被测量人员所接受。

所谓内外业一体化的作业方法，也就是利用电子平板（便携机）在野外实现碎部点展绘成图，被称为最先进的方法。但实际上如果电子平板与全站仪联机，则由于通视不一定好，加之数字化测图测程较远，绘图员在电子平板上编辑绘图就很困难。如果靠远距离观察辅之以镜站作业员的描述来绘图，则不仅对电子平板绘图员的技术、经验要求比较高，且既慢又容易出错。就这一点而言，类似传统的平板测图的作业方法，不同之处只在于不需展点和计算机编辑代替手工绘图。

6. 电子手簿加草图方法

虽然采用遥控平板可以使绘图员随棱镜现场绘图，但设备投资远高于电子手簿。野外作业速度也比电子手簿加草图方法慢。实际上是付出高昂的代价以外业时间换取内业时间。如果考虑到野外作业条件艰苦，作业人员的愿望恰恰相反，也就是宁愿用内业时间换取外业时间。加之电子平板在恶劣条件下可靠性差，携带不如电子手簿方便的缺点。所以大多数情况下，特别是复杂地区，电子手簿加草图方法仍为最适合的作业方法。

7. 数字化测绘技术的优点

1）数字化成图技术具有劳动强度小、精度高、便于保存管理及应用、易于发布等特点。而常规的成图方法野外工作量大，作业艰苦，作业程序复杂，同时还有烦琐的内业数据处理及绘图工作，成图周期长，产品单一。

2）它可以借助计算机的模拟，在屏幕上直观生动地（分层）反映出地形、地貌特征以及地籍要素，并且一目了然。

3）数字化测绘产品在使用、维护和更新上具有方便快捷的特性，能随时保持产品信息的现时性，可以随时补充修改，随时出新图提供使用。

4）按照不同用户的需要，可以对产品的各种要素进行数据再加工，得到不同用途的图件，而且还可以随意对图形进行拼接及缩放，用途更广泛。

5）利用数字化（地形、地籍）测绘成果，作为底图，可在计算机上进行各种规划及设计（如土地资源开发规划和城市道路网的设计等），可方便地进行许多方案的设计及比较，对各种要素的统计、汇总、叠加、分析也方便、准确。在计算机的帮助下，大大提高了测绘生产作业的科学化、自动化、规范化程度，数字化测绘产品的应用水平也将会达到新的高度。

除此以外，在其他方面还显示出很多优越性，仅从以上几点就见数字化（地形、地籍）测绘很符合现代社会信息的要求，是现代测绘的发展方向。因此，以前以传统测绘为主的专业测绘单位，现在是以发展数字化测绘技术作为发展的目标及方向。

8. 全站仪测图的仪器安置及测站检核应符合的要求

全站仪测图的仪器安置及测站检核，应符合以下要求：

1）仪器的对中偏差不应大于5mm，仪器高和反光镜高的量取应精确到1mm。

2）应选择比较远的图根点作为测站定向点，并施测另一图根点的坐标及高程，作为测站检核。检核点的平面位置较差不应大于图上0.2mm，而高程较差不应大于基本等高距的1/5。

3）作业过程中及作业结束前，应对定向方位进行检查。

9. 数字地形图测绘，应符合的要求

数字地形图测绘，应符合以下要求：

1）当采用草图法作业时，应按测站绘制草图，并对测点进行编号。测点编号应与仪器的记录点号相一致。草图的绘制，宜简化表示地形要素的位置、属性和相互关系等。

2）当采用编码法作业时，宜采用通用编码格式，也可以使用软件的自定义功能及扩展功能建立用户的编码系统进行作业。

3）当采用内外业一体化的实时成图法作业时，应实时确立测点的属性、连接关系以及逻辑关系等。

4）在建筑密集的地区作业时，对于全站仪无法直接测量的点位，可采用支距法及交会法等几何作图方法进行测量，并记录相关数据。

10. 数字地形图的编辑检查应包括的内容

数字地形图的编辑检查，应包括以下内容：

1）图形的连接关系是否正确，是否与草图一致、是否有错漏等。

2）各种注记的位置是否适当，是否避开地物及符号等。

3）各种线段的连接、相交或重叠恰当、准确与否。

4）等高线的绘制是否与地形线协调、注记是否适宜、断开部分合理与否。

5）对间距小于图上0.2mm的不同属性线段，处理恰当与否。

6）地形、地物的相关属性信息赋值正确与否。

11. 纸质地形图数字化对原图的使用，应符合的规定

纸质地形图数字化对原图的使用，应符合以下的规定：

1）原图的比例尺应不小于数字化地形图的比例尺。

2）原图宜采用聚酯薄膜底图，当无法获取聚酯薄膜底图时，在符合用户用图要求的前提下，也可选用其他纸质图。

3）图纸平整、无褶皱，并且图面清晰。

4）对原图纸或扫描图像的变形，应进行修正。

12. 地形图要素的数字化应符合的规定

地形图要素的数字化应符合以下的规定：

1）对图纸中有坐标数据的控制点及建（构）筑物的细部坐标点的点位绘制，不得采用数字化的方式而应采用输入坐标的方式进行。没有坐标数据的控制点可不绘制。

2）图廓及坐标格网的绘制，应采用输入坐标的方法由绘图软件按照理论值自动生成，不得采用数字化方式产生。

3）原图中地形、地物符号不符于现行图式时，应采用现行图式规定的符号。

4）点状符号、线状符号和地貌、植被的填充符号的绘制，应借助绘图软件生成。各种注记的位置应与符号相协调，重叠时可以进行交互式编辑调整。

5）等高线、地物线等线条的数字化，应采用线跟踪法。采样间隔合理、划线粗细均匀以及线条连续光滑。

13. 数字高程模型的构建，可采用的方法

数字高程模型的构建，宜采用不规则三角网法，也可以采用规则格网法，或者二者混合使用。

不规则三角网是数字地面模型的表现形式之一，该法借助实测地形碎部点、特征点进行三角构网。基于不规则三角形建模是直接借助野外实测的地形特征点（离散点）构造出邻接的三角形，组成不规则三角网结构。相对于规则格网，不规则三角网具有下列优点：三角网中的点和线的分布密度和结构完全可以与地表的特征相协调。直接借助原始资料作为网格结点，不改变原始数据和精度；能够插入地形线以保存原有关键的地形特征；能很好地适应复杂、不规则地形，从而把地表的特征表现得淋漓尽致等。

规则格网法（GRID）是通过规则排列的正方形网格来表示地形表面。GRID 数据结构简单，数据存储量小，还可压缩存储，适合于大规模的使用及管理。

14. 建（构）筑物细部坐标点测量的位置的选取

建（构）筑物细部坐标点测量的位置可按表9-1选取。

表 9-1　建（构）筑物细部坐标点测量的位置

类　别		坐　标	高　程	其他要求
建（构）筑物	矩形	主要墙角	主要墙外角、室内地坪	
	圆形	圆心	地面	
	其他	墙角、主要特征点	墙外角、主要特征点	注明半径、高度或深度
地下管道		起、终、转、交叉点的管道中心	地面、井台、井底、管顶、下水侧出入口管底或沟底	经委托方开挖后施测
架空管道		起、终、转、交叉点的支架中心	起、终、转、交叉点、变坡点的基座面或地面	注明经过铁路、公路的净空高
架空电力线路、电信线路		铁塔中心，起、终、转、交叉点杆柱的中心	杆（塔）的地面或基座面	注明经过铁路、公路的净空高
地下电缆		起、终、转、交叉点的井位或沟道中心，入地处、出地处	起、终、转、交叉点，入地点、出地点、变坡点的地面和电缆面	经委托方开挖后施测
铁路		车挡、岔心、进厂房处、直线部分每50m一点	车挡、岔心、变坡点、直线段每 50m 一点，曲线内轨每 20m 一点	
公路		干线交叉点	变坡点、交叉点、直线段每 30~40m 一点	
桥梁、涵洞		大型的四角点，中型的中心线两端点，小型的中心点	大型的四角点，中型的中心线两端点，小型的中心点、涵洞进出口底部高	

注：1. 建（构）筑物轮廓凸凹部分大于 0.5m 时，应丈量细部尺寸。

　　2. 厂房门宽度大于 2.5m 或能通行汽车时，应实测位置。

15. 原图数字化方法

当一个地区需要用到数字地形图而一时因经费困难或者受到时间等原因限制时，原图数字化方法是最适宜的。它能够充分利用现有的地形图且仅需配备计算机、扫描仪或数字化仪、绘图仪、再配以数字化软件就可以开展工作，并且能够在很短的时间内获得数字化成果。

它的工作方法有两种：手扶跟踪数字化与扫描矢量化，其中后一种的精度、效率更高。但是，通过该方法所获得的数字地图其精度因受原图精度的影响，加上数字化过程中所产生的各种误差，所以它的精度要比原图的精度差。而且它所反映的只是白纸成图时地表上各种地物地貌，现时性不是很好。因此它仅能作为一种应急措施而非长久之计。

为了充分通过该法得到数字地图，可通过修测、补测等方法，实测一部分地物点的精确坐标，再用这些点的坐标代替原来的坐标，通过调整，可以在一定程度上提高原图的精度。而随着地图的不断更新，实测坐标的增加，地图的精度也会相应地得到提高。

16. 地面数字测图方法

在没有合乎要求的大比例尺地图的地区，可以直接采用地面数字测图的方法，该方法也叫作内外业一体化数字测图，是我国目前各测绘单位用得最多的数字测图方法。通过该方法所得到的数字地图的精度高，并且只要采取一定的措施，重要地物相对于邻近控制点的精度控制在5cm之内是可以做到的。

17. 航测数字成图方法

当一个地区(或测区)很大时，可以借助航空摄影机在空中摄取地面的影像，通过外业判读，在内业建立地面的模型，利用计算机用绘图软件在模型上量测，直接获得数字地形图。随着测绘技术的发展，数字摄影测量已经在我国部分地区取得成功，不久将会得到推广。

18. 航测数字成图方法的特点

航测数字成图是通过在空中利用数字摄影机所获得的数字影像，内业利用专门的航测软件，在计算机上对数字影像进行相对匹配，建立地面的数字模型，再利用专用的软件来获得数字地图。可以说，这将是今后数字测图的一个重要发展方向。此方法的特点是可将大量的外业测量工作移到室内完成，它具有成图速度快、精度高且均匀、成本低，不受气候及季节的限制等优点，尤其适合于城市及大测区的大面积成图。

19. 数字测图在地籍测量中的应用

随着国家小城镇建设步伐的加快，城镇地籍测量工作在全国范围内展开，各地对地籍图的需求将会急剧膨胀。地籍测量的目的是为了全面摸清城镇土地的属性、面积、位置、用途、经济价值及相互之间的关系，为建立全国土地管理信息系统奠定基础。随着高新测绘技术的开发及应用，数字化测绘技术的应用得到迅速发展。相较于传统的大(小)平板仪(地形、地籍)测绘技术，数字化测绘可以让测绘产品更加多样化，技术含量及应用水平更高，产品的使用与维护更加快捷、方便、直观，相比于传统的测绘产品(地形、地籍图件)，数字化测绘产品具有明显的优越性。作业流程的科学化为数字测量的关键所在，结合测区已有的资料，以有关规程、规范为依据，设计作业流程。

细节：数字地球

1. 数字地球

所谓"数字地球"，可以理解成对真实地球及其相关现象统一的数字化重现和认识。其核心思想是用数字化的手段来处理整个地球的自然及社会活动诸方面的问题，最大限度地利用资源，并使普通百姓能够通过一定方式方便地获得他们所想了解的有关地球的信息，其特点为嵌入海量的地理数据，实现多分辨率、三维对地球的描述，即是"虚拟地球"。

通俗地讲，就是用数字的方法把地球、地球上的活动及整个地球环境的时空变化装入计算机中，实现在网络上的流通，并使之最大限度地为人类的生存、可持续发展和日常的工作、生活、学习、娱乐服务。

严格地讲，数字地球是利用计算机技术、多媒体技术和大规模存储技术为基础，以宽带网络为纽带，运用海量地球信息对地球进行多分辨率、多尺度、多时空以及多种类的三维描述，并利用它作为工具来支持及改善人类活动和生活质量。

2. 数字地球的技术基础

要在电子计算机上实现数字地球不是一个简单的事，它需要诸多学科，尤其是信息科学技术的支撑。这其中主要包括：信息高速公路和计算机宽带高速网络技术、空间信息技术、高分辨率卫星影像、大容量数据处理与存储技术、科学计算以及可视化和虚拟现实技术。

（1）信息高速公路和计算机宽带高速网 一个数字地球所需要的数据已不能利用单一的数据库来存储，而需要由成千上万的不同组织来维护。这意味着参与数字地球的服务器将需要通过高速网络来连接。早在1993年2月，美国克林顿总统就提出实施美国国家信息基础设施(NID,通俗形象地称为信息高速公路,它主要由计算机服务器、网络以及计算机终端组成。

（2）高分辨率卫星影像 本世纪的遥感卫星影像，在卫星遥感问世的20多年以来，分辨率已经有了飞快的提高，这里所说的分辨率指的是空间分辨率、光谱分辨率以及时间分辨率。

空间分辨率指影像上所能看到的地面最小目标尺寸，通过像元在地面的大小来表示。

光谱分辨率主要通过多通道窄带滤波片的滤波特性和前端光路决定，系统的光谱分辨率可以控制在10nm以下。

时间分辨率指的是在同一区域进行的相邻两次遥感观测的最小时间间隔。

（3）空间信息技术与空间数据基础设施 空间信息是指与空间和地理分布相关的信息，经统计，世界上的事情有80%与空间分布有关，空间信息用于地球研究就是地理信息系统。为了满足数字地球的要求，把影像数据库、矢量图形库和数字高程模型(DEM)三库一体化管理的GIS软件和网络GPS，将会在下一世纪成熟和普及。从而可实现不同层次的互操作，一个GIS应用软件产生的地理信息将会被另一个软件读取。

（4）大容量数据存储及元数据 数字地球将需要存储1015字节的信息。要建立起中国的数字地球，仅影像数据就有53TB，这还只是一个时刻的，多时相的动态数据，其容量就更大了。为了在海量数据中迅速找到需要的数据，元数据库的建设是十分必要的，它是关于数据的数据，利用它可以了解有关数据的名称、位置以及属性等信息，从而大大减少用户寻找所需数据的时间。

（5）科学计算　地球是一个复杂的巨系统，地球上发生的许多事件的变化和过程又非常复杂且呈非线性特征，时间及空间的跨度变化大小不等，差别很大，只有通过高速计算机，我们今日和跨世纪的未来，才有能力来模拟一些不能观测到的现象。借助数据挖掘技术，我们将能够更好地认识和分析所观测到的海量数据，从中找到规律和知识。科学计算将使我们突破实验与理论科学的限制，建模和模拟可以使我们能更加深入地探索所搜集到的有关于我们星球的数据。

（6）可视化和虚拟现实技术　可视化是实现数字地球与人交互的窗口及工具，无可视化技术，计算机中的一堆数字是没有任何意义的。

数字地球的一个显著的技术特点是虚拟现实技术。建立数字地球以后，用户戴上显示头盔，就可以看到地球从太空中出现，使用"用户界面"的开窗放大数字图像。随着分辨率的不断提高，用户就能看见大陆，然后是乡村、城市，最后是私人住房、商店、树木以及其他天然和人造景观。当用户对商品感兴趣时，可以进入商店内，欣赏商场内的衣服，并可按照自己的体型，构造虚拟自己试穿衣服。

3. 数字地球的核心

数字地球的核心是地球空间信息科学，地球空间信息科学的技术体系中最为基础和基本的技术核心是"3S"技术及其集成。所谓"3S"是全球定位系统（GPS）、地理信息系统（GIS）以及遥感（RS）的统称。没有"3S"技术的发展，现实变化中的地球是不可能通过数字的方式进入计算机网络系统的。

4. 数字地球的应用

在人类所接触到的信息中有80%同地理位置和空间分布有关，地球空间信息是信息高速公路上的货和车。数字地球不仅包括高分辨率的地球卫星图像，还包括数字地图，以及社会、经济和人口等方面的信息，它的应用包括：

（1）数字地球对全球变化与社会可持续发展的作用　全球变化与社会可持续发展已经成为当今世界人们关注的重要问题，数字化表示的地球为我们研究这一问题提供了十分有利的条件。在计算机中利用数字地球可以对全球变化的过程、规律、影响以及对策进行各种模拟及仿真，从而提高人类应付全球变化的能力。数字地球可以广泛地应用于对全球气候变化、海平面变化、荒漠化以及生态与环境变化、土地利用变化的监测。与此同时，通过数字地球，还可以对社会可持续发展的许多问题进行综合分析与预测，比如自然资源与经济发展，人口增长与社会发展，灾害预测与防御等。

（2）数字地球对社会经济和生活的影响　数字地球将容纳大量行业部门、企业以及私人添加的信息，进行大量数据在空间和时间分布上的研究及分析。例如国家基础设施建设的规划，全国铁路、交通运输的规划，海岸带开发，城市发展的规划，西部开发。从贴近人们的生活看，房地产公司可以将房地产信息链接到数字地球上；旅游公司可以把酒店、旅游景点，包括它们的风景照片和录像放入这个公用的数字地球上；世界著名的博物馆及图书馆可以将其收藏以图像、声音、文字形式放入数字地球中；甚至商店也可以把货架上的商店制作成多媒体或虚拟产品放入数字地球中，让用户任意挑选。另外在相关技术研究及基础设施方面也将会起推动作用。所以，数字地球进程的推进必将对社会经济发展与人民生活产生巨大的影响。

（3）数字地球与绿色农业 未来农业要走节约化的道路，实现节水农业及优质高产无污染农业。这就要借助数字地球，每隔 3~5d 给农民送去他们的庄稼地的高分辨率卫星影像，农民在计算机网络终端上可以从影像图中获得他的农田里庄稼的长势征兆，借助 GIS 作出分析，制定出行动计划，然后在车载 GPS 和电子地图指引下，实施农田作业，及时地预防病虫害，把杀虫剂、化肥以及水用到必须用的地方，而不致使化学残留物污染土地、粮食以及种子，实现真正的绿色农业。这样一来，农民也成了电脑的重要用户，数字地球也就这样进入了农民家庭。

（4）数字地球与智能化交通 智能运输系统是基于数字地球建立国家及省市、自治区的路面管理系统、交通阻塞、桥梁管理系统、交通安全以及高速公路监控系统，并将先进的信息技术、电子传感技术、数据通信传输技术、电子控制技术以及计算机处理技术等有效地集成运用于整个地面运输管理体系，而建立起的一种在大范围内、全方位发挥作用的，实时、准确以及高效的综合运输和管理系统，实现运输工具在道路上的运行功能智能化。从而，使公众能够高效地使用公路交通设施及能源。

10 房地产开发与规划测量

细节：房地产开发测量的任务

房地产开发测量主要是通过对欲开发建设地区的测量调查，摸清规划区域范围内土地数量，房屋数量，用地类别，土地、房屋权属关系；可开发建设的土地面积；测绘出详细的平面图。用测量调查取得的各种资料，为城市开发建设，为决策者提供可靠依据。

房地产测量按其用途分为两种情况：一是城市管理方面的调查，主要是调查房屋以及承载房屋的土地自然状况和权属关系，为房产产权管理、房籍管理、开发利用、征地以及城市规划建设提供数据和文档。另一种是为开发企业，摸清房屋、土地状况，为开发建设、利用土地资源提供参考数据。房地产开发测量侧重于开发建设。

房地产开发测量调查不同于一般工程测量，房地产测量所提供的图件、权证和各种资料，一经有关部门批准，便具有法律效力。房地产开发测量包括下列四项内容。

1. 房地产调查

房地产调查可分为房产调查和用地调查。

（1）房产调查　房产调查是指对房屋的坐落，产权人，产权性质、类别、层数、面积、建筑、结构、用途、建成年份、权属界线等基本情况的调查，并绘制房屋权属界线示意图。

（2）用地调查　用地调查时，应先对测区的行政境界和地理名称进行调查，然后，以丘为单位对房屋及其用地进行调查。"丘"是地表上一块有界空间的地块，一个地块只属于一个产权单位的称为独立丘，一个地块属于几个产权单位的称为组合丘。一般以一个单位、一个门牌号或一处院落划分为独立丘，当用地单位混杂或用地单位面积过小时，几个权属单元用地可合并为一个组合丘。对组合丘调查时，应以权属单元为调查单位。

2. 房地产平面控制测量

房地产测量一般不测高程，因此通常只布置平面控制点。一般来说，国家和城市布设的控制网的精度都可以满足房地产测量要求，但控制点的密度往往不够。《房产测量规范》（GB/T 17986.1—2000）规定要求，建筑物密集区控制点平均间距应在100m左右，建筑物稀疏区控制点平均间距应在200m左右。

平面控制测量方法可选用三角测量、三边测量、导线测量、GPS定位测量等方法。规范规定：末级相邻控制点的相对点位中误差不超过±0.025m。

3. 房产要素测量

房产要素测量主要包括界址点、线及界标地物测量，境界测量，房屋及其附属设施测量，交通、水域测量等。

4. 房地产图测绘

按一定比例和精度测绘的房屋及其附属用地的平面图，再把调查到的有关资料和数据绘制或标注在图上，便成为房地产图。

房地产图分为总平面图、分幅图、分丘图、分户图。总平面图是全面反映规划区域房屋及其用地的位置和权属等状况的基本图，是分幅图、分丘图的基础，是全面掌握本区域内的房屋建筑、土地状况的总平面图。分幅图是总平面图的局部，当总平面图不能详细表示房屋及地形状况时，将总平面图分成若干分幅图，分幅图用大于总平面图的比例尺来更详细地测绘出房屋及用地状况，分幅图是扩大了的总平面图。当总平面图可以表示清楚时，可不设分幅图。分幅图可分若干个丘。分丘图是分幅图的局部，内容更加详细，可作为房地产权证的附图。当分丘图还不能表示清楚时，则测设分户图，以更详细地表示房屋及土地状况。

细节：房地产测绘的特点

房地产测绘与普通的测量有较大的差别，与地形测量、工程测量区别更大。其主要表现在：

（1）测图比例尺大　房地产测绘一般在城市和城镇内进行，图上表示的内容较多，有关权属界限等房地产要素，都必须清晰准确地注记，因此房地产分幅图的比例尺都比较大。作为我国最大比例尺系列的图纸一般都是 1∶500 或 1∶1000。分丘图和分层分户平面图的比例尺更大，1∶50 有时也有，表示的内容更细。

（2）测绘内容上与地形测量的差别　地形测量测绘的主要对象是地貌和地物，而房地产测绘的主要对象是房屋和房屋用地的位置、权属、质量、数量、用途等状况，以及与房地产权属有关的地形要素。房地产测量对房屋及其用地必须测定位置（定位），调查其所有权或使用权的性质（定性），测定其范围和界线（定界），还要测算其面积（定量），调查测定评估其质量（定质）和价值（定价）。地形测量没有如此广泛的任务。房地产图一般对高程不做要求，而地形测量不但要高程，而且还要用等高线表示地貌。

（3）测绘成果效力的差别　房地产测绘成果产品多样，其成果被房地产主管机关确认，便具有法律效力。它是产权确认、处理产权纠纷的依据，而一般测量的成果不具备法律效力。

（4）测绘成果产品的差别　房地产测绘的成果产品不仅有房地产图，还有房地产权属、产籍调查表、界址点成果表、面积测算表。图也有几种，即有分幅图，更多的是分丘图、分层分户图。地形测量仅只有分幅图。所以房地产测绘最后的产品，在数量上、规格上比地形测量繁杂得多。且房地产图在一般的情况下只是单色图，一般不大量印刷，地形图则用多色，可以大量出版印刷。

（5）精度要求不同　地形图上的要素成果，用者一般可从图上索取或量取，其点位中误差在 ±0.5~0.6mm 以内，这个精度可以满足城市规划对地物精度的要求。但房地产测绘不能按此来源，例如界址点的坐标，房屋的建筑面积的量算精度要求比较高，不能直接从图上量取，而必须实测、实算。

（6）修测、补测、变更测量及时　城市基本地形图的复测周期一般为 5~10 年，而房地产测绘的复测周期不能按几年来测算，城市的扩大要求及时对房屋、土地进行补测，对房屋和用地特别是权属发生变化时也应及时修测，对房屋和用地的非权属变化也要及时变更，以保持房地产测绘成果的现势性、现状性，及保持图、卡、表册与实地情况一致。所以房地产测绘成果要及时修测、补测，变更测绘。

（7）房地产测绘人员既懂测绘、更懂房地产 房地产测绘的另一大特点，就是从事这一工作的人员不仅要熟练掌握测绘技术、测绘业务，运用各种测绘方法得心应手，而更重要的是要掌握房地产的业务知识。作为一个称职的房地产测绘工作者，应是房地产这一门学科的好手，应是房地产权属管理的帮手，应是房屋交易买卖中的鉴证者，必须熟悉房地产的若干法律、法规，必须正确测算房屋面积，保护双方的合法利益。否则，做不好房地产测绘。这也是房地产测绘区别于其他测绘的特点之一。

细节：界址点的测量

界址点又称地界点，就是指房屋用地权属界线的转折点处设置的界址点桩。在房地产测量和管理中，用它来确定房屋用地权界的位置与走向。界址点的连线构成房屋用地范围的地界线。

界址点测量，就是根据测区内已布设的控制点，采用图根测量的方法，依不同等级界址点的精度要求，测定各个界址点的平面坐标值，并编制出坐标成果表。其坐标成果可用于解析法测算用地面积。

1. 界址点的标定、埋设及编号

（1）界址点的标定 界址点的标定是指在实地确定界址点的位置。界址点的标定必须由相邻双方合法的指界人到现场指界。单位使用的土地，要由单位法人代表出席指界组合丘用地，如由该丘各户共同委派的代表指界房屋用地人或法人代表不能亲自出席指界时，应由委托的代理人指界，并且均需出具身份证明或委托书。经双方认定的界址，必须由双方指界人在房屋用地调查表上签字盖章。

（2）界址点桩的形式与埋设 所有界址点在标定之后，应设立固定的标志，称为界标。界标的种类大致有混凝土界标（图 10-1a），带铝帽的钢钉界标（图 10-1b）、石灰桩界标，带塑料套的钢棍界址标桩及喷漆界标等形式。

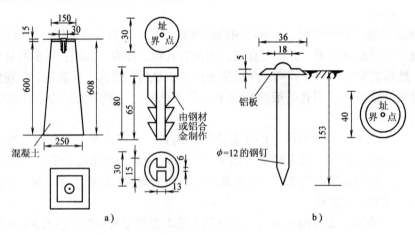

图 10-1 界址标桩

a）混凝土界标 b）带铝帽的钢钉界标

界标的选择应视各地的具体情况而定。一般在较为空旷地区的界址点和占地面积较大的机关、团体、企业、事业单位的界址点，应埋设预制混凝土界标或现场浇筑混凝土界址标桩。在坚硬的路面或地面上的界址点，应钻孔浇筑或钉设带铝帽的钢钉界标。泥土地面也可埋设石灰桩界标。在坚固的房墙（角）或围墙（角）等永久性建筑物处的界址点，应钻孔浇筑带塑料套的钢棍界标。也可设置喷漆界址标志。埋设好后的界标应稳固、耐久，顶面水平。

（3）界址点的编号　界址点编号是以图幅为单位，按丘号的顺序顺时针统一编制的，点号前冠以英文字母"J"。凡界址线的转角点均应编界址点号，同一幅图中界址点不重号。

图 10-2a 为一幅图中两丘的编号示例，图中第 1 丘从左上方开始按顺时针方向依次编列界址点号，第 2 丘的界址点编号接着第 1 丘的编号顺序继续编下去。相邻两丘的共用界址点用第 1 丘的编号，第 2 丘不再另行编号。跨越图幅的丘，因界址点的编号是以图幅为单位分别编制的，故虽为同一丘，但编号却不是连续的，如图 10-2b 所示。界址号除在房屋用地调查表和界址点坐标成果表中登记外，还应在房地产图中标记。

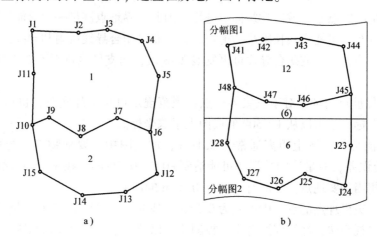

图 10-2　界址点的编号

a）两丘的编号　b）分幅图的编号

2. 界址点的测量精度

根据《房产测量规范》（GB/T 17986.1—2000）的规定，房产用地界址点的精度可分为三个等级。

各级界址点相对于邻近控制点的点位误差和间距超过 50m 的相邻界址点的间距误差不超过表 1 的规定；间距未超过 50m 的界址点间的间距误差限差不应超过式（10-1）计算结果。

表 10-1　房产界址点的精度要求

界址点等级	界址点相对于邻近控制点的点位误差和相邻界址点间的间距误差	
	限差	中误差
一	±0.04	±0.02
二	±0.10	±0.05
三	±0.20	±0.10

$$\Delta D = \pm(m_j + 0.02 m_j D) \qquad (10\text{-}1)$$

式中　m_j——相应等级界址点的点位中误差，单位为 m；

　　　D——相邻界址点间的距离，单位为，m；

ΔD——界址点坐标计算的边长与实量边长较差的限差，单位为，m。

对大、中城市繁华地段的界址点和重要建筑物的界址点一般要选用一级或二级，其他地区则可选用三级。例如城镇街坊的街面、中外合资企业、大型工矿企业及大型建筑物的界址点，一般选用一级或二级。而街坊内部隐蔽地区及居民区内部的界址点，则可选用三级。

3. 界址点的测量方法

（1）一级、二级界址点测量　根据《房产测量规范》（GB/T 17986.1—2000）的规定，为了保证一级、二级界址点的点位精度，必须用实测法求得其解析坐标。实测时，一级界址点按1∶500测图的图根控制点的方法测定，从基本控制点起，可发展两次，困难地区可发展三次。二级界址点以精度不低于1∶1000测图的图根控制点的方法测定，从邻近控制点或一级界址点起，可发展三次。

房地产测量的特点是在城镇建筑群中进行，因此，界址点测量一般只能采用图根导线测量的方法，而且有的可能是狭长困难的街道，无法布设闭合导线或附和导线，只能布设支导线。根据规定，附合导线或闭合导线可再发展2~3次，而支导线点则不能再单独发展一级、二级界址点。

（2）三级界址点测量　对于三级界址点，规范规定可用野外实测，也可用航测内业加密的方法求取坐标，还可以从1∶500的底图上量取坐标。

人的眼睛能分辨的图上距离通常为0.1mm，加上图中主要地物点本身可能有±0.5~0.75mm的点位误差，故量取的总误差可能达到±0.5~0.76mm。在1∶500比例尺的底图上量取坐标，则相当于实地点位可能有±0.25~0.38m的误差。

规范规定三级界址点的点位中误差为0.25m，基本上也就是1∶500比例尺的测图精度。故采用大平板仪视距法，经纬仪配合小平板测绘，以及小平板配合皮尺量距等均可以实测三级界址点。用视距测量法施测距离时，测站点至界址点的最大视距不能超过40m；用皮尺量距时，测站点至界址点的最大长度不能超过50m。此外，还可用高精度摄影测量的方法加密界址点坐标，它具有获取速度快、精度高、外业工作量少的特点。

4. 界址点成果表

界址点测量完成后，要以丘为单位绘制界址点略图，并以图幅为单位编制界址点坐标成果表，见表10-2。最后将所有的表装订成册，作为正式成果上交。

表10-2　界址点坐标成果表

丘　　号	界址点编号	标志类型	等　　级	坐标/m		点位说明
				x	y	

检查者：　　　　　　　填表者：　　　　　　　　　　　　　　　年　　月　　日

5. 界址点的变更测量

界址点变更测量包括两方面的内容，其一，由于自然因素和人为因素的破坏，使原有的界址点被遗失或淹没，需要进行恢复；其二，由于产权权属关系的变更，如分裂、合并、改变用途、买卖、赠予等，需要补充测定变更的界址点。界址点的恢复与变更，是根据原有尚存的界址点、控制点及明显的固定地物点来进行的。因此在进行恢复和变更测量之前，要调查了解和核实原有的资料和点位，在确认无误后，再根据它们的相互关系进行恢复或变更测量。测量和埋设新点位后，应提交新的房屋用地调查表归档，旧有资料则作为历史档案另行保管。

细节：房产分幅图和分丘图的测绘

1. 施测前的准备工作

房地产开发企业对开发区域测量调查的目的是摸清开发区域内房屋数量、土地数量、权属关系的基本状况。测算出拆迁补偿、土地利用等综合效益指数，以便规划建设。

首先要收集有关资料，内容有：城市规划部门航测图、有实用价值的街区平面图、各房屋用地单位房屋用地平面图。利用原有资料，可获得很多数据，缺的补测，废的删除，能减少很多测绘工作量。

深入现场实地考察，确定测图范围，选定施测方案。

2. 分幅图包括的基本内容

1）测量控制点、界址点、导线图根点是测图的依据，要展绘在图面上，注明点位的编号及坐标。

2）分幅图在测区范围内应是完整的街区平面图，注有街道的地理名称。

3）丘界线。丘界线是指各丘房产及用地范围的界线，是分幅图上的重要内容。每个丘都应在图上注记，不能遗漏。按一定顺序对丘进行编号。无争议的丘界线用粗实线表示，有争议的用虚线表示。丘内标记的内容繁简适度，分幅图中不能表示清楚时，另设分丘图。丘界线及丘内内容应与房屋及用地使用人的图件相一致，如有变更之处应以现状为准。

4）房屋。各种房屋的平面位置、结构、用途应表示清楚，图上表示方式按"建筑制图图例"标准绘制。房屋只绘外轮廓线，注明相关数据。

5）围护物。围护物是指围墙、栅栏、篱笆等。围护物与丘界线重合时，用丘界线表示。

6）其他。如水塔、烟囱等附属设施，临时性建(构)筑物可不表示。

3. 丘、房屋在图上的表示方法

丘、房屋需标明的内容很多，用文字表示图面注记过密，因此，用固定的代号进行注记，即方便快捷，又能保持图面整洁。各种代号全图必须统一，并在图上绘出图例，以备对照使用。具体表示方法为：

1）丘、幢、门牌号。(35)—丘号；(35-2)—丘支号；35—门牌号；2—幢号。

2）房屋产权分类。1—直管公产；2—自管公产；3—私产；4—其他产权。

3）结构分类。1—钢结构；2—钢筋混凝土结构；3—混凝土结构；4—混合结构；5—砖木结构；6—其他结构。

4）用途分类。Ⓐ—住宅；⊕—医疗；Ⓘ—工企单位；Ⓐ—办公；Ⓢ—商服；Ⓛ—……。

4. 分丘图的绘制

分丘图是以一个丘的房屋及其用地为单位绘制的图件。是房产产权证附图的基本图。每丘一张。各丘内房屋及用地产权要素，是确定权属的依据，分丘图具有法律效力，是保护产权人合法权益的凭证，是拆迁补偿及各项经济核算的依据。

1）分丘图图幅的大小，以所测丘面积的大小而定。比例尺在 1∶100~1∶1000 之间选用，以能表示清楚房屋各种要素为前提。分丘图与分幅图的表示方向应一致，坐标系统应相同。

2）分丘图的各项数据应实地测量，丈量精度精确至 0.01m，图上各种地物的取舍做到有用不漏、无用的不取。

3）表示的内容应明确，不能模棱两可。界址点的具体位置、房屋权界线、共用墙体归属怎样划分要注记详细。毗连房屋共用墙体归谁所有，墙体在权界线哪一侧，就表示归哪一方所有。毗连墙体为双方共有，权界线应划在墙体中间，表示双方共有。围墙标在权界线以内。表示围墙及其用地为丘内所有。围墙标在权界线以外，表示围墙为他人所有。

4）房屋平面几何形状比分幅图表示的更为具体，房屋层数不同时应分别标记。挑出阳台、凹进阳台、封闭或不封闭，有柱回廊、有无围护结构以及与面积有关的建（构）筑物应表示清楚。若丘内房屋较多（如一个工厂）可绘制大幅分丘图。

5）各种尺寸的标记方法，如图10-3所示。

房屋边长：注记在房屋边长线的中部外侧。以米（m）为单位，精确到 0.01m，矩形房屋可只注记对称边中的一条边。

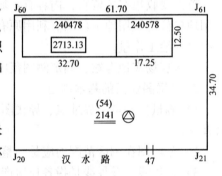

图 10-3 分丘图

用地边长：用地边长指的是相邻两地界点之间的水平距离，注记在丘界线中部的外侧，以米（m）为单位，精确到 0.01m。用地界线与房屋界线重合时，完全重合只注记丘界线，部分重合时要分别注记。

房屋面积以幢为单位，注记在房屋平面图正中下方。数字周边圈以方框。以平方米（m²）为单位，精确至 0.01m²。

用地面积标记在丘号下方正中，下面划两道粗实线，以平方米（m²）为单位，精确至 0.01m²。

6）丘的四邻做简要标记，以便互相对照使用。

细节：分层分户图的绘制

房产分层分户图是在分丘图的基础上绘制的局部图。当一丘内有多个产权人时，分丘图无法反映各户之间的权属界线，必须测绘更详细的分户图。以一户产权人为单元，分层分户地表示出房屋权属范围的细部，用以作为房屋产权证的附图。

分户图是分丘图的附属图，从产权、产籍管理的角度来讲，完全是为了解决一丘内有多个产权人，而分丘图又无法反映时的一种补充，如果整幢房屋为一户产权人所有时，分丘图能表示清楚，则不需再测绘分户图。因此，分户图只有在特定情况下才测制，以适应核发房屋所有权证附图的需要。

1. 房产分户图的有关规定

分户图的幅面，一般采用 32 开或 16 开两种经定型处理的聚酯薄膜图纸，也可选用其他的图纸。房产分户图的比例尺一般采用 1∶200，当一户房屋的面积过小或过大时，比例尺可适当放大或缩小，也可采用与分幅图相同的比例尺。分户图不必与分幅图的坐标统一，可以不绘坐标格网线。分户图的方位应使房屋的主要边线与图廓边线平行，按房屋的朝向横放或竖放，并在适当位置加绘指北方向符号。

2. 分户图的内容

（1）房屋坐落　为了准确地表示房屋坐落的位置，应将门牌号、幢号、所在层次、室号或户号等，按规定标注在适当的位置。其中本户所在的幢号、层次、户（室）号标注在房屋图形上方，门牌号标注在实际立牌处。此外，还应在图廓外的右上角标注该房屋所在的分幅图编号和丘号。

（2）房屋权属要素　分户图的房屋权属要素包括房屋权界线、四面墙体归属、楼梯和走道等共有共用部位。其中，房屋权界线和四面墙体归属的表示方法与分丘图相同，在图上也是用 0.2mm 粗的实线表示。楼梯、走道等共有共用部位则以细实线表示，并在适当位置加注名称，如"梯"和"廊"等。房屋边长的描绘误差不应超过图上 0.2mm。

（3）房屋建筑面积　房屋建筑面积包括自有面积、分摊共有面积以及总面积。在分户图上，这三种面积均应表示出来，不能只注一个总面积。图 10-4 是房产分层分户图示例。

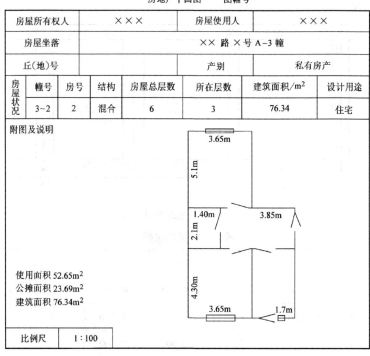

图 10-4　分层分户图示例

3. 分户图的成图方法

分户图的成图可以直接利用已测绘的分幅图，将属于本户范围的部分，进行实地调查核实修测后，绘制成分户图。具体方法是在分幅图测绘完成以后，根据户主在登记申请书指明的使用范围，将该户房屋和土地范围蒙绘到房地分户调查测量表上，然后携带调查测量表，按分户图的要求，到实地调查核实该户的房产占有使用情况，更正有关房产内容的各项指标，使调查测量表成为制作正式房产分户平面图的底图，再用透明纸描绘房产分户平面图作为复晒的底图。如没有房产分幅图可以提供，而房产登记和发证工作又亟待开展，可以按房产调查的范围在实地直接测绘分户图，然后再按房产分户图的要求标注相应的内容。

细节：原占地面积与土地划拨面积的关系

欲开发区域占地面积中，原有的道路、绿化、市政公共用地较少，经新的规划设计，道路加宽了，市政公共用地增加了。因此，开发企业所能利用的土地面积比原占地面积要少。原占地面积中分解成两部分，一是市政公共用地（包括道路、绿化、公共设施等），另一部分是开发企业可用土地。企业用地是在满足市政公共用地条件下的可用土地，即市政红线以外的土地。这部分土地需审批、划拨。土地资源越来越宝贵，对土地面积测量精度的要求越来越高。

图 10-5 是旧城区拆迁改造示意（划拨土地面积计算简图），图中由 *abcd* 虚线所包围的面积为原有占地面积（拆迁范围），1、2、…、8 点是规划道路中线交点，道路红线宽均为 40m，粗实线范围内为企业可开发利用（需审批、划拨）的土地。表 10-3 是各点位坐标。

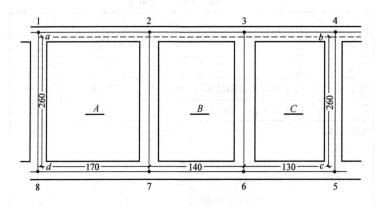

图 10-5　划拨土地面积计算简图

表 10-3　点位坐标

点　位	A	B	点　位	A	B	点　位	A	B
1	440.000	180.000	5	140.000	740.000	a	435.000	185.000
2	440.000	390.000	6	140.000	570.000	b	435.000	735.000
3	440.000	570.000	7	140.000	390.000	c	145.000	735.000
4	440.000	740.000	8	140.000	180.000	d	145.000	185.000

拆迁范围面积：

$$a\text{-}b \text{ 距离} = 735.000\text{m} - 185.000\text{m} = 550.000\text{m}$$
$$a\text{-}d \text{ 距离} = 435.000\text{m} - 145.000\text{m} = 290.000\text{m}$$

$$拆迁土地面积 = 550\text{m} \times 290\text{m} = 159500\text{m}^2$$

土地划拨面积：

$$A \text{ 区面积} = 260 \times 170\text{m}^2 = 44200\text{m}^2$$

$$B \text{ 区面积} = 260 \times 140\text{m}^2 = 36400\text{m}^2$$

$$C \text{ 区面积} = 260 \times 130\text{m}^2 = 33800\text{m}^2$$

$$合计 \qquad 114400\text{m}^2$$

$$拆迁面积与拨地面积差 = 159500\text{m}^2 - 114400\text{m}^2 = 45100\text{m}^2$$

$$利用率 = \frac{拨地面积}{原占地面积} = \frac{114400}{159500} = 72\%$$

细节：利用图形计算面积

1. 坐标解析法

在图 10-6 中，1、2、3、4 各点是占地范围的边界点。欲求四边形 1234 的面积。

各点坐标为 $1(x_1, y_1)$、$2(x_2, y_2)$、$3(x_3, y_3)$、$4(x_4, y_4)$。其面积可视为梯形 $F_{122'1'}$ 的加上 $F_{233'2'}$ 的减去梯形 $F_{144'1'}$ 的和 $F_{433'4'}$ 的。即：

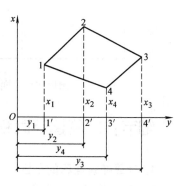

图 10-6　解析法计算面积

$$S_{F_{1234}} = S_{F_{122'1'}} + S_{F_{233'2'}} - S_{F_{144'1'}} - S_{F_{433'4'}} \qquad (10\text{-}2)$$

利用梯形面积计算公式得：

$$S_{F_{1234}} = \frac{1}{2}\left[(x_1 + x_2)(y_2 - y_1) + (x_2 + x_3)(y_3 - y_2) - (x_1 + x_4)(y_4 - y_1) - (x_3 + x_4)(y_3 - y_4)\right] \qquad (10\text{-}3)$$

解括号，提 x 项，整理得：

$$S_{F_{1234}} = \frac{1}{2}\left[x_1(y_2 - y_4) + x_2(y_3 - y_1) + x_3(y_4 - y_2) + x_4(y_1 - y_3)\right] \qquad (10\text{-}4)$$

或提 y 项，得：

$$S_{F_{1234}} = \frac{1}{2}\left[y_1(x_4 - x_2) + y_2(x_1 - x_3) + y_3(x_2 - x_4) + y_4(x_3 - x_1)\right] \qquad (10\text{-}5)$$

以上两式可以推广至 n 边形，得：

$$S_F = \frac{1}{2}\sum_{i=1}^{n} x_i(y_{i+1} - y_{i-1}) \qquad (10\text{-}6)$$

$$S_F = \frac{1}{2}\sum_{i=1}^{n} y_i(x_{i-1} - x_{i+1}) \qquad (10\text{-}7)$$

式中 i 为多边形各顶点的序号，以上两式运算结果应相等，可供互相校核。

2. 几何图形法

若图形为较规则的多边形（图 10-7），可将图形划分成若干个可计算图形，如图中划分为三角形、梯形、矩形。然后用比例尺量取有关边长（长、宽、高），再应用面积计算公式分别算出每个图形面积，最后汇总成多边形总面积。如果图形某一部分为曲线，可近似按某种图形进行估算。

3. 方格法

如果平面图形是不规则图形，可采用方格法计算面积。一种方法是在平面图上用细铅笔轻轻地绘成方格网，把图纸分成若干方格；另一种方法是用绘有正方形的透明纸蒙在平面图上，然后数方格数来计算面积。格网的边长应视图幅的大小进行选择。在 1:1000 的平面图上，格网边长为 20mm，则每一方格代表 400m²。若在 1:500 平面图上，格网边长为 20mm，则每一方格代表 100m²。平面图周边不足整方格的破格部分，一般可按半格计算，如图 10-8 所示。

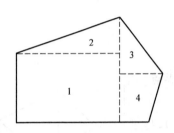

图 10-7 图形法计算面积

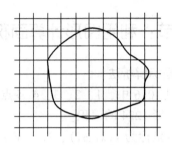

图 10-8 方格法计算面积

细节：房屋建筑面积的计算规则

1. 计算建筑面积的范围

1）建筑物的建筑面积应按自然层外墙结构外围水平面积之和计算。结构层高在 2.20m 及以上的，应计算全面积；结构层高在 2.20m 以下的，应计算 1/2 面积。

2）建筑物内设有局部楼层时，对于局部楼层的二层及以上楼层，有围护结构的应按其围护结构外围水平面积计算，无围护结构的应按其结构底板水平面积计算，且结构层高在 2.20m 及以上的，应计算全面积，结构层高在 2.20m 以下的，应计算 1/2 面积。

3）对于形成建筑空间的坡屋顶，结构净高在 2.10m 及以上的部位应计算全面积；结构净高在 1.20m 及以上至 2.10m 以下的部位应计算 1/2 面积；结构净高在 1.20m 以下的部位不应计算建筑面积。

4）对于场馆看台下的建筑空间，结构净高在 2.10m 及以上的部位应计算全面积；结构净高在 1.20m 及以上至 2.10m 以下的部位应计算 1/2 面积；结构净高在 1.20m 以下的部位不应计算建筑面积。室内单独设置的有围护设施的悬挑看台，应按看台结构底板水平投影面积计算建筑面积。有顶盖无围护结构的场馆看台应按其顶盖水平投影面积的 1/2 计算面积。

5）地下室、半地下室应按其结构外围水平面积计算。结构层高在 2.20m 及以上的，应计算全面积；结构层高在 2.20m 以下的，应计算 1/2 面积。

6）出入口外墙外侧坡道有顶盖的部位，应按其外墙结构外围水平面积的 1/2 计算面积。

7）建筑物架空层及坡地建筑物吊脚架空层，应按其顶板水平投影计算建筑面积。结构层高在 2.20m 及以上的，应计算全面积；结构层高在 2.20m 以下的，应计算 1/2 面积。

8）建筑物的门厅、大厅应按一层计算建筑面积，门厅、大厅内设置的走廊应按走廊结构底板水平投影面积计算建筑面积。结构层高在 2.20m 及以上的，应计算全面积；结构层高在 2.20m 以下的，应计算 1/2 面积。

9）对于建筑物间的架空走廊，有顶盖和围护设施的，应按其围护结构外围水平面积计算全面积；无围护结构、有围护设施的，应按其结构底板水平投影面积计算 1/2 面积。

10）对于立体书库、立体仓库、立体车库，有围护结构的，应按其围护结构外围水平面积计算建筑面积；无围护结构、有围护设施的，应按其结构底板水平投影面积计算建筑面积。无结构层的应按一层计算，有结构层的应按其结构层面积分别计算。结构层高在 2.20m 及以上的，应计算全面积；结构层高在 2.20m 以下的，应计算 1/2 面积。

11）有围护结构的舞台灯光控制室，应按其围护结构外围水平面积计算。结构层高在 2.20m 及以上的，应计算全面积；结构层高在 2.20m 以下的，应计算 1/2 面积。

12）附属在建筑物外墙的落地橱窗，应按其围护结构外围水平面积计算。结构层高在 2.20m 及以上的，应计算全面积；结构层高在 2.20m 以下的，应计算 1/2 面积。

13）窗台与室内楼地面高差在 0.45m 以下且结构净高在 2.10m 及以上的凸（飘）窗，应按其围护结构外围水平面积计算 1/2 面积。

14）有围护设施的室外走廊（挑廊），应按其结构底板水平投影面积计算 1/2 面积；有围护设施（或柱）的檐廊，应按其围护设施（或柱）外围水平面积计算 1/2 面积。

15）门斗应按其围护结构外围水平面积计算建筑面积，且结构层高在 2.20m 及以上的，应计算全面积；结构层高在 2.20m 以下的，应计算 1/2 面积。

16）门廊应按其顶板的水平投影面积的 1/2 计算建筑面积；有柱雨篷应按其结构板水平投影面积的 1/2 计算建筑面积；无柱雨篷的结构外边线至外墙结构外边线的宽度在 2.10m 及以上的，应按雨篷结构板的水平投影面积的 1/2 计算建筑面积。

17）设在建筑物顶部的、有围护结构的楼梯间、水箱间、电梯机房等，结构层高在 2.20m 及以上的应计算全面积；结构层高在 2.20m 以下的，应计算 1/2 面积。

18）围护结构不垂直于水平面的楼层，应按其底板面的外墙外围水平面积计算。结构净高在 2.10m 及以上的部位，应计算全面积；结构净高存 1.20m 及以上至 2.10m 以下的部位，应计算 1/2 面积；结构净高在 1.20m 以下的部位，不应计算建筑面积。

19）建筑物的室内楼梯、电梯井、提物井、管道井、通风排气竖井、烟道，应并入建筑物的自然层计算建筑面积。有顶盖的采光井应按一层计算面积，且结构净高在 2.10m 及以上的，应计算全面积；结构净高在 2.10m 以下的，应计算 1/2 面积。

20）室外楼梯应并入所依附建筑物自然层，并应按其水平投影面积的 1/2 计算建筑面积。

21）在主体结构内的阳台，应按其结构外围水平面积计算全面积；在主体结构外的阳台，应按其结构底板水平投影面积计算 1/2 面积。

22）有顶盖无围护结构的车棚、货棚、站台、加油站、收费站等，应按其顶盖水平投影面积的 1/2 计算建筑面积。

23）以幕墙作为围护结构的建筑物，应按幕墙外边线计算建筑面积。

24）建筑物的外墙外保温层，应按其保温材料的水平截面积计算，并计入自然层建筑面积。

25）与室内相通的变形缝，应按其自然层合并在建筑物建筑面积内计算。对于高低联跨的建筑物，当高低跨内部连通时，其变形缝应计算在低跨面积内。

26）对于建筑物内的设备层、管道层、避难层等有结构层的楼层，结构层高在2.20m及以上的，应计算全面积；结构层高在2.20m以下的，应计算1/2面积。

2. 不计算建筑面积的范围

1）与建筑物内不相连通的建筑部件。

2）骑楼、过街楼底层的开放公共空间和建筑物通道。

3）舞台及后台悬挂幕布和布景的天桥、挑台等。

4）露台、露天游泳池、花架、屋顶的水箱及装饰性结构构件。

5）建筑物内的操作平台、上料平台、安装箱和罐体的平台。

6）勒脚、附墙柱、垛、台阶、墙面抹灰、装饰面、镶贴块料面层、装饰性幕墙，主体结构外的空调室外机搁板（箱）、构件、配件，挑出宽度在2.10m以下的无柱雨篷的顶盖高度达到或超过两个楼层的无柱雨篷。

7）窗台与室内地面高差在0.45m以下且结构净高在2.10m以下的凸（飘）窗，窗台与室内地面高差在0.45m及以上的凸（飘）窗。

8）室外爬梯、室外专用消防钢楼梯。

9）无围护结构的观光电梯。

10）建筑物以外的地下人防通道，独立的烟囱、烟道、地沟、油（水）罐、气柜、水塔、储油（水）池、储仓、栈桥等构筑物。

3. 其他

1）建筑面积以一个单位工程为一计算单位。同时有多个单位工程，应分别计算。

2）建筑物与构筑物连接成一体的，属建筑物部分按规定计算建筑面积。

细节：住宅房屋使用面积的计算

住宅使用面积是指户门内除墙体所占面积外的全部净面积。其中包括卧室、起居室、门厅、过道、厨房、卫生间、储藏室、壁橱、户内楼梯（投影面积），以及可利用的斜坡空间按规定应计算面积的部分。净面积是指初装后的室内净面积、门窗口处凹进部分并入墙体计算。

细节：住宅房屋套内面积的计算

《住宅设计规范》（GB 50096—2011）中关于住宅套内使用面积计算细则：

1）套内使用面积包括卧室、起居室（厅）、过厅、过道、厨房、卫生间、储藏室、餐厅、壁柜等的使用面积的总和。

2）跃层住宅中的套内楼梯按自然层数的使用面积总和计入套内使用面积。

3）烟囱、通风道、管井等均不应计入套内使用面积。

4）室内使用面积按结构墙体表面尺寸计算，有复合保温层，应按复合保温层表面尺寸计算。

5）利用坡屋顶内空间时，顶层面板下表面与楼板地面的净高低于1.20m空间不应计算使用面积；净高在1.20~2.10m的空间按1/2计算使用面积；净高超过2.10m的空间全部计入套内使用面积；坡屋顶无结构顶层楼板时，不能利用坡屋顶空间时不应计算其使用面积。

6）坡屋顶内的使用面积应列入套内面积中。需计算建筑总面积时，利用标准层使用面积系数反求。

细节：住宅房屋共用面积的计算

1. 按使用面积计算

共用面积为共用使用面积+全部墙体面积+阳台面积

或者说共用面积为扣除使用面积后的全部建筑面积。

1）共用使用面积包括楼梯间、电梯井、门厅过道、垃圾道、管道井、水箱房等面积。

2）全部墙体面积。包括承重墙、非承重墙、围护墙所占的面积。

3）阳台面积不分户型，综合统一计算。

2. 按套内面积计算

共用面积=共用使用面积+套内墙体以外的墙体面积。

1）共用使用面积包括楼梯间、电梯井、门厅、套外过道、垃圾道、管道井、水箱房等的共用使用面积。

2）套内以外墙体是扣除套内所含墙体后的全部墙体面积。

凡已作为独立使用空间，不计入共用面积，如人防地下室，地下车库等。

可以理解为：

按使用面积计算时

$$共用面积 = 总建筑面积 - 使用面积总和 \tag{10-8}$$

$$公摊面积系数 = \frac{全部共用面积}{全部使用面积} \tag{10-9}$$

$$户建筑面积 = 使用面积 + 公摊面积 \tag{10-10}$$

$$户公摊面积 = 使用面积 \times 公摊系数 \tag{10-11}$$

按套内面积计算时

$$共用面积 = 总建筑面积 - 套内建筑面积总和 \tag{10-12}$$

$$公摊面积系数 = \frac{全部公用面积}{全部套内建筑面积} \tag{10-13}$$

$$户公摊面积 = 套内面积 \times 公摊系数 \tag{10-14}$$

$$户建筑面积 = 套内建筑面积 + 公摊面积 \tag{10-15}$$

在房地产测量中，还有几项考核指标

$$建筑密度 = \frac{建筑物总占地面积}{总用地面积} \tag{10-16}$$

$$容积率 = \frac{建筑物总建筑面积}{总用地面积} \tag{10-17}$$

$$人口密度 = \frac{用地范围内人口总数}{总用地面积} \tag{10-18}$$

11 总平面图的应用

细节：总平面图

地面上有明显轮廓的自然物体和人工建造的物体(如房屋、道路、河流等)称地物。自然地面的起伏状态(如山地、丘陵、峡谷等)称地貌。把地面上的地物垂直投影到水平面上，然后按一定的比例相似地缩小在图纸上的图，称为平面图。把地貌垂直投影到水平面上的图，称为地貌图。既表示出地物的平面位置又用特定符号把地貌也表示出来的图，称为地形图。表明新建筑物所在位置的平面情况布置的图，称为建筑总平面图。

建筑总平面图也叫设计总平面图，它既有原自然地形又有新建工程的整体布局，可以系统地反映出建筑工程的全貌。总平面图上标有各个建筑物、构筑物的平面坐标和设计高程，以及各建筑物之间的相互关系。水、暖、电、卫等专业很多，不可能在一张图上都表示出来，因此总图又可分为各专业的总平面图。全面熟悉总平面图的布置情况，便于合理地布设测量网点，进行细部测量。

施工总平面图是按施工组织设计的总体规划，由施工单位在建筑总平面图的基础上把施工过程需用的临时生产、生活、水、电、道路等设施规划在一起的总平面图，是临建工程施工测量的依据。

细节：图例符号

在地形图上、地物、地貌是以规定的地形图图例符号表示的。在建筑总平面图上，地物是以建筑制图图例表示的。建筑总平面图图例见表 11-1，管线图例见表 11-2，园林景观绿化图例见表 11-3，地形图图例见表 11-4。

表 11-1 建筑总平面图图例

序号	名　称	图　例	备　注
1	新建建筑物	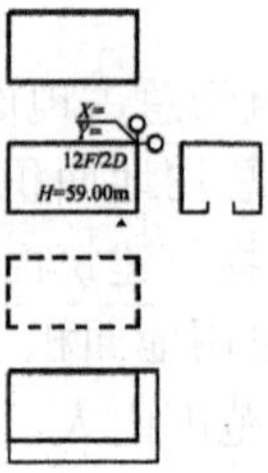	新建建筑物以粗实线表示与室外地坪相接处±0.00处墙定位轮廓线 建筑物一般以±0.00高度处的外墙定位轴线交叉点坐标定位。轴线用细实线表示，并标明轴线号 根据不同设计阶段标注建筑编号，地上、地下层数，建筑高度，建筑出入口位置(两种表示方法均可，但同一图纸采用一种表示方法) 地下建筑物以粗虚线表示其轮廓 建筑上部(±0.00以上)外挑建筑用细实线表示 建筑物上部连廊用细虚线表示并标注位置

（续）

序号	名　　称	图　　例	备　　注
2	原有建筑物	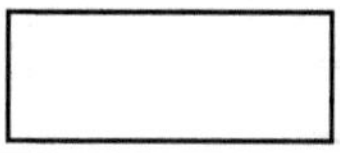	用细实线表示
3	计划扩建的预留地或建筑物		用中粗虚线表示
4	拆除的建筑物	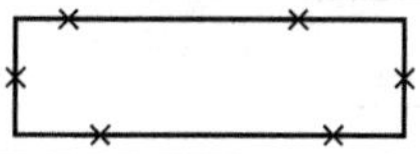	用细实线表示
5	建筑物下面的通道	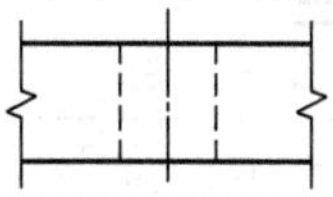	—
6	散状材料露天堆场	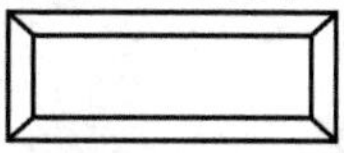	需要时可注明材料名称
7	其他材料露天堆场或露天作业场	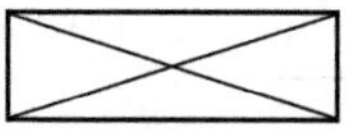	
8	铺砌场地	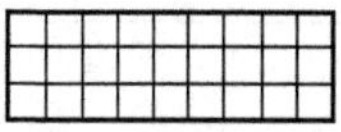	—
9	敞棚或敞廊	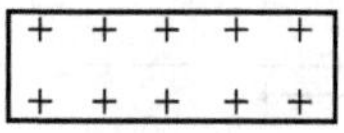	—
10	高架式料仓	 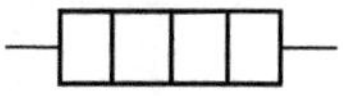	—
11	漏斗式储仓		左、右图为底卸式 中图为侧卸式
12	冷却塔（池）		应注明冷却塔或冷却池
13	水塔、储罐	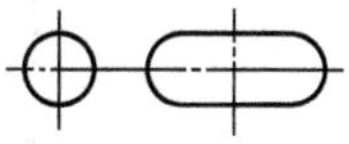	左图为水塔或立式储罐 右图为卧式储罐
14	水池、坑槽		也可以不涂黑
15	明溜矿槽（井）	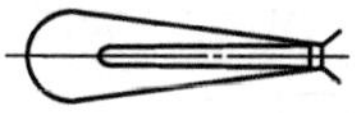	—
16	斜井或平洞	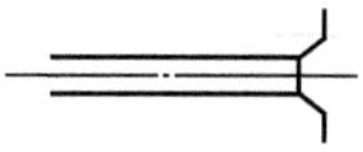	—
17	烟囱		实线为烟囱下部直径，虚线为基础，必要时可注写烟囱高度和上、下口直径
18	围墙及大门	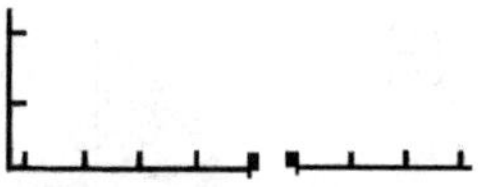	—

（续）

序号	名　称	图　例	备　注
19	挡土墙	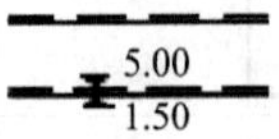 5.00 1.50	挡土墙根据不同设计阶段的需要标注墙顶标高墙底标高
20	挡土墙上设围墙		—
21	台阶及无障碍坡道	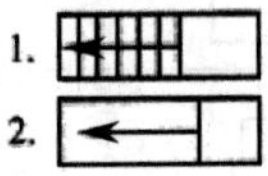 1. 2.	1. 表示台阶（级数仅为示意）2. 表示无障碍坡道
22	露天桥式起重机	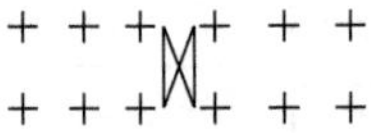 $G_n = (t)$	起重机起重量为 G_n，以吨计算"+"为柱子位置
23	露天电动葫芦	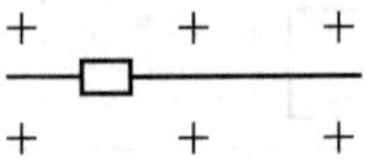 $G_n = (t)$	起重机起重量 G_n，以吨计算"+"为柱子位置
24	门式起重机	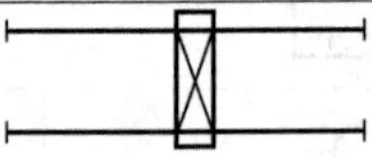 $G_n = (t)$ 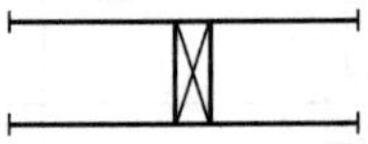 $G_n = (t)$	起重机起重量 G_n，以吨计算上图表示有外伸臂下图表示无外伸臂
25	架空索道		"I"为支架位置
26	斜坡卷扬机道	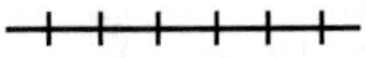	—
27	斜坡栈桥（皮带廊等）	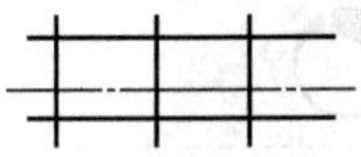	细实线表示支架中心线位置
28	坐标	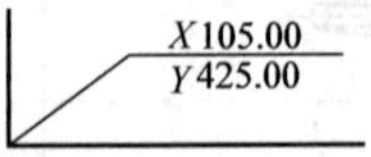 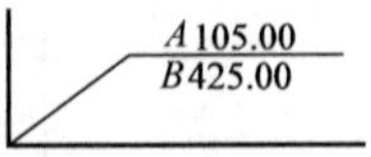 $X\,105.00$ $Y\,425.00$ $A\,105.00$ $B\,425.00$	上图表示测量坐标下图表示建筑坐标坐标数字平行建筑标注
29	方格网交叉点标高	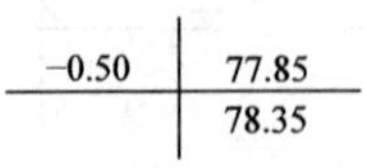 -0.50	$\dfrac{77.85}{78.35}$	"78.35"为原地面标高"77.85"为设计标高"-0.50"为施工高度"-"表示挖方（"+"表示填方）

（续）

序号	名　称	图　例	备　注
30	填方区、挖方区、未整平区及零点线	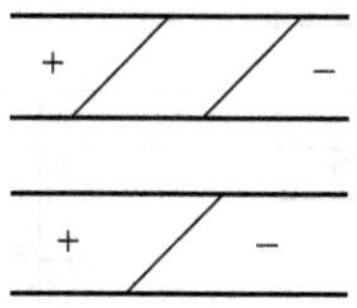	"＋"表示填方区 "－"表示挖方区 中间为未整平区 点划线为零点线
31	填挖边坡	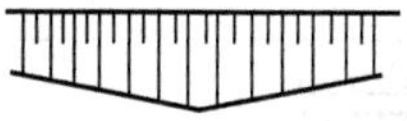	—
32	分水脊线与谷线	 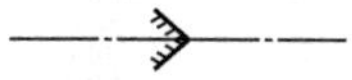	上图表示脊线 下图表示谷线
33	洪水淹没线		洪水最高水位以文字标注
34	地表排水方向		—
35	截水沟或排水沟	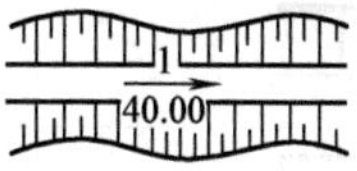 40.00	"1"表示1%的沟底纵向坡度，"40.00"表示变坡点间距离，箭头表示水流方向
36	排水明沟	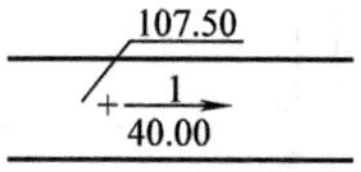 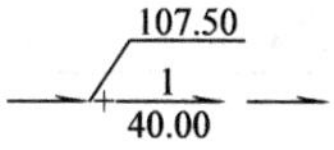 107.50 1 40.00 107.50 1 40.00	1）上图用于比例较大的图面，下图用于比例较小的图面 2）"1"表示1%的沟底纵向坡度，"40.00"表示变坡点间距离，箭头表示水流方向 3）"107.50"表示沟底标高
37	有盖板的排水沟	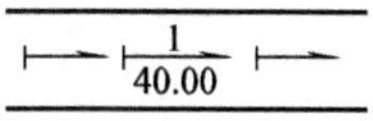 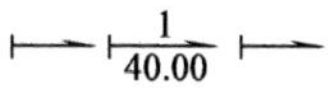 1 40.00 1 40.00	—
38	雨水口	1） 2）  3）	1）雨水口 2）原有雨水口 3）双落式雨水口

(续)

序号	名　称	图　例	备　注
39	消火栓井		—
40	急流槽		箭头表示水流方向
41	跌水		
42	拦水(闸)坝	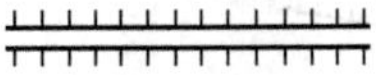	
43	透水路堤	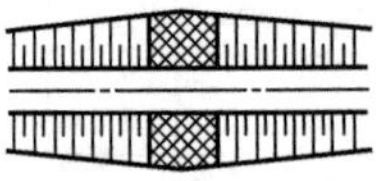	边坡较长时，可在一端或两端局部表示
44	过水路面		—
45	室内地坪标高	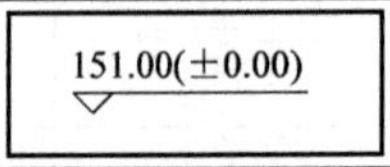 151.00(±0.00)	数字平行于建筑物书写
46	室外地坪标高	▼ 143.00	室外标高也可采用等高线表示
47	盲道		
48	地下车库入口	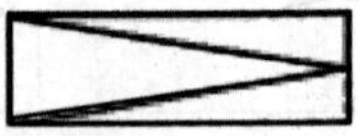	机动车停车场
49	地面露天停车场	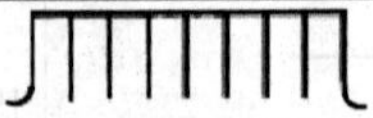	
50	露天机械停车场	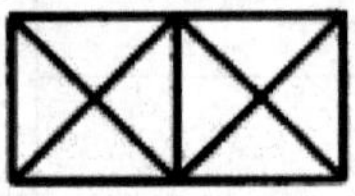	露天机械停车场

表 11-2　管线与绿化图例

序号	名　称	图　例	备　注
1	管线	—— 代号 ——	管线代号按国家现行有关标准的规定标注
2	地沟管线	—— 代号 —— ┝— 代号 —┥	线型宜以中粗线表示
3	管桥管线	—┼ 代号 ┼—	管线代号按国家现行有关标准的规定标注
4	架空电力、电信线	—○ 代号 ○—	1)"○"表示电杆 2)管线代号按国家现行有关标准的规定标注

表 11-3 园林景观绿化图例

序 号	名 称	图 例	备 注
1	常绿针叶乔木	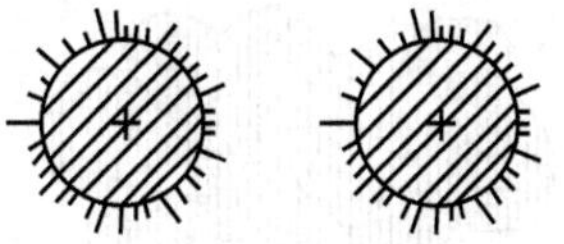	
2	落叶针叶乔木	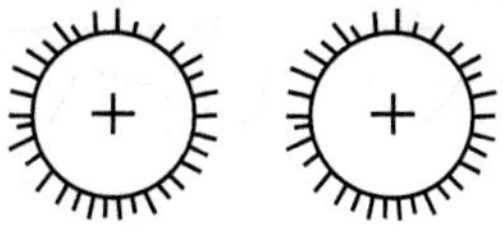	
3	常绿阔叶乔木	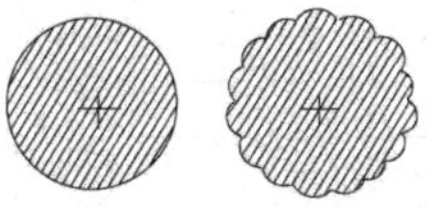	
4	落叶阔叶乔木		
5	常绿阔叶灌木	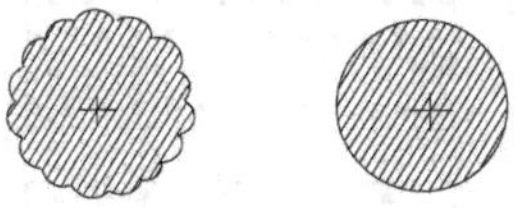	
6	落叶阔叶灌木		
7	落叶阔叶乔木林		
8	常绿阔叶乔木林	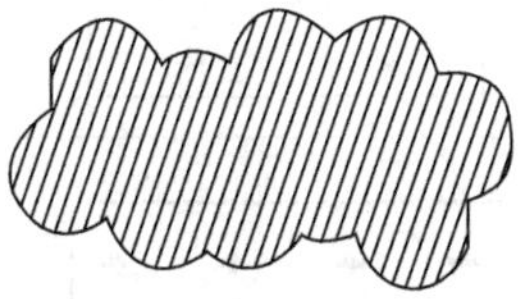	
9	常绿针叶乔木林	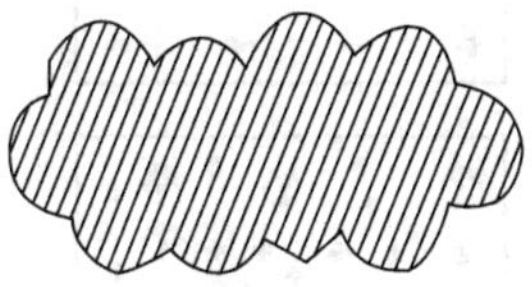	
10	落叶针叶乔木林		

（续）

序 号	名 称	图 例	备 注
11	针阔混交林	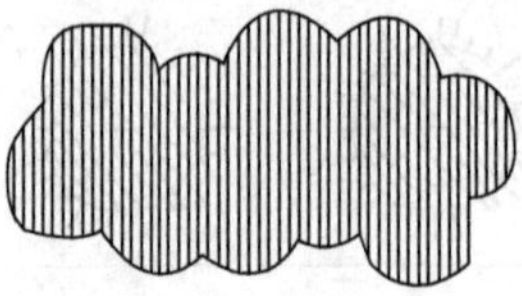	
12	落叶灌木林	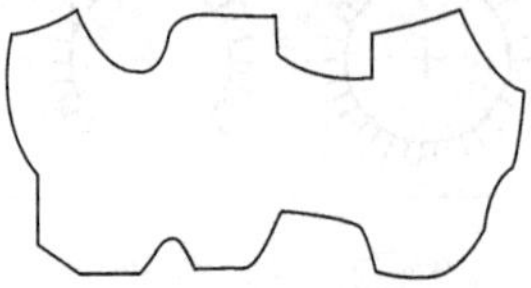	
13	整形绿篱		
14	草坪	1) 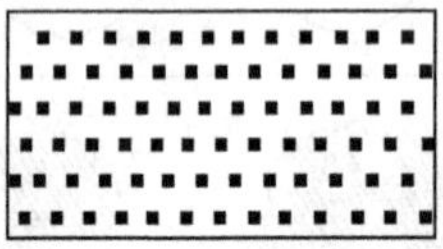 2) 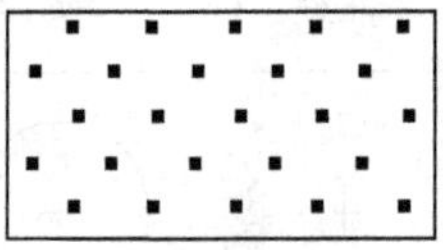 3) 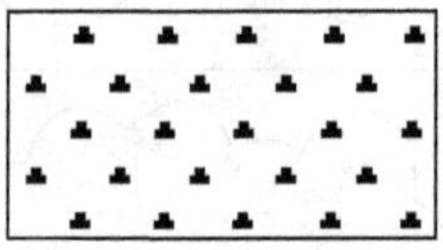	1）草坪 2）表示自然草坪 3）表示人工草坪
15	花卉	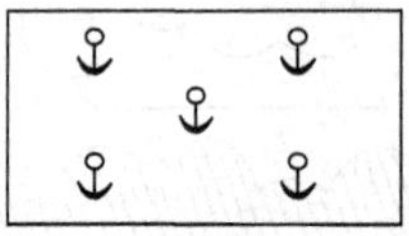	
16	竹丛	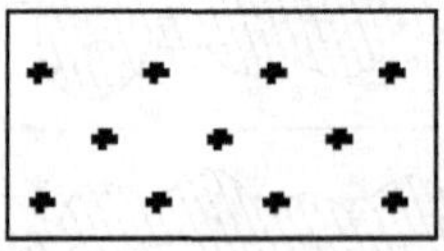 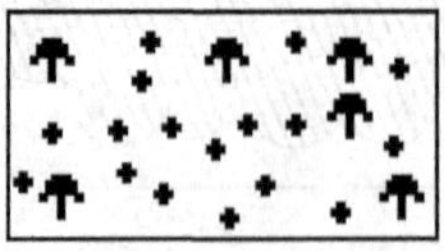	
17	棕榈植物	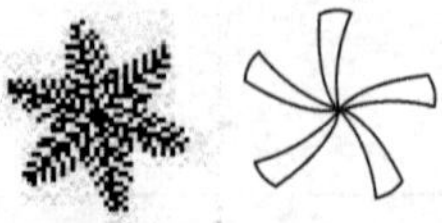	

（续）

序　号	名　称	图　例	备　注
18	水生植物	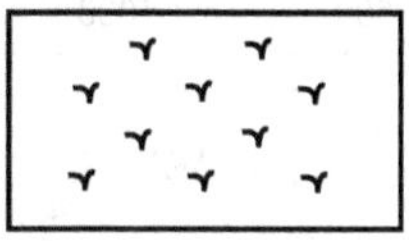	
19	植草砖	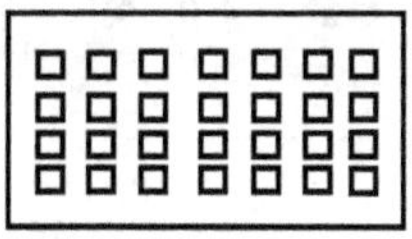	
20	土石假山	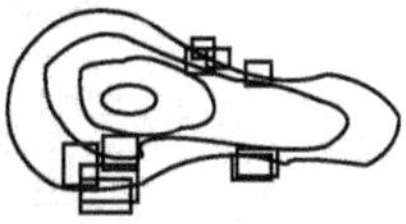	包括"土包石"和 "石抱土"及假山
21	独立景石		
22	自然水体	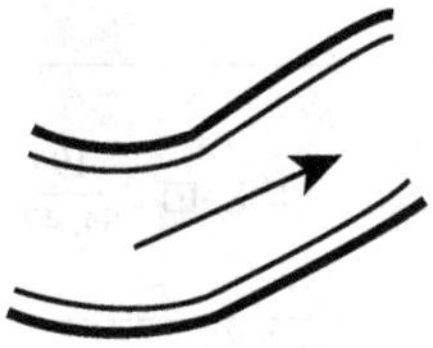	表示河流以箭头 表示水流方向
23	人工水体		
24	喷泉	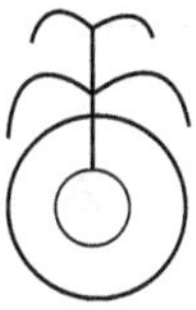	

表 11-4　地形图图例

编号	符号名称	符号式样			符号细部图	多色图色值
		1：500	1：1000	1：2000		
4.1	测量控制点					
4.1.1	三角点 a. 土堆上的张湾岭、黄土岗——点名 156.718、203.623——高程 5.0——比高	3.0 ▲ 张湾岭 / 156.718 a　5.0 ▲ 黄土岗 / 203.623				K100

（续）

编号	符号名称	符号式样			符号细部图	多色图色值
		1∶500	1∶1000	1∶2000		
4.1.2	小三角点 a. 土堆上的摩天岭、张庄 ——点名 294.91、156.71——高程 4.0——比高	3.0 ▽ 摩天岭 294.91 a　4.0 ▽ 张庄 156.71			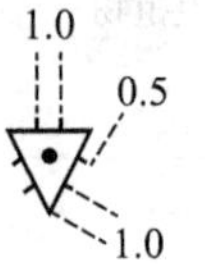 1.0 0.5 △ 1.0	K100
4.1.3	导线点 a. 土堆上的I16、I23——等 级、点号 84.46、94.40——高程 2.4——比高	2.0 ⊙ I16 84.46 a　2.4 ⊕ I23 94.40				K100
4.1.4	埋石图根点 a. 土堆上的12、16—— 点号 275.46、175.64——高程 2.5——比高	2.0 ⊡ 12 275.46 a　2.5 ⊕ 16 175.64			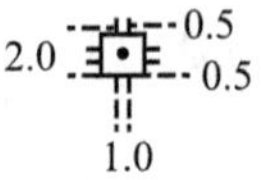 2.0 ⊡ 0.5 0.5 1.0	K100
4.1.5	不埋石图根点 19——点号 84.47——高程	2.0 ⊡ 19 84.47				K100
4.1.6	水准点 Ⅱ——等级 京石5——点名点号 32.805——高程	2.0 ⊗ Ⅱ京石5 32.805				K100
4.1.7	卫星定位等级点 B——等级 14——点号 495.263——高程	3.0 ▲ B14 495.263				K100
4.1.8	独立天文点 照壁山——点名 24.54——高程	4.0 ☆ 照壁山 24.54				K100
4.2	水系					
4.2.1	地面河流 a. 岸线 b. 高水位岸线 清江——河流名称	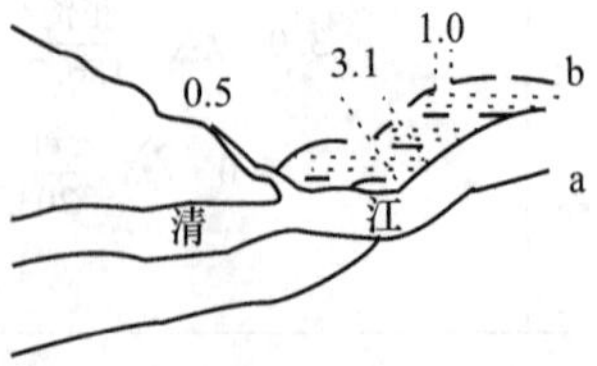 0.5　3.1　1.0 b 清　江 a				a. C100 面色 C10 b. M40Y100K30

（续）

编号	符号名称	符号式样			符号细部图	多色图色值
		1∶500	1∶1000	1∶2000		
4.2.2	地下河段及出入口 a. 不明流路的 b. 已明流路的	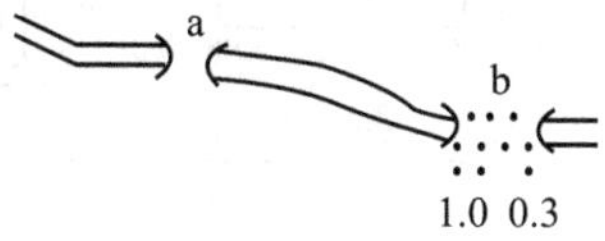			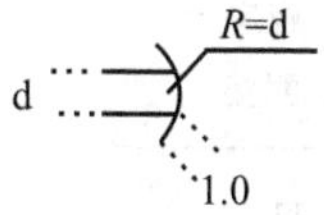	C100 面色 C10
4.2.3	消失河段					C100 面色 C10
4.3	居民地及设施					
4.3.1	单幢房屋 a. 一般房屋 b. 有地下室的房屋 c. 突出房屋 d. 简易房屋 混、钢——房屋结构 1、3、28——房屋层数 -2——地下房屋层数	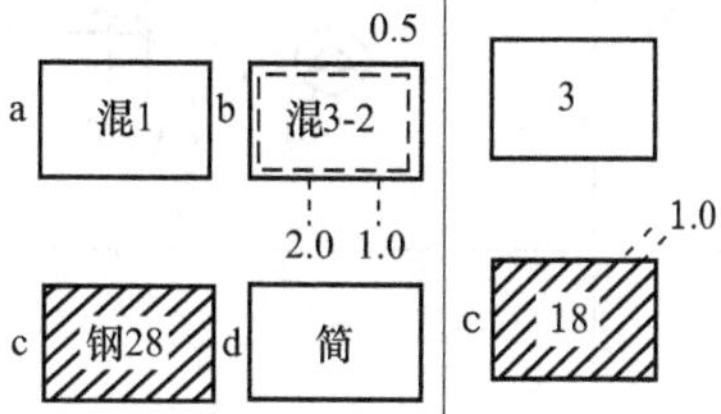				K100
4.3.2	建筑中房屋					K100
4.3.3	棚房 a. 四边有墙的 b. 一边有墙的 c. 无墙的	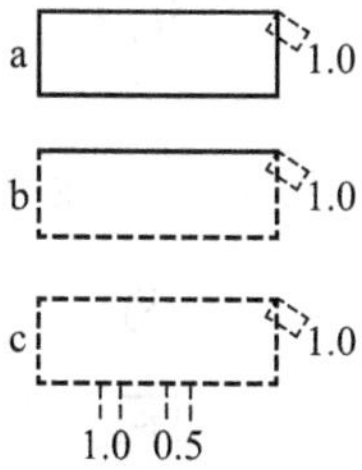				K100
4.3.4	破坏房屋					K100
4.3.5	架空房 3、4——楼层 /1、/2——空层层数	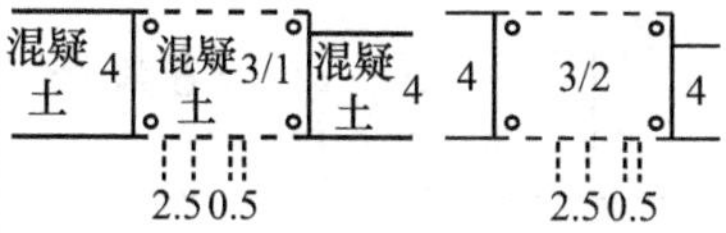				K100

（续）

编号	符号名称	符号式样			符号细部图	多色图色值
		1：500	1：1000	1：2000		
4.3.6	廊房 a. 廊房 b. 飘楼	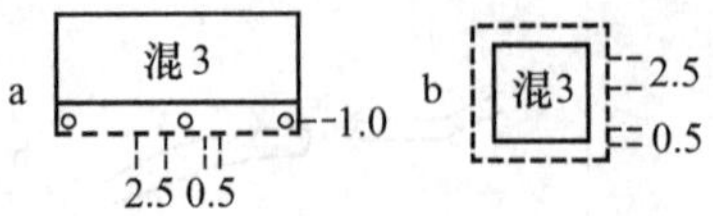 a 混3 ┤1.0 2.5 0.5	b 混3 ┤2.5 ┤0.5			K100
4.3.7	窑洞 a. 地面上的 a1. 依比例尺的 a2. 不依比例尺的 a3. 房屋式的窑洞 b. 地面下的 b1. 依比例尺的 b2. 不依比例尺的	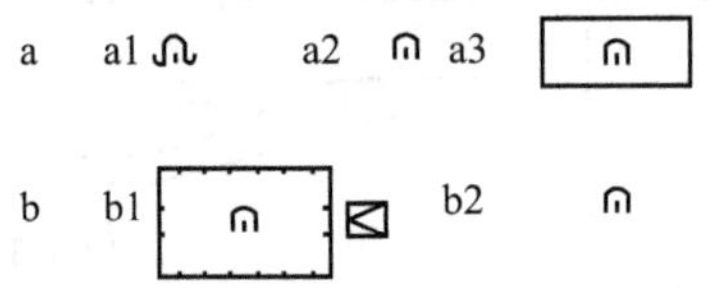 a a1 ⌂ a2 ⌂ a3 ⌂ b b1 ⌂⊠ b2 ⌂			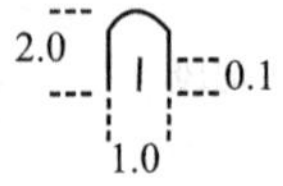 2.0 ⌂ 0.1 1.0	K100
4.3.8	蒙古包、放牧点 a. 依比例尺的 b. 不依比例尺的 (3-6)——居住月份	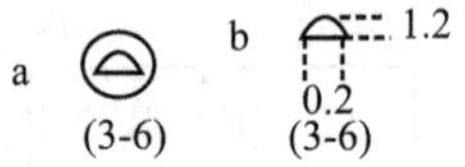 a ⊕ (3-6)	b ⌂ 1.2 0.2 (3-6)		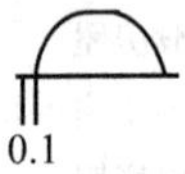 ⌂ 0.1	K100
4.3.9	矿井井口 a. 开采的 a1. 竖井井口 a2. 斜井井口 a3. 平峒洞口 a4. 小矿井 b. 废弃的 b1. 竖井井口 b2. 斜井井口 b3. 平面洞口 b4. 小矿井 硫、铜、磷、煤、铁——矿物品种	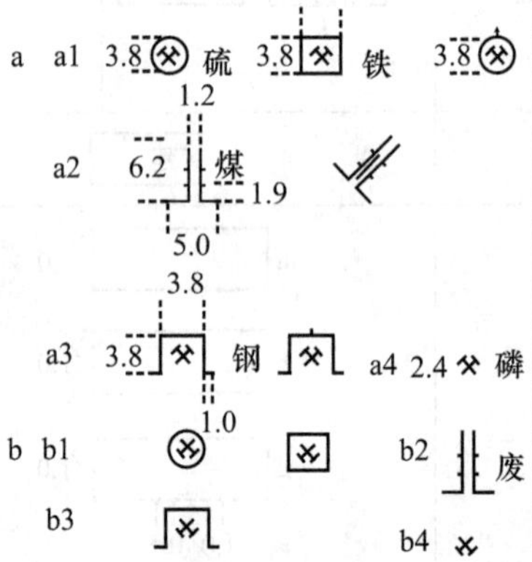 a a1 3.8 ⊗ 硫 3.8 ⊗ 铁 3.8 ⊗ 1.2 a2 6.2 煤 1.9 5.0 3.8 a3 3.8 ⊗ 钢 a4 2.4 ⊗ 磷 1.0 b b1 ⊗ ⊠ b2 ⊦ 废 b3 ⊗ b4 ⊗			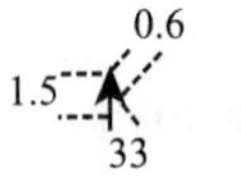 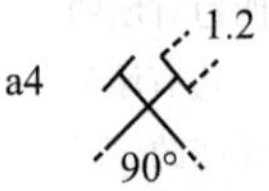 0.6 1.5 ⊗ 33 a4 1.2 90°	K100
4.3.10	露天采掘场、乱掘地石、土 ——矿物品种	 石	土			K100
4.3.11	管道井（油、气井）油——产品名称	 3.0 1.5 ⬤ 油				K100

（续）

编号	符号名称	符号式样			符号细部图	多色图色值
		1：500	1：1000	1：2000		
4.3.12	盐井	卅			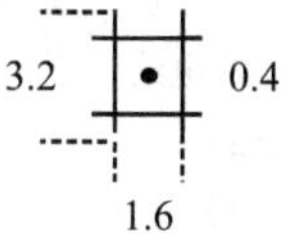 3.2 ⊡ 0.4 1.6	K100
4.3.13	海上平台	 ▮油			 3.6 1.5	K100
4.3.14	探井（试坑） a. 依比例尺的 b. 不依比例尺的	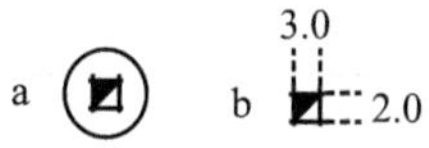 a ⊘	b 3.0 ◩ 2.0			K100
4.3.15	探槽	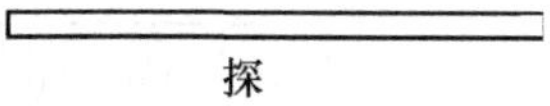 ▭ 探				K100
4.3.16	钻孔 涌——钻孔说明	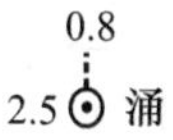 0.8 2.5 ⊙ 涌				K100
4.4	交通					
4.4.1	标准轨铁路 a. 一般的 b. 电气化的 b1. 电杆 c. 建筑中的	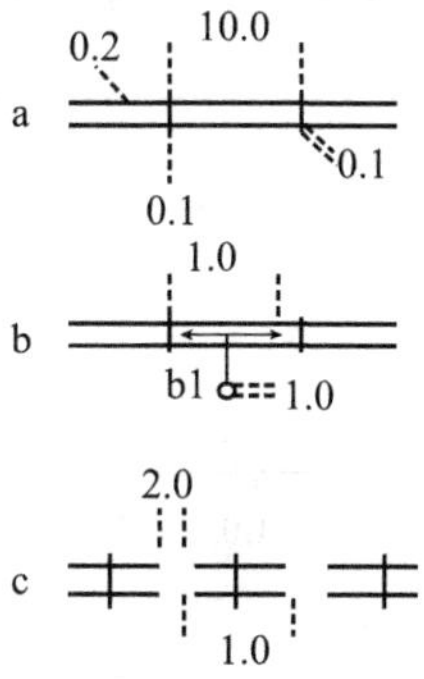 a 0.2 10.0 0.1 b 0.1 1.0 b1 ⊏=1.0 c 2.0 1.0	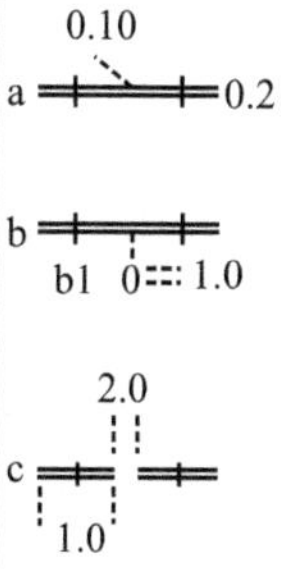 a 0.10 0.2 b b1 0⊏=1.0 c 2.0 1.0			K100
4.4.2	窄轨铁路	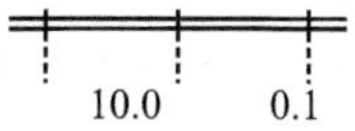 10.0 0.1	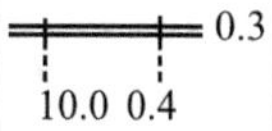 10.0 0.4 0.3			K100
4.5	管线					

（续）

编号	符号名称	符号式样			符号细部图	多色图色值
		1：500	1：1000	1：2000		
4.5.1 4.5.1.1 4.5.1.2 4.5.1.3	高压输电线 架空的 a. 电杆 35——电压(kV) 地面下的 a. 电缆标 输电线入地口 a. 依比例尺的 b. 不依比例尺的	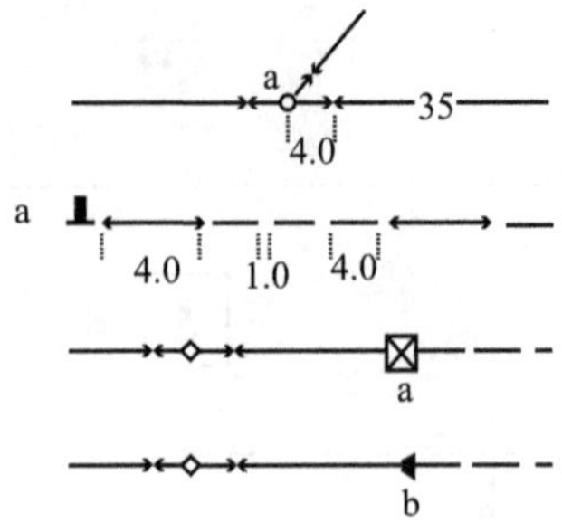 a　4.0　35 a　4.0　1.0　4.0 a b			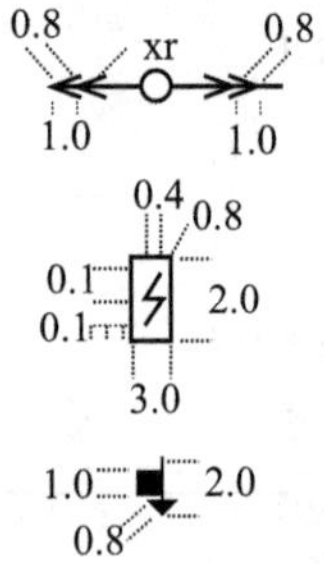 0.8　xr　0.8 1.0　1.0 0.4　0.8 0.1　2.0 0.1　3.0 1.0　2.0 0.8	K100
4.5.2 4.5.2.1 4.5.2.2 4.5.2.3	配电线 架空的 a. 电杆 地面下的 a. 电缆标 配电线入地口	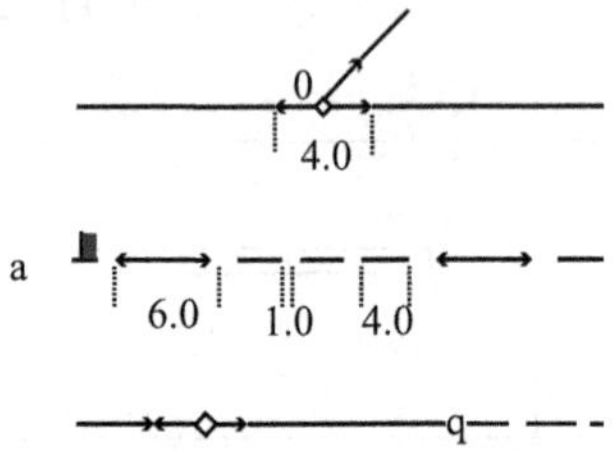 0　4.0 a　6.0　1.0　4.0 q			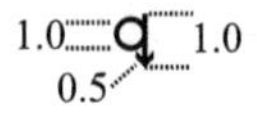 1.0　1.0 0.5	K100
4.6	境界					
4.6.1	国界 a. 已定界和界桩、界碑及编号 b. 未定界	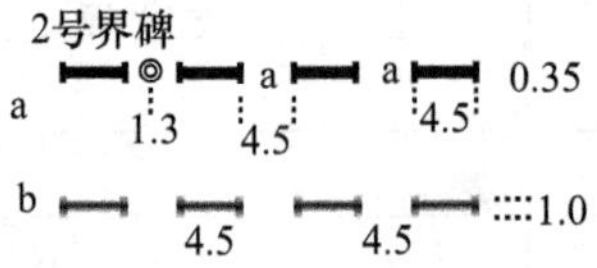 2号界碑 a　a　a　0.35 1.3　4.5　4.5 b　1.0 4.5　4.5			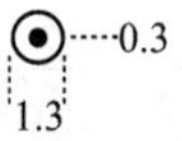 0.3 1.3	K100
4.6.2	省级行政区界线和界标 a. 已定界 b. 未定界 c. 界标	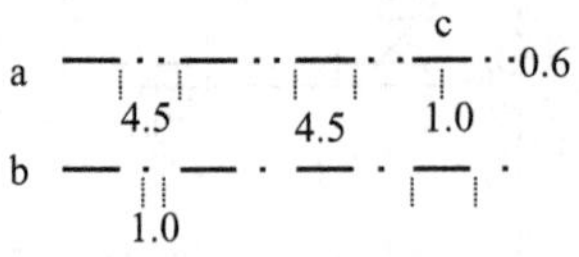 a　　c　0.6 4.5　4.5　1.0 b 1.0			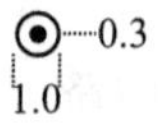 0.3 1.0	K100
4.6.3	特别行政区界线	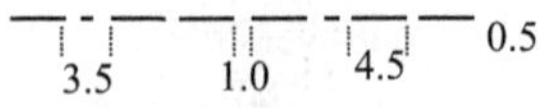 0.5 3.5　1.0　4.5				K100
4.6.4	地级行政区界线 a. 已定界和界标 b. 未定界	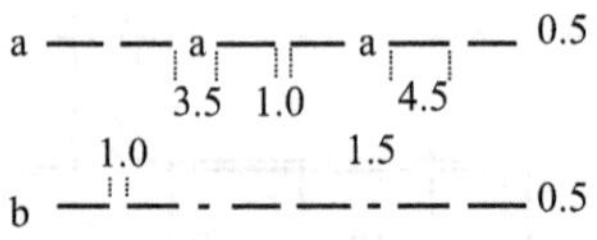 a　a　a　0.5 3.5　1.0　4.5 1.0　1.5 b　0.5				K100
4.7	地貌					

（续）

编号	符号名称	符号式样			符号细部图	多色图色值
		1：500	1：1000	1：2000		
4.7.1	等高线及其注记 a. 首曲线 b. 计曲线 c. 间曲线 25——高程	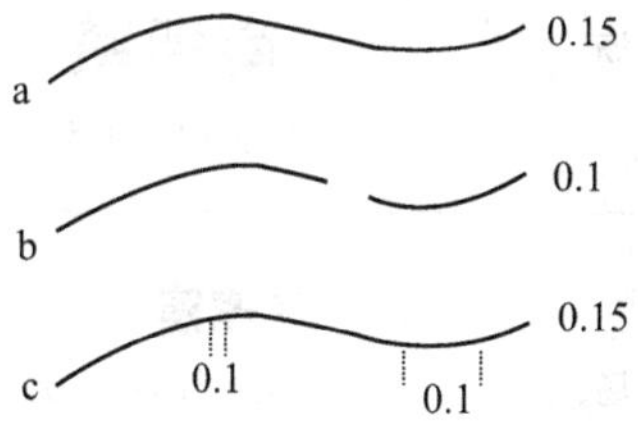				M40Y100K30
4.7.2	示坡线					M40Y100K30
4.7.3	高程点及其注记 1520.3- 15.3-高程					K100
4.8	植被与土质					
4.8.1	稻田 a. 田埂	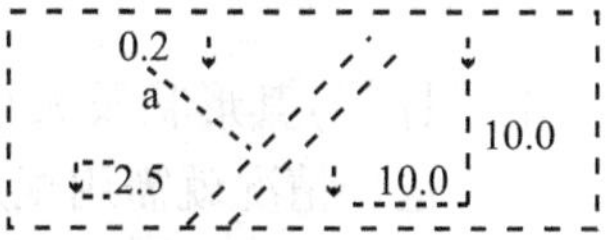				C100Y100
4.8.2	旱地					C100Y100
4.8.3	菜地	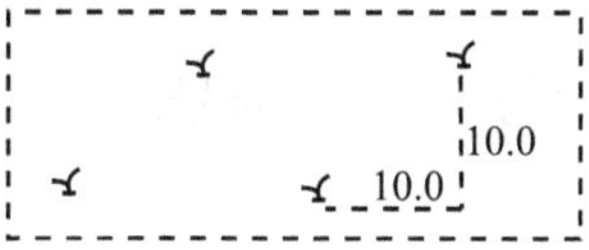			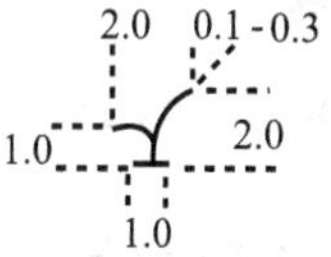	C100Y100
4.9	注记					
4.9.1	居民地名称注记					
4.9.1.1	地级以上政府驻地	**唐山市** 粗等线体(5.5)				K100
4.9.1.2	县级（市、区）政府驻地、 （高新技术）开发区管委会	**安吉县** 粗等线体(4.5)				K100

（续）

编号	符号名称	符号式样			符号细部图	多色图色值
		1 : 500	1 : 1000	1 : 2000		
4.9.1.3	乡镇级，国有农场、林场、牧场、盐场、养殖场	**南坪镇** 正等线体(3.5)				K100
4.9.1.4	村庄(外国村、镇) a. 行政村，主要集、场、街、圩、坝 b. 村庄	a **甘家寨** 正等线体(3.0) b **李家村　张家庄** 仿宋体(2.5　3.0)				K100

1. 比例符号

把物体(如房屋、道路等)的形状及大小按比例缩绘在图纸上，称为比例符号。用比例标记的符号，在图纸上量出图形的尺寸，即可估算出地面上实物的大小。

2. 非比例符号

有些较小的地物(如三角点、电线杆等)其形状及大小无法按比例缩绘在图纸上，但根据需要又必须在图纸上表示出来，如遇这种情况就需用规定的符号来表示，称非比例符号。这时不能采用量取图形尺寸的方法来衡量地面上实物的大小。

哪些地物使用比例符号或非比例符号不是固定的，它是根据图纸比例尺的大小而确定的。

3. 线形符号

对于一些带形地物(如铁路、通信线路等)，其长度可按比例表示，宽度不能按比例表示的标记方法，称为线形符号。

4. 注记符号

图上用文字、数字进行标记的，称注记符号。

细节：等高线

等高线	等高线是地面上高程相同的点所连接而成的平滑闭合曲线。同一条等高线上的点高程相等。它表示的是地面高低起伏变化情况，根据等高线的高程数字，可判断出地面的高程
等高距	两条相邻等高线的高差称等高距。施工用图等高距有 0.5m、1m、2m 三种
等高线平距	相邻两条等高线的水平距离称等高线平距。在一张图上等高距是相同的，因此等高线平距越小，表示地面坡度越陡；平距越大，地面坡度越小 有些特殊地貌(如悬岩峭壁)，不便用等高线表示，就用特定符号表示

细节：总平面图的坐标系统

在各种工程测量中，为了规划、设计和施工的需要，一般都建立统一的平面直角坐标系统，把建筑物的平面位置按统一的坐标标定出来。施工中的坐标系有两种，一是测量坐标，二是建筑坐标。

1. 测量坐标

测量坐标是建筑区勘测设计时建立的平面直角坐标系。它一般与国家大地测量坐标（或城镇坐标）相一致，即坐标纵轴为南北方向，用 x 表示；横轴为东西方向，用 y 表示。

2. 建筑坐标（也称施工坐标）

建筑物的方向是由设计部门根据建筑区的地形条件和建筑物本身构造上的要求而布置的，其轴线方向往往与测量坐标轴不平行。为了设计和施工的方便，在建筑区建立独立的建筑坐标系。建筑坐标的主要特点是坐标轴与主要建筑物的轴线方向相平行。坐标原点虚设在总平面图的西南角，而使所有建筑物的坐标皆为正值。建筑坐标纵轴用 A 表示，横轴用 B 表示。

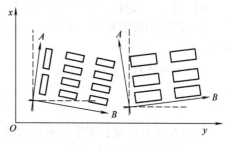

图 11-1　建筑坐标与测量坐标

建筑坐标与测量坐标之间有一个旋转角度，其坐标换算数据由设计部门提供。在有些建筑区由于各建筑群体轴线方向不同，因而有不同方向的建筑坐标系统，如图 11-1 所示。

细节：总图的方向

建筑坐标系还不能表示建筑物的方位，需用符号标明。在总图上表示方位的符号有两种，即指北针和风向频率玫瑰图。指北针如图 11-2a 所示，风玫瑰图如图 11-2b 所示。

若总平面图的设计采用的是大地测量坐标，则大地测量坐标即为建筑坐标。若建筑坐标与大地坐标没有联系，称为独立坐标。

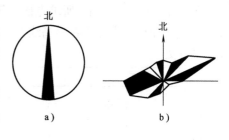

图 11-2　指北符号
a）指北针　b）风玫瑰图

细节：总平面图的阅读

阅读总平面图时要了解以下内容：

1）建筑物及交通干线的布局情况，以及工程全貌。

2）图例及说明。

3）地形情况。

4）图比例尺。

5）各单位工程的平面坐标及地形环境。

6）采用坐标系、控制网点种类、所在位置及数据、坐标方位及其他有关数据。

7）场区内地上、地下、明的、暗的、新建、原有建筑物或构筑物的位置和走向。

8）厂区周围环境对建筑区的影响。

细节：总平面图的应用

1. 求图上某一点的坐标

图 11-3 上的 p 点是坐标网中的一点，欲求 p 点的坐标。设图纸比例尺为 1:1000，每格边长 100m。求 p 点坐标的方法是：

1）用丁字尺对齐图框两边坐标线，分别画出 A-600 和 B-700 纵横坐标线。

2）用比例尺或格尺，先量出 p 点至 A-600 轴的距离，再量出 p 点至 B-700 轴的距离。如 a，b。

3）坐标计算。p 点坐标为：

$$A_p = 600 + a \tag{11-1}$$
$$B_p = 700 + b \tag{11-2}$$

为提高量点精度，丁字尺要与图框上坐标线对齐，铅笔要细，线条要直，量距要准。

2. 求图上两点间的距离

见图 11-3，求 pe 两点的距离。方法是：用比例尺或格尺，在图上直接量取 pe 两点距离，然后按图比例尺换算出线段代表的实际距离。已知比例尺为 1:1000，若量得两点距离 d，那么实际距离

$$L = dM \tag{11-3}$$

式中　M——比例尺分母。

3. 求图上某点的高程

如图 11-4 所示，如果所求点恰在等高线上，它的高程与它所在等高线的高程相同，如图中 p 点。如果所求点不在等高线上，如图中 K 点，可用目估法计算。K 点在两条等高线平距的 3/4 处。

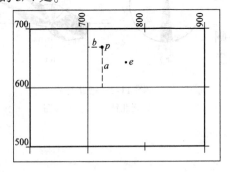

图 11-3　图解法求点的坐标

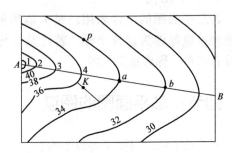

图 11-4　等高线

由于绘图过程中等高线是用目估法描绘的，等高线允许误差为：地面坡度为 0°～6°时，不大于 1/3 等高距；地面坡度为 6°～15°时，不大于 1/2 等高距；地面坡度大于 15°时，不超过 1 倍等高距。因此，利用地形图求得的点高程，在施工中仅供参考，如需真实地形，应进行实地测量。

4. 求地面坡度

地面坡度是直线两端的高差与水平距离之比。用 i 表示

$$i = \frac{h}{dM} \qquad (11-4)$$

式中　h——直线两端高差；

　　　d——图上量得的直线长度；

　　　M——比例尺分母。

如图 11-4 所示，a、b 两点高差为 dm，图上量得 ab 线段长 $h$cm，设图比例尺为 $1:2000$，那么 ab 段地面坡度

$$i = \frac{h}{dM}\% \qquad (11-5)$$

5. 画地形剖面图

图 11-4 中，要求沿 AB 直线画出该地段剖面图。绘制的方法是：画一坐标系统，横轴表示平距，纵轴表示高程。为明显地表示地形变化情况，一般纵轴比横轴比例尺大 5~10 倍，如图 11-5 所示。在横轴上标出 1 点作为起点，过 1 点作横轴垂线，在纵轴高程对应位置标出 $1'$ 点。然后在平面图上量取 1、2 点长度，按一定比例从 1 点起在横轴上标出 2 点，过 2 点作横轴的垂线，在纵轴高程对应位置标出 $2'$ 点。依此类推逐点标下去，最后将各高程点描成平滑曲线，即得出该地段的地形剖面图。

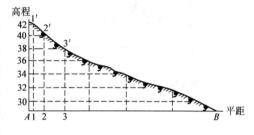

图 11-5　剖面图

细节：坐标的解析计算

1. 点在平面直角坐标系的表示方法

平面直角坐标系是由两条互相垂直的坐标轴组成的。两条轴线的交点称坐标原点。与原点相交的两坐标轴数值为零，如图 11-6 所示。平面上任意一点至 y 轴的垂直距离叫该点的纵坐标，用 x 表示；至 x 轴的垂直距离叫该点的横坐标，用 y 表示。

地面上任意一点的平面位置，在图纸上通常用 $A_{(x,y)}$ 表示。如图 11-6 中的 A 点坐标 $x=170$m，$y=150$m，可写成 $A_{(170,150)}$。

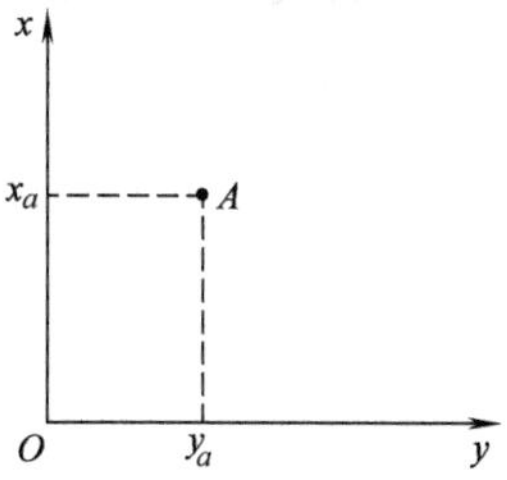

图 11-6
点在坐标中的表示法

2. 坐标增量

两个点的坐标之差叫坐标增量。纵坐标差叫纵坐标增量，用 Δx 表示；横坐标差叫横坐标增量，用 Δy 表示。在图 11-7 中，若 A 点坐标为 $A(x_a,y_a)$，B 点坐标为 $B(x_b,y_b)$、则 A 点对 B 点的增量

$$\Delta x = x_a - x_b \qquad (11-6)$$
$$\Delta y = y_a - y_b \qquad (11-7)$$

由于本书前面未涉及到方位角等概念，所以在计算坐标增量时，遇有小数减大数，可用

绝对值作下一步计算。

3. 计算两点间的距离

从图 11-7 中可看出，因为 Δx 与 Δy 互相垂直，就组成了以 Δx 和 Δy 为直角边的直角三角形，AB 距离 L 是三角形的斜边，所以 AB 两点距离

$$L=\sqrt{\Delta x^2+\Delta y^2} \tag{11-8}$$

4. 直线与坐标轴的夹角

在图 11-8 中，如果过 B 点作两条坐标轴补线，从图形中可以得出这样的三角关系 AB 两点斜线对横轴的夹角 α

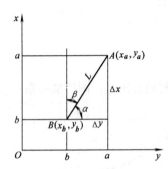

图 11-7　点在坐标中的表示法

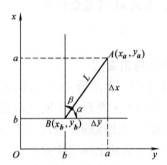

图 11-8　坐标增量及三角关系

$$\tan\alpha=\frac{\Delta x}{\Delta y} \tag{11-9}$$

$$\operatorname{ctg}\alpha=\frac{\Delta y}{\Delta x} \tag{11-10}$$

$$\sin\alpha=\frac{\Delta x}{L} \tag{11-11}$$

$$\cos\alpha=\frac{\Delta y}{L} \tag{11-12}$$

AB 斜线对纵轴的夹角 β

$$\tan\beta=\frac{\Delta y}{\Delta x} \tag{11-13}$$

$$\operatorname{ctg}\beta=\frac{\Delta x}{\Delta y} \tag{11-14}$$

$$\sin\beta=\frac{\Delta y}{L} \tag{11-15}$$

$$\cos\beta=\frac{\Delta x}{L} \tag{11-16}$$

以上是由已知两点坐标来计算距离和角度的，利用公式也可以用已知距离和角度来计算坐标增量，即

$$\Delta x=L\sin\alpha \tag{11-17}$$

或

$$\Delta y=L\cos\alpha \tag{11-18}$$

$$\Delta x=L\cos\beta \tag{11-19}$$

$$\Delta y = L\sin\beta \qquad (11\text{-}20)$$

5. 象限角

前面介绍的计算坐标增量、两直线间夹角以及两点距离，都是以极角方法运算的。计算角度时是按直线对任意轴的夹角相加或相减，算出角度的和或差；计算坐标增量时是以绝对值代入式中，再按点与极角的相对关系来确定相加或相减。象限角是按角值所在的象限进行计算的。

从图 11-9 中可看出象限角有以下特点：

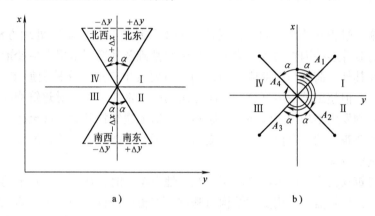

图 11-9 象限角

1）坐标系从 0°~360°，分 4 个象限，每象限 90°，见图 11-9a。

2）象限角的角值是直线以纵轴北端为始边，按顺时针方向所旋转的角度。因坐标系分象限，称象限角，见图 11-9b。

3）坐标增量是以直线与纵轴的夹角 α 来计算的。

4）正负符号是以计算角所对应的轴段来确定的，见表 11-5。

表 11-5 象限角的符号

象限\函数	I	II	III	IV	象限\函数	I	II	III	IV
$\sin\alpha$	+	+	−	−	$\tan\alpha$	+	−	+	−
$\cos\alpha$	+	−	−	+					

6. 方位角

方位角是表示直线在坐标系中方向的。直线的前进方向与坐标纵轴北端方向为始边的左夹角，称直线的方位角，角值从 0°~360°。在图 11-10 中，a_{12} 是直线 12 的方位角。a_{23} 是直线 23 的方位角。

方位角的推算公式为：

$$\alpha_{前} = \alpha_{后} + \beta_{左} - 180° \qquad (11\text{-}21)$$

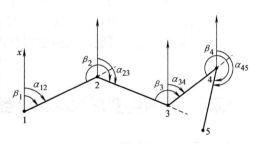

图 11-10 方位角

12　建筑物的变形观测

细节：建筑物变形观测的意义和特点

建筑物在施工过程和使用期间，因受地基的工程地质条件、地基处理方法、建（构）筑物上部结构的荷载等多种因素的综合影响，将引起基础及其四周地层发生变形，而建筑物本身因基础变形及其外部荷载与内部应力的作用，也要发生变形。这种变形在一定的范围内，可视为正常现象，但超出某一限度就会影响建筑物的正常使用，会对建筑物的安全产生严重影响，或使建筑物发生不均匀沉降而导致倾斜，或造成建筑物开裂，甚至造成建筑物整体坍塌。因此，为了建筑物的安全使用，研究变形的原因和规律，在建筑物的设计、施工和运营管理期间具有重要意义。

另外，在建筑物密集的城市修建高层建筑、地下车库时，往往要在狭窄的场地上进行深基坑的垂直开挖，这就需要采用支护结构对基坑边坡土体进行支护。由于施工中许多难以预料因素的影响，使得在深基坑开挖及施工过程中，可能产生边坡土体较大变形，造成支护结构失稳或边坡坍塌的严重事故。因此，在深基坑开挖和施工中，也应对支护结构和周边环境进行变形监测。

通过对支护结构及周边环境、建筑物实施变形观测，便可得到相对应的变形数据，因而可分析和观测基坑及周围环境的变形情况，才能对基坑工程的安全性和对周围环境的影响程度有全面的了解，以确保工程的顺利进行。当发现有异常变形时，可以及时分析原因，采取有效措施，以保证工程质量和安全生产，同时也为以后进行建筑物结构和地基基础合理设计积累资料。

所谓变形观测，是指用测量仪器或专用仪器测定建（构）筑物及其地基或一定范围内岩石和土体在建筑物荷载和外力作用下随时间变形（包括垂直位移、水平位移、倾斜、裂缝、挠度等）的工作。进行变形观测时，一般在建筑物或基础支护结构的特征部位埋设变形观测标志，在变形影响范围之外埋设测量基准点，定期测量观测标志相对于基准点的变形量，并从历次观测结果的比较中了解变形随时间变化的情况。其特点是：通过对变形体的动态观测，获得精确的观测数据，并对观测数据进行综合分析，及时对基坑或建筑物施工过程中的异常变形可能造成的危害作出预报，以便采取必要的技术措施，避免造成严重后果。

细节：建筑物变形观测的内容及技术要求

1. 变形观测的内容

深基坑施工中，变形观测的内容包括：支护结构顶部的水平位移监测；支护结构的垂直位移观测；支护结构倾斜观测；邻近建筑物、道路、地下管网设施的垂直位移、倾斜、裂缝观测等。

在建筑物主体结构施工中，观测的主要内容是建筑物的垂直位移、倾斜、挠度和裂缝观测。

变形观测要求及时对观测数据进行分析判断，对深基坑和建筑物的变形趋势作出评价，起到指导安全施工和实现信息施工的重要作用。

2. 变形观测等级及精度要求

变形观测的精度要求取决于该建筑物设计的允许变形值的大小和进行变形观测的目的。若观测的目的是为了使变形值不超过某一允许值从而确保建筑物的安全，则监测的中误差应小于允许变形值的 1/10~1/20；若观测的目的是为了研究其变形过程及规律，则中误差应比允许变形值小得多。依据规范，对建筑物进行变形观测应能反映 1~2mm 的沉降量。建筑变形测量的等级划分及其精度要求见表 12-1。

表 12-1　建筑变形测量的等级及其精度要求

变形测量等级	垂直位移观测	水平位移观测	适用范围
	观测点测站高差中误差/mm	观测点坐标中误差/mm	
特级	±0.05	±0.3	特高精度要求的特种精密工程的变形测量
一级	±0.15	±1.0	地基基础设计为甲级的建筑的变形测量；重要的古建筑和特大型市政桥梁等变形测量等
二级	±0.50	±3.0	地基基础设计为甲、乙级的建筑的变形测量；场地滑坡测量；重要的管线的变形测量；地下工程施工运营中的变形测量；大型市政桥梁变形测量等
三级	±1.05	±10.0	地基基础设计为乙、丙级的建筑的变形测量；地表、道路及一般管线的变形测量；中小型市政桥梁变形测量等

观测的周期取决于变形值的大小和变形速度，以及观测的目的。通常观测的次数应既能反映出变化的过程，又不遗漏变化的时刻。在施工阶段，观测频率应大些，一般有 3d、7d、半个月三种周期；到了竣工营运阶段，频率可小一些，一般有 1 个月、2 个月、3 个月、半年及一年等不同的周期。除了系统的周期观测以外，有时还应进行紧急观测。

细节：建筑物的倾斜观测

在进行观测之前，首先要在进行倾斜观测的建筑物上设置上、下两点或上、中、下三点标志，作为观测点，各点应位于同一垂直视准面内。如图 12-1 所示，M、N 为观测点。如果建筑物发生倾斜，MN 将由垂直线变为倾斜线。观测时，经纬仪的位置距离建筑物应大于建筑物的高度，瞄准上部观测点 M，用正倒镜法向下投点得 N'，如 N' 与 N 点不重合，则

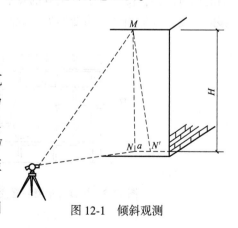

图 12-1　倾斜观测

说明建筑物发生倾斜，以 a 表示 N'、N 之间的水平距离，a 即为建筑物的倾斜值。若以 H 表示其高度，则倾斜度为：

$$i = \arcsin \frac{a}{H} \qquad (12\text{-}1)$$

高层建筑物的倾斜观测，必须分别在互成垂直的两个方向上进行。

当测定圆形构筑物(如烟囱、水塔、炼油塔)的倾斜度时(图 12-2)，首先要求得顶部中心对底部中心的偏距。为此，可在构筑物底部放一块木板，木板要放平稳。用经纬仪将顶部边缘两点 A、A' 投影至木板上而取其中心 A_0，再将底部边缘上的两点 B 与 B' 也投影至木板上而取其中心 B_0，$A_0 B_0$ 之间的距离 a 就是顶部中心偏离底部中心的距离。同法可测出与其垂直的另一方面上顶部中心偏离中心的距离 b。再用矢量相加的方法，即可求得建筑物总的偏心距即倾斜值。即：

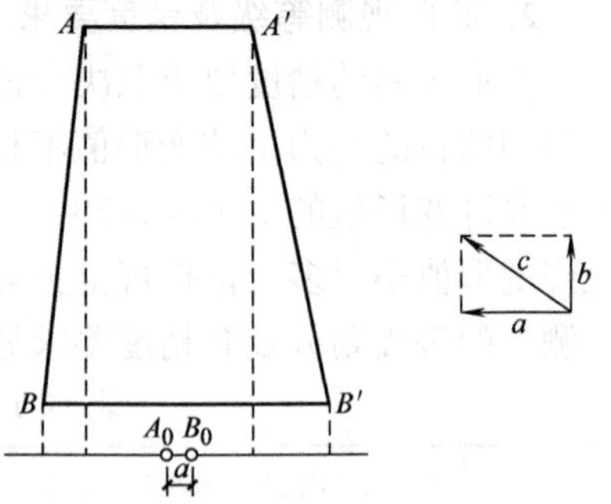

$$c = \sqrt{a^2 + b^2} \qquad (12\text{-}2)$$

图 12-2　偏心距观测

构筑物的倾斜度为：

$$i = \frac{c}{H} \qquad (12\text{-}3)$$

细节：建筑物的冻胀观测

建筑物或某一构件发现裂缝后，除应增加沉降观测次数外，还应对裂缝进行观测。因为裂缝对建筑物或构件的变形反应更为敏感。对裂缝的观测方法大致有两种：

(1) 抹石膏　如果裂缝较小，可在裂缝末端抹石膏作标志，如图 12-3 所示。石膏有凝固快、不收缩干裂的优点。当裂缝继续发展，后抹的石膏也随之开裂，便可直接反映出裂缝的发展情况。

(2) 设标尺　若裂缝较宽且变形较大，可在裂缝的一侧钉置一金属片，另一侧埋置一钢筋勾，端头磨成锐尖，在金属片上刻出明显不易被涂掉的刻划。根据钢筋勾与金属片上刻划的相对位移，便可反映出裂缝的发展情况。如图 12-4 所示设置的观测标志应稳固，有足够的刚度，以免因受碰撞变形失去观测作用。

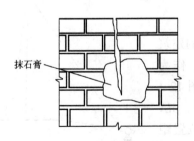

图 12-3　抹石膏观测裂缝变形

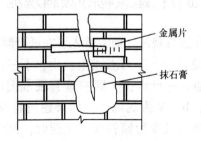

图 12-4　设标尺观测裂缝变形

细节：建筑物的裂缝观测

建筑物发现裂缝，除了要增加沉降观测的次数外，应立即进行裂缝变化的观测。为了观测裂缝的发展情况，要在裂缝处设置观测标志。设置标志的基本要求是：当裂缝开展时标志就能相应的开裂或变化，正确地反映建筑物裂缝发展情况。其形式有下列三种。

形　式	表　现	参　考　图
石膏板标志	用厚 10mm、宽约 50~80mm 的石膏板(长度视裂缝大小而定)，在裂缝两边固定牢固。当裂缝继续发展时，石膏板也随之开裂，从而观察裂缝继续发展的情况	
白铁片标志	如图 12-5 所示，用两块白铁片，一片取 150mm×150mm 的正方形，固定在裂缝的一侧。并使其一边和裂缝的边缘对齐。另一片为 50mm×200mm，固定在裂缝的另一侧，并使其中一部分紧贴相邻的正方形白铁片。当两块白铁片固定好以后，在其表面均涂上红色油漆。如果裂缝继续发展，两白铁片将逐渐拉开，露出正方形白铁片上原被覆盖没有涂油漆的部分，其宽度即为裂缝加大的宽度，可用尺子量出	图 12-5 白铁片标志
金属棒标志	如图 12-6 所示，在裂缝两边钻孔，将长约 10cm、直径 10mm 以上的钢筋头插入，并使其露出墙外约 2cm 左右，用水泥砂浆填灌牢固。在两钢筋头埋设前，应先把外露一端锉平，在上面刻画十字线或中心点，作为量取间距的依据。待水泥砂浆凝固后，量出两金属棒之间距离并进行比较，即可掌握裂缝发展情况	图 12-6 金属棒标志

细节：建筑物的位移观测

当建筑物在平面上产生位移时，为了进行位移测量，应在其纵横方向上设置观测点及控制点。如已知其位移方向，则只在此方向上进行观测即可。观测点与控制点应位于同一直线上，控制点至少须埋设三个，控制点之间的距离及观测点与相邻的控制点间的距离要大于30m，以保证测量的精度。如图 12-7 所示，A、B、C 为控制点，M 为观测点。控制点必须埋设

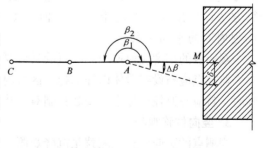

图 12-7 位移观测

牢固稳定的标桩。每次观测前,对所使用的控制点应进行检查,以防止其变化。建筑物上的观测点标志要牢固、明显。

位移观测可采用正倒镜投点的方法求出位移值。亦可采用测角的方法。如图 12-7 所示,设第一次在 A 点所测之角度为 β_1,第二次测得之角度为 β_2,两次观测角度的差数为 $\Delta\beta=\beta_2-\beta_1$,则建筑物之位移值

$$\delta = -\frac{\Delta\beta AM}{\rho} \tag{12-4}$$

式中　ρ——206265″。

细节:建筑物的滑坡观测

滑坡是指场地由于地层结构、河流冲刷、地下水活动、人工切坡及各种振动等因素的影响,致使部分或全部土体(或岩体)在重力作用下,沿着地层软弱面(或软弱带)整体向下滑动的不良地质现象。

滑坡观测的目的是测绘滑体的周界、定期测量滑动量、主滑动线的方向和速度,以监视建筑物的安全或为选厂等提供资料。

1. 观测点的埋设

滑坡的周界、主滑动线的大致方向以及观测点的埋设位置,应与地质工程师共同商量确定。一般说来,观测点应沿着与主滑动线相垂直的方向布设若干排,如图 12-8 所示,每排在滑体以外的稳定区域,也应适当布点,在滑动较快的地段,还应适当加密。

观测点应埋设永久性标石,其规格与平面控制点的标石相同,埋深 1m 左右,在冻土地区则应埋至冰冻线以下 0.5m,标志顶部应露出地面 20~30cm。在危及人身安全或攀登不便的地方,标志顶部应露出地面 50cm 以上,并安装固定的观测目标。

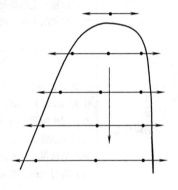

图 12-8　滑坡观测点的埋设

2. 平面位移观测

观测点的平面位置的测量方法,应根据现场实际情况和观测精度要求进行选择,一般平面控制测量的方法都可以用于观测点平面位置观测。对滑坡观测而言,采用前方交会法、极坐标法、GPS 测量方法比较适宜。通过进行定期观测,用相应的计算方法计算出观测点的坐标。任何一期相对于首期的坐标变化量,就是观测点在本观测周期的平面位移。

观测点的精度应根据观测项目的具体要求,按照相应规范的技术规定进行确定。

监控点应布设在滑体以外的稳定区域内,联结成网并进行精度设计。若测角精度要求较高时,就应在监控点标志上安装强制对中装置。

3. 竖向位移观测

观测点的竖向位移观测就是沉降观测,应与平面位移观测同步进行。一般应采用几何水准测量。因通行困难或存在大滑动危险的情况下,可采用三角高程测量。三角高程测量的觇

标必须清晰，并固定在观测点标志上。

观测点高程的精度宜与平面点位的精度相当。应埋设永久性水准基点，对高程监控网也应进行精度设计。

4. 滑坡观测的周期

滑坡观测的周期一般为：旱季每三月一次，雨季每月一次。如果滑动加快，遇暴雨、地震、解冻等情况，都要及时增加观测次数。另外，对于处于危险状态的滑坡，应根据变化量的大小，缩短观测周期，保证滑坡危害得以预防。

5. 资料整理

观测结束后，一般应提交如下资料：

1）观测点平面布置图。

2）观测点位移成果表。

3）观测点位移矢量图。

图 12-9 是滑坡观测点的位移矢量图。观测点的平面位置按首期坐标展绘，比例尺可取 1∶500 或 1∶1000。各排观测点用实连结线，外围虚线为滑体范围。

用 1∶1 或 1∶5 的比例尺展绘各观测点的终期平面位移变化量，从而绘出各点的平面位移矢量和平面位移曲线；再在各矢量上，用相同的比例尺展绘各点的终期竖向位移变化量，画出沉降曲线，并加绘阴影线，以示区别。

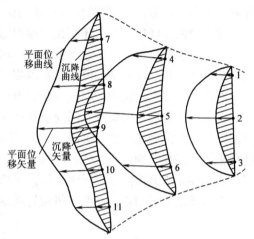

图 12-9　滑坡观测点的位移矢量图

细节：在建筑物沉降观测中，水准基点的布设

在建筑物沉降观测中，水准基点是进行建筑物沉降观测的依据。所以，水准基点的埋设要求和形式与永久性水准点相同，必须确保其稳定不变和长久保存。水准基点通常应埋设在建筑物沉降影响范围之外，观测方便且不受施工影响的地方，如果条件允许，也可布设在永久固定建筑物的墙角上。为了相互检核，水准基点的数目应不少于三个。对水准基点要定期进行高程检查，避免水准点本身发生变化，以确保沉降观测的准确性。

水准基点的布设一般应考虑以下因素：

1）水准基点与观测点的距离不应大于 100m，应尽量接近观测点，以确保沉降观测的精度。

2）水准基点应布设在建筑物或构筑物基础压力影响范围以外，也就是受振动范围以外的安全地点。

3）距铁路、公路和地下管道 5m 以外。

4）在有冰冻的地区，水准基点的埋设深度至少在冰冻线以下 0.5m，以确保水准基点的稳定。

细节：在建筑物沉降观测中，测定建筑物的沉降量

在建筑物沉降观测中，建筑物的沉降量是利用水准测量方法测定的，即通过多次观测水准基点与设置在建筑物上的观测点之间的高差的变化测定建筑物的沉降量。为了能全面及准确地反映整个建筑物的沉降变化情况，必须合理确定观测点的数目与位置。

在民用建筑中，一般是在房屋的转角、沉降缝两侧、基础变化处，以及地质条件改变处设置观测点。通常在建筑物的四周每隔10~20m设置一沉降观测点。

建筑物的宽度较大时，还应在房屋内部纵墙上或者楼梯间布置观测点。

对于工业厂房可在柱子、承重墙、厂房转角以及大型设备基础的周围设置观测点。扩建的厂房应在连接处两侧基础墙上设置观测点。

对高大的圆形构筑物(水塔、高炉以及烟囱等)，应在其基础的对称轴上设置观测点。

沉降观测点埋设时要注意同建筑物连接牢固，以保证观测点的变化真正反映建筑物的沉降情况。一般民用建筑物的沉降观测点多数均设置在外墙勒脚处，设置方法是用长120mm的角钢，一端焊一铆钉头，另一埋入墙内，并用1:2水泥砂浆填实，如图12-10a所示，或者用直20mm的钢筋，一端弯成直角，一端制成燕尾状埋设于墙内，如图12-10b所示。

设备基础的观测点，一般是将铆钉或钢筋埋入混凝土中，如图12-10c所示。

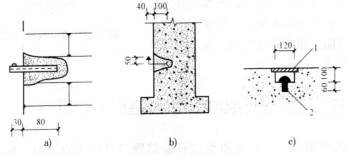

图12-10　沉降观测点的布设
1—保护盖　2—Φ20铆钉
a) 用角钢　b) 用钢筋　c) 设备基础的观测点

细节：建筑物沉降观测所包括的内容

建筑物沉降观测包括两个方面的内容：

1) 水准基点是测定沉降观测点沉降量的依据，测定时把水准基点组成闭合水准路线，或进行往返观测，其闭合差不得超过 $\pm 0.5\sqrt{n}$ m(n 为测站数)。检查水准基点的高程有无变化时，也应将水准基点组成闭合水准路线。

2) 在确保水准基点的高程无变化的情况下进行沉降观测。对一般精度要求的沉降观测可以用 DS3 型水准仪进行。观测时先后视水准基点，接着依次前视各沉降观测点，最后再后视该水准基点进行校核。沉降观测的水准路线(由一个水准基点到另一个水准基点)应为附合水准路线。

细节：建筑物沉降观测的注意事项

为了确保沉降观测获得上述的精度要求，必须注意以下几点：

1）施测前应对测量仪器进行严格的检查校正，精度要求比较高时应采用 DS1 级或 DS0.5 级精密水准仪及与之配套的水准尺，一般精度要求的沉降观测可以采用 DS3 级水准仪。

2）应尽可能在不转站的情况之下测出各观测点的高程，前后视距应尽量相等，整个观测最好用同一根水准尺，观测应在成像清晰、稳定的条件下进行，防止阳光直射仪器。

3）测量中应尽量做到观测人员固定，测量仪器固定，水准点固定，测量路线固定与测量方法固定。

细节：水平位移观测

水平位移观测的任务是测定建筑物在平面位置上随时间变化的移动量。当要测定某大型建筑物的水平位移时，可以根据建筑物的形状和大小，布设各种形式的控制网进行水平位移观测。当要测定建筑物在某一特定方向上的位移量时，这时可以在垂直于待测定的方向上建立一条基准线，定期地测量观测标志偏离基准线的距离，就可以了解建筑物的水平位移情况。

建立基准线的方法有"视准线法""引张线法"和"激光准直法"。

1. 视准线法

由经纬仪的视准面形成基准面的基准线法，称为视准线法。视准线法又分为角度变化法（即小角法）和移位法（即活动觇牌法）两种。

小角法是利用精密光学经纬仪，精确测出基准线与置镜端点到观测点视线之间所夹的角度。由于这些角度很小，观测时只用旋转水平微动螺旋即可。

设 a 为观测的角度，d_i 为测站点到照准点之间的距离，则观测标志偏离基准线的横向偏差 ρ_i 为：

$$\rho_i = \frac{\alpha}{\rho} d_i \tag{12-5}$$

在小角法测量中，通常采用 T_2 型经纬仪，角度观测四个测回。距离 d_i 的丈量精度要求不高，以 1/2000 的精度往返丈量一次即可。

活动觇牌法是直接利用安置在观测点上的活动觇牌来测定偏离值。其专用仪器设备为精密视准仪、固定觇牌和活动觇牌。施测步骤如下：

1）将视准仪安置在基准线的端点上，将固定觇牌安置在另一端点上。

2）将活动觇牌仔细地安置在观测点上，视准仪瞄准固定觇牌后，将方向固定下来，然后由观测员指挥观测点上的工作人员移动活动觇牌，待觇牌的照准标志刚好位于视线方向上时，读取活动觇牌上的读数。然后再移动活动觇牌从相反方向对准视线进行第二次读数，每定向一次要观测四次，即完成一个测回的观测。

3）在第二测回开始时，仪器必须重新定向，其步骤相同，一般对每个观测点需进行往测、返测各 2~6 个测回。

2. 引张线法

引张线法是在两固定端点之间用拉紧的金属丝作为基准线，用于测定建筑物水平位移。引张线的装置由端点、观测点、测线（不锈钢丝）与测线保护管四部分组成。

在引张线法中假定钢丝两端固定不动，则引张线是固定的基准线。由于各观测点上的标尺是与建筑物体固定连接的，所以对于不同的观测周期，钢丝在标尺上的读数变化值，就是该观测点的水平位移值。引张线法常用在大坝变形观测中。引张线安置在坝体廊道内，不受旁折光和外界影响，所以观测精度较高，根据生产单位的统计，三测回观测平均值的中误差可达 0.03mm。

3. 激光准直法

激光准直法可分为两类：第一类是激光束准直法。它是通过望远镜发射激光束，在需要准直的观测点上用光电探测器接收。由于这种方法是以可见光束代替望远镜视线，用光电探测器探测激光光斑能量中心，所以常用于施工机械导向的自动化和变形观测。第二类是波带板激光准直系统，波带板是一种特殊设计的屏，它能把一束单色相干光会聚成一个亮点。波带板激光准直系统由激光器点源、波带板装置和光电探测器或自动数码显示器三部分组成。第二类方法的准直精度高于第一类，可达 $10^{-7} \sim 10^{-6}$ 以上。

细节：用前方交会法测定建筑物的水平位移

在测定大型工程建筑物（例如塔形建筑物、水工建筑物等）的水平位移时，可利用变形影响范围以外的控制点用前方交会法进行。

如图 12-11 所示，1、2 点为互不通视的控制点，T_1 为建筑物上的位移观测点。由于 r_1 及 r_2 不能直接测量，为此必须测量连接角 r'_1 及 r'_2，则 r_1 及 r_2 通过计算可以求得：

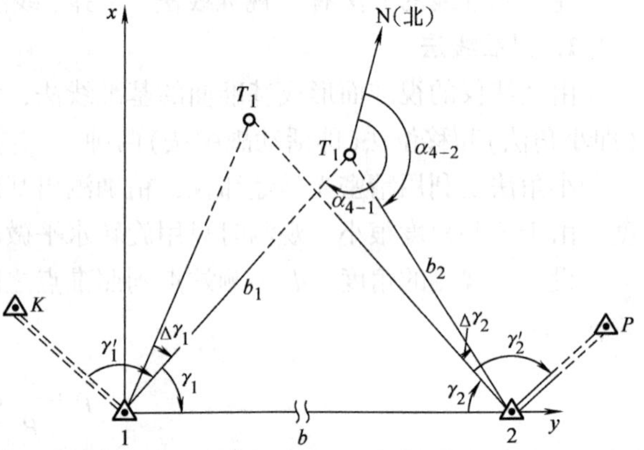

$$\left.\begin{array}{l}\gamma_1=(\alpha_{2-1}-\alpha_{K-1})-\gamma'_1\\\gamma_2=(\alpha_{P-1}-\alpha_{1-2})-\gamma'_2\end{array}\right\} \quad (12\text{-}6)$$

图 12-11

式中 α——相应方向的坐标方位角。

为了计算 T_1 点的坐标，现以点 l 为独立坐标系的原点，1-2 点的连线为 Y 轴，则 T_1 点的初始坐标按下式计算：

$$\left.\begin{array}{l}X_{Ti}=b_1\sin\gamma_1=b_i\sin\gamma_2\\Y_{Ti}=b_1\cos\gamma_1=b_2\sin\gamma_2\cot\gamma_1\end{array}\right\} \quad (12\text{-}7)$$

或

$$\left.\begin{array}{l}X_{Ti_1}=b\cdot\sin\gamma_1\sin\gamma_2/\sin(\gamma_1+\gamma_2)\\Y_{Ti}=b\cdot\cos\gamma_1\sin\gamma_2/\sin(\gamma_1+\gamma_2)\end{array}\right\} \quad (12\text{-}8)$$

经过整理得：

$$\left. \begin{array}{l} X_{T_1} = \dfrac{b}{\cot\gamma_1 + \cot\gamma_2} \\[3mm] Y_{T_1} = \dfrac{b}{\tan\gamma_1 \cot\gamma_2 + 1} \end{array} \right\} \tag{12-9}$$

同理，根据式(12-8)可以写出第 i 个测回建筑物位移观测点 T_i 的坐标公式：

$$\left. \begin{array}{l} X_{Ti} = \dfrac{b}{\cot(\gamma_1 + \Delta\gamma_1) + \cot(\gamma_2 + \Delta\gamma_2)} \\[3mm] Y_{Ti} = \dfrac{b}{\tan(\gamma_1 + \Delta\gamma_1)\cot(\gamma_2 + \Delta\gamma_2) + 1} \end{array} \right\} \tag{12-10}$$

式中　$\Delta\gamma_1$，$\Delta\gamma_2$——角 γ_1 和角 γ_2 在测回间的角差。

将式（12-9）展开成级数并取至二次项，即可得出第 i 个测回确定建筑物位移观测点 T_i 的坐标公式：

$$\left. \begin{array}{l} X_{Ti} = X_{T_1} + \dfrac{X_{T_1}^2}{b} \cdot \dfrac{\Delta\gamma_1}{\rho \cdot \sin^2\gamma_1} + \dfrac{X_{T_1}^2}{b} \cdot \dfrac{\Delta\gamma_2}{\rho \cdot \sin^2\gamma_2} \\[4mm] Y_{Ti} = Y_{t_1} + \dfrac{Y_{T_1}^2 \cdot \tan\gamma_1}{b \cdot \sin^2\gamma_2} \cdot \dfrac{\Delta\gamma_2}{\rho} - \dfrac{Y_{T_1}^2 \cdot \cot\gamma_2}{b \cdot \cos^2\gamma_1} \cdot \dfrac{\Delta\gamma_1}{\rho} \end{array} \right\} \tag{12-11}$$

将式(12-6)代入式(12-10)：

$$\left. \begin{array}{l} X_{T_i} - X_{T_1} = \Delta X_T = \dfrac{b_1^2}{b} \cdot \dfrac{\Delta\gamma_1}{\rho} + \dfrac{b_2^2}{b} \cdot \dfrac{\Delta\gamma_2}{\rho} \\[4mm] Y_{T_i} - Y_{T_1} = \Delta Y_T = -\dfrac{b_1^2}{b}\cot\gamma_2 \dfrac{\Delta\gamma_1}{\rho} + \dfrac{b_2^2}{b}\cot\gamma_1 \dfrac{\Delta\gamma_2}{\rho} \end{array} \right\} \tag{12-12}$$

在式(12-11)中 $\Delta\gamma_1$ 与 $\Delta\gamma_2$ 前面的系数对每个位移观测点都是常数，故可求得：
设

$$\left. \begin{array}{l} A = \dfrac{b_1^2}{b\rho} \\[4mm] B = \dfrac{b_2^2}{b\rho} \\[4mm] C = \dfrac{b_1^2}{b\rho}\cot\gamma_2 \\[4mm] D = \dfrac{b_2^2}{b\rho}\gamma_1 \end{array} \right\} \tag{12-13}$$

于是：

$$\left. \begin{array}{l} \Delta X_T = A\Delta\gamma_1 + B\Delta\gamma_2 \\[2mm] \Delta Y_T = -C\Delta\gamma_1 + D\Delta\gamma_2 \end{array} \right\} \tag{12-14}$$

由式(12-13)可以看出，当测定位移观测点的坐标增量时，不必直接计算点位的坐标值。在式(12-13)中，当 $\Delta\gamma_1$ 与 $\Delta\gamma_2$ 的数值分别随角值 γ_1 和 γ_2 的增大而增大，则符号 $\Delta\gamma_1$ 与 $\Delta\gamma_2$ 为正值，否则为负。若角 γ_1' 与 γ_2' 的数值在随后的测回里减小，则角度差 $\Delta\gamma_1$ 和 $\Delta\gamma_2$ 为正值。

建筑物位移观测点的水平位移总量按下式计算：

$$Q = \sqrt{\Delta X_T^2 + \Delta Y_T^2} \tag{12-15}$$

而水平位移的方向或坐标方位角 M 为：

$$M = \alpha^4 Q - (\alpha^4 T_{1-1} - \alpha T_{1-1}) \tag{12-16}$$

式中　$\alpha^4 Q$——独立坐标系中位移的坐标方位角；

　　　$\alpha^4 T_{1-1}$——在独立坐标系中 T_{1-1} 方向的坐标方位角。

从式（12-13）中可知，确定水平位移增量的精度取决于连接角观测的精度。当 $\gamma_1 = \gamma_2 = 45°$，$b_1 = b_2$。$b = 500\text{m}$ 及 $m_T = \pm2''$ 时，总水平位移 Q 的中误差 $mQ = \pm7\text{mm}$。

细节：用后方交会法测定建筑物的水平位移

建筑物的平面位移观测，在我国用于水利工程上较多，例如大坝、护坡、护岸等工程。位移观测的方法很多，有方向线法、三角测量法、综合测量法，还有视准线法、引张线法，正、倒垂线法等。上一节介绍了用角度前方交会法测定建筑物的水平位移，本节将介绍用后方交会法测定建筑物的水平位移。

为了测定单体建筑物的水平位移，可在被测建筑物本体上设立测站，要求测站标志必须和建筑物连成一个整体。在建筑物周围，当然应在变形范围之外，寻找 4~5 个固定方向，要求测站点和观测点都有强制归心设备，以克服偏心误差的影响。常见的对中装置有下列三种：

1. 三叉式对中盘

如图 12-12 所示，盘上铣出三条辐射形凹槽，三条凹槽之间的夹角为 120°，对中时必须先把基座的底板卸掉，将三只脚螺旋尖端安放在三条凹槽中后，经纬仪就在对中盘上定位了。

2. 点、线、面式对中盘

如图 12-13 所示。盘上有三个小金属块，分别是点、线、面。"点"是金属块上有一个圆锥形凹穴，脚螺旋尖端对准放上去后即不可移动。"线"是金属块上有一条线形凹槽，脚螺旋尖端在凹槽内可以沿槽线移动。第三块是一个平面，脚螺旋尖端在上面有二维自由度，当脚螺旋间距与这三个金属块间距大致相等时，仪器可以在对中盘上精确就位。

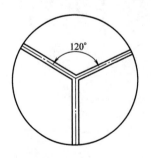

图 12-12　三叉式对中盘

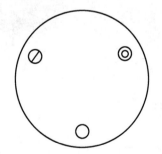

图 12-13　点、线、面式对中盘

3. 球、孔式对中装置

如图 12-14 所示，固定在标志体上的对中盘上有一个圆柱形的对中孔，另有一个对中球（或圆柱）通过螺纹可以旋在基底的底板下，对中球外径与对中孔的内径匹配，旋上对中球的测量仪器通过球孔接口，可以精确地就位于对中盘上。

仪器和观测标志都设置强制归心设备之后，即可在测站上进行多次后方交会观测，这样定期地观测若干组观测值，在假定原有固定方向的位置没有变化的情况下，根据几组观测成果，可以推算出本测站的平面位移量。

用后方交会法测定建筑物平面位移的基本原理如下：

如图 12-15 所示，A 为动点，即待测水平位移的测站点。设未移动前的坐标为 x_a、y_a、发生位移后 A 移动到 A' 位置，其移动后的坐标为 $x_a \pm dx_a$、$y_a \pm dy_a$。B 为设置在变形影响范围之外的固定点，其坐标为 x_b、y_b。AB 边的方向角为 α，当 A 点移到 A' 点时，则 $A'B$ 边的方位角为 $\alpha \pm d\alpha$。

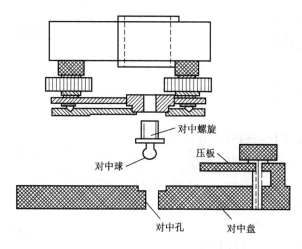

图 12-14 球、孔式对中装置   图 12-15 后方交会法测定建筑物平面位移

已知
$$\tan \alpha_{ab} = \frac{y_b - y_a}{x_b - x_a} \tag{12-17}$$

微分式(12-16)得：

$$\frac{1}{\cos^2 \alpha} \cdot \frac{d\alpha}{\rho} = \frac{-(x_b - x_a)\,dy_a + (y_b - y_a)\,dx_a}{(x_b - x_a)^2} \tag{12-18}$$

因
$$(x_b - x_a) = S\cos \alpha_{ab} \quad (y_b - y_a) = S\sin \alpha_{ab} \tag{12-19}$$

则有

$$\frac{1}{\cos^2 \alpha} \cdot \frac{d\alpha}{\rho} = \frac{-dy_a(S\cos \alpha) + dx_a(S\sin \alpha)}{S^2 \cos^2 \alpha} \tag{12-20}$$

由此得

$$d\alpha = \frac{-dy_a \cos \alpha \rho}{S} + \frac{dx_a \sin \alpha \rho}{S} \tag{12-21}$$

令
$$(\alpha) = \rho\sin \alpha \qquad (b) = -\rho\cos \alpha \tag{12-22}$$

则上式可改写为
$$d\alpha = \frac{(\alpha)}{S}dx_a + \frac{(b)}{S}dy_a \tag{12-23}$$

再令
$$\frac{(\alpha)}{S} = \alpha \qquad \frac{(b)}{S} = b \tag{12-24}$$

则得方向角微分公式的最后形式为：

$$d\alpha = \alpha dx_a + b dy_a \tag{12-25}$$

当采用角度观测平差，观测了 n 个角，则根据式（12-23）可组成如下 n 个误差方程式：

$$\left.\begin{aligned} V_1 &= A_1 dx_a + B_1 dy_a + l \\ V_2 &= A_2 dx_a + B_2 dy_a + l_2 \\ &\cdots \\ V_n &= A_n dx_a + B_n dy_a + l_n \end{aligned}\right\} \tag{12-26}$$

式中

$$\left.\begin{aligned} A_i &= \alpha_i - \alpha_{i+1} \\ B_i &= b_i - b_{i+1} \\ l_i &= \beta_i - \beta_{i+1} \\ \alpha &= \frac{\rho \sin\alpha}{S} \\ b &= \frac{-\rho \cos\alpha}{S} \end{aligned}\right\} \tag{12-27}$$

组成法方程式：

$$\left.\begin{aligned} [AA]dx_a + [AB]dy_a + [Al] &= 0 \\ [AB]dx_a + [BB]dy_a + [Bl] &= 0 \end{aligned}\right\} \tag{12-28}$$

计算位移分量：

$$dx_a = \frac{[AB][Bl] - [BB][Al]}{D} \tag{12-29}$$

$$dy_a = \frac{[AB][Al] - [AA][Bl]}{D}$$

式中

$$D = [AA][BB] - [AB]^2 \tag{12-30}$$

角度观测值中误差：

$$m_0 = \pm\sqrt{\frac{[VV]}{n-2}} \tag{12-31}$$

点位中误差：

$$\left.\begin{aligned} m_x &= \pm\frac{m_0}{\sqrt{P_x}} \\ m_y &= \pm\frac{m_0}{\sqrt{P_y}} \end{aligned}\right\} \tag{12-32}$$

式中

$$\left.\begin{aligned} P_x &= \frac{D}{[BB]} \\ P_y &= \frac{D}{[AA]} \end{aligned}\right\} \tag{12-33}$$

细节：日照变形测量

建筑物日照变形因建筑的类型、结构、材料以及阳光照射方位、高度不同而异。如湖北一座 183m 高的电视塔，24h 的偏移达 130mm；四川某饭店，高仅 18m，阳面与阴面温差 10℃时，顶部位移达 50mm，而广州一座 100 多米的建筑，24h 偏移仅 20mm。

日照变形测量在高耸建筑物或单柱（独立高柱）受强阳光照射或辐射的过程中进行，应测定建筑物或单柱上部由于向阳面与背阳面温差引起的偏移及其变化规律。

当利用建筑物内部竖向通道观测时，应以通道底部中心位置作为观测点，或以通道顶部正垂直对应于测点的位置作为观测点。采用激光铅直仪观测法，在测站点上安置激光铅直仪，在观测点上安置接收靶，每次观测，可从接受靶读取或量出顶部观测点的水平位移值和位移方向，亦可借助附于接受靶上的标示光点设施，直接获得各次观测的激光中心轨迹图，然后反转其方向即为实施日照变形曲线图。

当从建筑物或单柱外部观测时，观测点应选在受热面的顶部或受热面上部不同高度处与底部（视观测方法需要布置）适中位置，并设置照准标志，单柱亦可直接照准顶部与底部中心线位置，测站点应选在与观测点连线呈正交的两条方向线上，其中一条宜与受热面垂直，距观测点的距离约为照准目标高度的 1.5 倍的固定位置处，并埋设标石。也可采用测角前方交会法或方向差交会法。对于单柱的观测，按不同量测条件，可选用经纬仪投点法、测顶部观测点与底部观测点之间的夹角法或极坐标法。按上述方法观测时，从两个测站对观测点的观测应同步进行。所测顶部的水平位移量与位移方向，应以首次测算的观测点坐标值或顶部观测点相对底部观测点的水平位移值作为初始值，与其他各次观测的结果相比较后计算求取。

日照变形测量精度，可根据观测对象的不同要求和不同观测方法，具体分析确定。用经纬仪观测时，观测点相对测站点的点位中误差，对投点法不应大于±1.0mm，对测角法不应大于±2.0mm。

日照变形测量的时间，宜选在夏季的高温天进行。一般观测项目，可在白天时间段观测，从日出前开始，日落后停止，每隔约 1h 观测一次；对于有科研要求的重要建筑物，可在全天 24h 内每隔约 1h 观测一次。每次观测的同时，应测出建筑物向阳面与背面的温度，并测定风速与风向。

细节：风振变形测量

风振观测应在高层、超高层建筑物受强风作用的时间阶段内同步测定建筑物的顶部风速、风向和墙面风压以及顶部水平位移，以获取风压分布、体型系数及风振系数。

顶部水平位移观测可根据要求和现场情况选用下列方法：

1）激光位移计自动测记法。当位移计发射激光时，从测试室的光线示波器上可直接获取位移图像及有关参数。

2）长周期拾振器测记法。将拾振器设在建筑物顶部天面中间，由测试室内的光线示波器记录观测结果。

3）双轴自动电子测斜仪（电子水枪）测记法。测试位置应选在振动敏感的位置，仪器 x 轴与 y 轴（水枪方向）与建筑物的纵横轴线一致，并用罗盘定向，根据观测数据计算出建筑物的振动周期和顶部水平位移值。

4）加速度计法。将加速度传感器安装在建筑物顶部，测定建筑物在振动时的加速度，通过加速度积分求解位移值。

5）GPS差分载波相位法。将一台GPS接收机安置在距待测建筑物一段距离且相对稳定的基准站上，另一台接收机的天线安装在待测建筑物楼顶。接收机周围50m以上应无建筑物遮挡或反射物。每台接收机应至少同时接受6颗以上卫星的信号，数据采集频率不应低于10Hz。两台接收机同步记录15~20min数据作为一测段。具体测段数视要求确定。通过专门软件对接受的数据进行动态差分后处理，根据获得的WGS-84大地坐标即可求得相应位移值。

6）经纬仪测角前方交会法或方向差交会法。该法适应于在缺少自动测记设备和观测要求不高时建筑物顶部水平位移的测定，但作业中应采取措施防止仪器受到强风影响。

风振位移的观测精度，如用自动测记法，应视所用设备的性能和精确程度要求具体确定。如采用经纬仪观测，观测点相对测站点的点位中误差不应大于±15mm。

由实测位移值计算风振系数 β 时，可采用下列公式：

$$\beta = \frac{(S_{均}+0.5A)}{S_{均}} \tag{12-34}$$

或

$$\beta = \frac{(S_{静}+S_{动})}{S_{静}} \tag{12-35}$$

式中　$S_{均}$——平均位移值，mm；

　　　A——风力振幅，mm；

　　　$S_{静}$——静态位移，mm；

　　　$S_{动}$——动态位移，mm。

13 竣工总平面图的编绘

细节：编绘竣工总平面图的意义

工业企业和民用建设工程是根据设计的总平面图进行施工的，但是，在施工过程中，可能由于设计时没有考虑到的原因而使设计的位置发生变更，因此工程的竣工位置不可能与设计位置完全一致。此外，在工程竣工投产以后的经营过程中，为了顺利地进行维修，及时消除地下管线的故障，并考虑到为将来企业的改建或扩建准备充分的资料，一般应编绘竣工总平面图。竣工总平面图及附属资料，也是考察和研究工程质量的依据之一。

编绘竣工总平面图需要在施工过程中收集一切有关的资料，加以整理，及时进行编绘。为此，在开始建厂时即应有所考虑和安排。

细节：编绘竣工总平面图的方法和步骤

1. 绘制前准备

决定竣工总平面图的比例尺	竣工总图的比例尺，宜为1∶500。其坐标系统、图幅大小、注记、图例符号及线条，应与原设计图一致。原设计图没有的图例符号，可使用新的图例符号，并应符合现行总平面图设计的有关规定
绘制竣工总平面图图底坐标方格网	为了能长期保存竣工资料，竣工总平面图应采用质量较好的图纸。聚酯薄膜是我国新近的化工产品，具有坚韧、透明、不易变形等特性，可用作图纸 编绘竣工总平面图，首先要在图纸上精确地绘出坐标方格网。一般使用杠规和比例尺来绘制坐标格网画好后，应立即进行检查。用直尺检查有关的交叉点是否在同一直线上；同时用比例尺量出正方形的边长和对角线长，视其是否与应有的长度相等。图廓的对角线绘制容许误差为±1mm
展绘控制点	以图底上绘出的坐标方格网为依据，将施工控制网点按坐标展绘在图上。展点对所临近的方格而言，其容许误差为±0.3mm
展绘设计总平面图	在编绘竣工总平面图之前，应根据坐标格网，先将设计总平面图的图面内容按其设计坐标，用铅笔展绘于图纸上，作为底图

2. 竣工总平面图的室内编绘

绘制竣工总平面图的依据	1）设计总平面图、单位工程平面图、纵横断面图和设计变更资料 2）定位测量资料、施工检查测量及竣工测量资料
根据设计资料展点成图	凡按设计坐标定位施工的工程，应以测量定位资料为依据，按设计坐标（或相对尺寸）和标高编绘。建筑物和构筑物的拐角、起止点、转折点应根据坐标数据展点成图；对建筑物和构筑物的附属部分，如无设计坐标，可用相对尺寸绘制。若原设计变更，则应根据设计变更资料编绘

(续)

根据竣工测量资料或施工检查测量资料展点成图	在工业及民用建筑施工过程中，在每一个单位工程完成以后，应该进行竣工测量，并提出该工程的竣工测量成果 凡有竣工测量资料的工程，若竣工测量成果与设计值之比差不超过所规定的定位容差时，按设计值编绘；否则应按竣工测量资料编绘
展绘竣工位置时的要求	根据上述资料编绘成图时，对于厂房应使用黑色墨线绘出该工程的竣工位置，并应在图上注明工程名称、坐标和标高及有关说明。对于各种地上、地下管线，应用各种不同颜色的墨线绘出其中心位置，注明转折点及并位的坐标、标高及有关说明。在一般没有设计变更的情况下，墨线绘的竣工位置与按设计原图用铅笔绘的设计位置应该重合，但坐标与标高数据与设计值比较会有微小出入。随着施工的进展，逐渐在底图上将铅笔线都绘成墨线 在图上按坐标展绘工程竣工位置时，和在图底上展绘控制点的要求一样，均以坐标格网为依据进行展绘，展间对邻近的方格而言，其容差为±0.3mm

3. 编绘竣工总平面图时的现场实测工作

凡属下列情况之一者，必须进行现场实测，以编绘竣工总平面图：

1) 由于未能及时提出建筑物或构筑物的设计坐标，而在现场指定施工位置的工程。

2) 设计图上只标明工程与地物的相对尺寸，而无法推算坐标和标高。

3) 由于设计多次变更，而无法查对设计资料。

4) 竣工现场的竖向布置、围墙和绿化情况，施工后尚保留的大型临时设施。

为了进行实测工作，可以利用施工期间使用的平面控制点和水准点进行实测。如原有的控制点不够使用时，应补测控制点。

建筑物或构筑物的竣工位置应根据控制点采用极坐标法或直角坐标法实测其坐标。实测坐标与标高的精度应不低于建筑物和构筑物的定位精度。外业实测时，必须在现场绘出草图，最后根据实测成果和草图，在室内进行展绘，便成为完整的竣工总平面图。

细节：竣工总平面图的最终绘制

1. 分类竣工总平面图的编绘

对于大型企业和较复杂的工程，如将厂区地上、地下所有建筑物和构筑物都绘在一张总平面图上，这样将会形成图面线条密集，不易辨认。为了使图面清晰醒目，便于使用，可根据工程的密集与复杂程度，按工程性质分类编绘竣工总平面图。一般有下列几种分类图，见表13-1。

表 13-1 编绘竣工总平面图分类

分 类	内 容
总平面及交通运输竣工图	1) 应绘出地面的建筑物、构筑物、公路、铁路、地面排水沟渠、树木绿化等设施 2) 矩形建筑物、构筑物在对角线两端外墙轴线交点，应注明两点以上坐标 3) 圆形建筑物、构筑物，应注明中心坐标及接地外半径 4) 所有建筑物都应注明室内地坪标高 5) 公路中心的起终点、交叉点，应注明坐标及标高，弯道应注明交角、半径及交点坐标，路面应注明材料及宽度 6) 铁路中心的起终点、曲线交点，应注明坐标，在曲线上应注明曲线的半径、切线长、曲线长、外矢矩、偏角诸元素；铁路的起终点、变坡点及曲线的内轨轨面应注明标高

（续）

分　　类	内　　容
给水、排水管道竣工图	1）给水管道。应绘出地面给水建筑物、构筑物及各种水处理设施。在管道的结点处，当图上按比例绘制有困难时，可用放大详图表示。管道的起终点、交叉点、分支点，应注明坐标；变坡处应注明标高；变径处应注明管径及材料；不同型号的检查井应绘详图 2）排水管道。应绘出污水处理构筑物、水泵站、检查井、跌水井、水封井、各种排水管道、雨水口、排出水口、化粪池以及明渠、暗渠等。检查井应注明中心坐标、出入口管底标高、井底标高、井台标高；管道应注明管径、材料、坡度；对不同类型的检查井应绘出详图。此外，还应绘出有关建筑物及铁路、公路
动力、工艺管道竣工图	1）应绘出管道及有关的建筑物、构筑物，管道的交叉点、起终点，应注明坐标及标高、管径及材料 2）对于地沟埋设的管道，应在适当地方绘出地沟断面，表示出沟的尺寸及沟内各种管道的位置。此外，还应绘出有关的建筑物、构筑物及铁路、公路
输电及通信线路竣工图	1）应绘出总变电所、配电站、车间降压变电所、室外变电装置、柱上变压器、铁塔、电杆、地下电缆检查井等 2）通信线路应绘出中继站、交接箱、分线盒（箱）、电杆、地下通信电缆入孔等 3）各种线路的起终点、分支点、交叉点的电杆应注明坐标；线路与道路交叉处应注明净空高 4）地下电缆应注明深度或电缆沟的沟底标高 5）各种线路应标明线径、导线数、电压等数据，各种输变电设备应注明型号、容量 6）应绘出有关的建筑物、构筑物及铁路、公路
综合管线竣工图	1）应绘出所有的地上、地下管道，主要建筑物、构筑物及铁路、道路 2）在管道密集处及交叉处，应用剖面图表示其相互关系

2. 随工程的竣工相继进行编绘

工业企业竣工总平面图的编绘最好的办法是：随着单位或系统工程的竣工，及时地编绘单位工程平面图，并由专人汇总各单位工程平面图编绘竣工总平面图。

这种办法可及时利用当时竣工测量成果进行编绘，如发现问题，能及时到现场实测查对，同时由于边竣工边编绘竣工总平面图，可以考核和反映施工进度。

3. 竣工总平面图的图面内容和图例

竣工总平面图的图面内容和图例，一般应与设计图取得一致。图例不足时，可补充编制，但必须加图例说明。

细节：竣工总平面图的附件

为了全面反映竣工成果，便于生产管理、维修和日后企业的扩建和改建，下列与竣工总平面图有关的一切资料，应分类装订成册，作为竣工总平面图的附件保存。

1）地下管线竣工纵断面图。

2）铁路、公路竣工纵断面图。工业企业铁路专用线和公路竣工后，应进行铁路轨顶和公路路面（沿中心线）水准测量，以编绘竣工纵断面图。

3）建筑场地及其附近的测量控制点布置图及坐标与高程一览表。

4）建筑物或构筑物沉降及变形观测资料。

5）工程定位、检查及竣工测量的资料。

6）设计变更文件。

7）建设场地原始地形图。

14 建筑工程测量常用数据及技术资料

细节：建筑工程测量常用数据

1. 线路测量常用数据

（1）线路测图比例尺选用　线路测图比例尺的选用见表 14-1。

表 14-1　线路测图的比例尺

线路名称	带状地形图	工点地形图	纵断面图		横断面图	
			水平	垂直	水平	垂直
铁路	1：1000 1：2000 1：5000	1：200 1：500	1：1000 1：2000 1：10000	1：100 1：200 1：1000	1：100 1：200	1：100 1：200
公路	1：2000 1：5000	1：200 1：500 1：1000	1：2000 1：5000	1：200 1：500	1：100 1：200	1：100 1：200
架空索道	1：2000 1：5000	1：200 1：500	1：2000 1：5000	1：200 1：500	—	—
自流管线	1：1000 1：2000	1：500	1：1000 1：2000	1：100 1：200	—	—
压力管线	1：2000 1：5000	1：500	1：2000 1：5000	1：200 1：500	—	—
架空送电线路	—	1：200 1：500	1：2000 1：5000	1：200 1：500		

注：1. 1：200 比例尺的工点地形图，可按对 1：500 比例尺地形测图的技术要求测绘。

2. 当架空送电线路通过市区的协议区或规划区时，应根据当地规划部门的要求，施测 1：1000 或 1：2000 比例尺的带状地形图。

3. 当架空送电线路需要施测横断面图时，水平和垂直比例尺宜选用 1：200 或 1：500。

（2）铁路、公路测量

1）铁路、二级及以下等级公路导线测量的主要技术要求，应满足表 14-2 的规定要求。

表 14-2　铁路、二级及以下等级公路导线测量的主要技术要求

导线长度/km	边长/m	仪器精度等级	测回数	测角中误差/″	测距相对中误差	联测检核	
						方位闭合差/″	相对闭合差
≤30	400~600	2″级仪器		12	≤1/2000	$24\sqrt{n}$	≤1/2000
		6″级仪器		20		$40\sqrt{n}$	

注：表中 n 为测站数。

2）铁路、二级及以下等级公路高程控制测量的主要技术要求，见表14-3。

表14-3 铁路、二级及以下等级公路高程控制测量的主要技术要求

等 级	每千米高差全中误差/mm	路线长度/km	往返较差、附合或环线闭合差
五等	15	30	$30\sqrt{L}$

注：L为水准路线长度(km)。

3）铁路、公路定测放线副交点水平角观测的角值较差应不大于表14-4的规定。

表14-4 副交点测回间角值较差的限差

仪器精度等级	副交点测回间角值较差的限差/″
2″级仪器	15
6″级仪器	20

4）铁路、公路线路中线测量，应同初测导线、航测外控点或GPS点联测。联测间隔宜为5km，特殊情况下不应大于10km。线路联测闭合差应不大于表14-5的规定。

表14-5 中线联测闭合差的限差

线路名称	方位角闭合差/″	相对闭合差
铁路、一级以上公路	$30\sqrt{n}$	1/2000
二级以下公路	$60\sqrt{n}$	1/1000

注：n为测站数；计算相对闭合差时，长度采用初、定测闭合环长度。

5）铁路、公路中线桩位测量误差，直线段应不超过表14-6的规定；曲线段不应超过表14-7的规定。

表14-6 直线段中线桩位测量限差

线路名称	纵向误差/m	横向误差/cm
铁路、一级以上公路	$\dfrac{S}{2000}+0.1$	10
二级以下公路	$\dfrac{S}{1000}+0.1$	10

注：S为转点桩至中线桩的距离(m)。

表14-7 曲线段中线桩位测量闭合差限差

	纵向相对闭合差/cm		横向闭合差/cm	
	平地	山地	平地	山地
铁路、一级以上公路	1/2000	1/1000	10	10
二级以下公路	1/1000	1/500	10	15

6）铁路、公路横断面测量的误差，不应超过表14-8的规定。

表 14-8　横断面测量的限差

线 路 名 称	距 离/m	高 程/m
铁路、一级以上公路	$\frac{l}{100}+0.1$	$\frac{h}{100}+\frac{l}{200}+0.1$
二级以下公路	$\frac{l}{50}+0.1$	$\frac{h}{50}+\frac{l}{100}+0.1$

注：1. l 为测点至线路中线桩的水平距离(m)。

　　2. h 为测点至线路中线桩的高差(m)。

7）铁路、公路施工前应复测中线桩，当复测成果和原测成果的较差符合表 14-9 的限差规定时，应采用原测成果。

表 14-9　中线桩复测与原测成果较差的限差

线 路 名 称	水平角/°	距离相对中误差	转点横向误差/mm	曲线横向闭合差/cm	中线桩高程/cm
铁路、一级以上公路	≤30	≤1/2000	每 100m 小于 5，点距离大于等于 400m 小于 20	≤10	≤10
二级以下公路	≤60	≤1/1000	每 100m 小于 10	≤10	≤10

（3）自流和压力管线测量

1）自流与压力管线导线测量的主要技术要求，应符合表 14-10 的规定。

表 14-10　自流和压力管线导线测量的主要技术要求

导线长度/km	边长/km	测角中误差/″	联测检核		适用范围
			方位角闭合差/″	相对闭合差	
≤30	>1	12	$24\sqrt{n}$	1/2000	压力管线
≤30	>1	20	$40\sqrt{n}$	1/1000	自流管线

注：n 为测站数。

2）自流和压力管线水准测量与电磁波测距三角高程测量的主要技术要求，应符合表 14-11的规定。

表 14-11　自流和压力管线高程控制测量的主要技术要求

等 级	每千米高差全中误差/mm	路线长度/km	往返较差、附合或环线闭合差/mm	适 用 范 围
五级	15	30	$30\sqrt{L}$	自流管线
图根	20	30	$40\sqrt{L}$	压力管线

注：1. L 为路线长度(km)。

　　2. 作业时，根据需要压力管线的高程控制精度可放宽 1~2 倍执行。

2. 地下管线测量常用数据

地下管线的调查项目及取舍标准，宜按照委托方要求确定，也可依管线疏密程度、管径大小以及重要性按表 14-12 确定。

表 14-12 地下管线调查项目和取舍标准

管线类型		埋 深		断 面 尺 寸		材质	取 舍 要 求	其 他 要 求
		外顶	内底	管径	宽×高			
给水		*	—	*	—	*	内径≥50mm	—
排水	管道	—	*	*	—	*	内径≥200mm	注明流向
	方沟	—	*	—	*	*	方沟断面≥300mm×300mm	
燃气		*	—	*	—	*	干线和主要干线	注明压力
热力	直埋	*	—	*	—	*	干线和主要干线	注明流向
	沟道	—	*	—	—	*	全测	
工业管道	自流						工艺流程线不测	—
	压力	*	—	*	*	*		自流管道主要流向
电力	直埋	*	—	*	—	*	电压≥380V	注明电压
	沟道	—	*	—	*	*	全测	注明电缆根数
通信	直埋	*	—	*	—	*	干线和主要支线	
	管块	*	—	*	*	—	全测	注明孔数

注：1. * 为调查或探查项目。

　　2. 管道材质主要包括：钢、铸铁、钢筋混凝土、混凝土、石棉水泥、陶土、PVC 塑料等。沟道材质主要包括砖石和管块等。

3. 工程施工测量常用数据

（1）场区控制测量

1）当采用导线及导线网作为场区控制网时，导线边长应大致相等，相邻边之间的长度之比不宜超过 1：3，其主要技术要求应符合表 14-13 的规定。

表 14-13 场区导线测量的主要技术要求

等 级	导线长度/km	平均边长/m	测角中误差/″	测距相对中误差	测 回 数		方位角闭合误差/″	导线全长相对闭合误差
					2″仪器	6″仪器		
一级	2.0	100~300	5	1/30000	3	—	$10\sqrt{n}$	≤1/15000
二级	1.0	100~200	8	1/14000	2	4	$16\sqrt{n}$	≤1000

注：n 为测站数

2）当采用三角形网作为场区控制网时，其主要技术要求应满足表 14-14 的规定要求。

表 14-14 场区三角形网测量的主要技术要求

仪器精度等级	副交点测回间角值较差的限差/″
2″级仪器	15
6″级仪器	20

3）当采用 GPS 网作为场区控制网时，其主要技术要求应符合表 14-15 的要求。

表 14-15 场区 GPS 网测量的主要技术要求

等　　级	边长/m	固定误差 A/mm	比例误差系数 B/(mm/km)	边长相对中误差
一级	300~500	≤5	≤5	≤1/40000
二级	100~300			≤1/20000

（2）工业与民用建筑施工测量

1）建筑物施工平面控制网的主要技术要求应符合表 14-16 的规定。

表 14-16 建筑物施工平面控制网的主要技术要求

等　　级	边长相对中误差	测角中误差
一级	≤1/30000	$7''/\sqrt{n}$
二级	≤1/15000	$15''/\sqrt{n}$

注：n 为建筑物结构的跨数。

2）建筑物施工平面控制网建立时水平角观测的测回数应参照表 14-16 中测角中误差的大小，按表 14-17 选定。

表 14-17 水平角观测的测回数

测角中误差 仪器精度等级	2.5″	3.5″	4.0″	5″	10″
1″级仪器	4	3	2	—	—
2″级仪器	6	5	4	3	1
6″级仪器	—	—	—	4	3

3）建筑物施工放样、轴线投测以及标高传递的偏差，不应超过表 14-18 的规定。

表 14-18 建筑物施工放样、轴线投测和标高传递的允许偏差

项　　目	内　　容		允 许 误 差/mm
基础桩位放样	单排桩或群桩中的边桩		±10
	群桩		±20
各施工层上放线	外廓主轴线长度 L/m	$L \leqslant 30$	±5
		$30 < L \leqslant 60$	±10
		$60 < L \leqslant 90$	±15
		$90 < L$	±20
	细部轴线		±2
	承重墙、梁、柱边线		±3
	非承重墙边线		±3
	门窗洞口线		±3

（续）

项　　目	内　　容		允 许 误 差/mm
轴线竖向投测	总高 H/m	$H \leqslant 30$	5
		$30 < H \leqslant 60$	10
		$60 < H \leqslant 90$	15
		$90 < H \leqslant 120$	20
		$120 < H \leqslant 150$	25
		$150 < H$	30
标高竖向传递	每层		+3
	总高 H/m	$H \leqslant 30$	±5
		$30 < H \leqslant 60$	±10
		$60 < H \leqslant 90$	±15
		$90 < H \leqslant 120$	±20
		$120 < H \leqslant 150$	±25
		$150 < H$	±30

4）柱子、桁架以及梁安装测量的偏差，不应超过表 14-19 的规定。

表 14-19　柱子、桁架和梁安装测量的允许偏差

测 量 内 容		允 许 偏 差/mm
钢柱垫板标高		±2
钢柱±0 标高检查		±2
混凝土柱（预制）±0 标高检查		±3
柱子垂直度检查	钢柱牛腿	5
	柱高 10m 以内	10
	柱高 10m 以上	$H/1000$，且 ≤20
桁架和实腹架、桁架和钢架的支架承接点间相邻高差的偏差		±5
梁间距		±3
梁锚垫板标高		±2

柱：H 为柱子高度（mm）。

5）构件预装测量的偏差，不应超过表 14-20 的规定。

表 14-20　构件预装测量的允许偏差

测 量 内 容	测量的允许偏差/mm
平台面抄平	±1
纵横中心线的正交度	$±0.8\sqrt{l}$
预装过程中的抄平工作	±2

注：l 为自交点起算的横向中心线长度的米数。长度不足 5m 时，以 5m 计。

6）附属构筑物安装测量的偏差，应不超过表 14-21 的规定。

表 14-21　附属构筑物安装测量的允许偏差

测　量　项　目	测量的允许偏差/mm
栈桥和斜桥中心线的投点	±2
轨面的标高	±2
轨道跨距的丈量	±2
管道构件中心线的定位	±5
管道标高的测量	±6
管道垂直度的测量	$H/1000$

注：H 为管道垂直部分的长度(mm)。

（3）水工建筑物施工测量

1）水工建筑物首级施工平面控制网的等级，应依据工程规模和建筑物的施工精度要求按照表 14-22 选用。

表 14-22　首级施工平面控制网等级的选用

工　程　规　模	混凝土建筑物	土石建筑物
大型工程	二等	二或三等
中型工程	三等	三或四等
小型工程	四等或一级	一级

2）水工建筑物的各等级施工平面控制网的平均边长，应符合表 14-23 的规定。

表 14-23　水工建筑物施工平面控制网的平均边长

等　　级	二　等	三　等	四　等	一　级
平均边长/m	800	600	500	300

3）对于水工建筑物施工高程控制网等级的选用，应符合表 14-24 的规定。

表 14-24　施工高程控制网等级的选用

工　程　规　模	混凝土建筑物	土石建筑物
大型工程	二等或三等	三等
中型工程	三等	四等
小型工程	四等	五等

4）填筑和混凝土建筑物轮廓点的施工放样偏差，不应超过表 14-25 的规定。

表 14-25 填筑及混凝土建筑物轮廓点施工放样的允许偏差

建筑材料	建筑物名称	允许偏差/mm	
		平面	高程
混凝土	主坝、厂房等各种主要水工建筑物	±20	±20
	各种导墙及井、洞衬砌	±25	±25
	副坝、围堰心墙、护堤、护坡、挡墙等	±30	±30
土石料	碾压式坝(堤)边线、心墙、面墙堆石坝等	±40	±30
	各种坝(堤)内设施定位、填料分界线等	±50	±50

注：允许偏差是指放样点相对于邻近控制点的偏差。

5) 建筑物混凝土浇筑和预制构件拼装的竖向测量偏差，不应超过表14-26的规定。

表 14-26 建筑物竖向测量的允许偏差

工程项目	相邻两层对接中心的相对允许偏差/mm	相对基础中心线的允许偏差/mm	累计偏差/mm
厂房、开关站的各种构架、主柱	±3	$H/2000$	±20
闸墩、栈桥墩、船闸、厂房等侧墙	±5	$H/1000$	±30

注：H 为建(构)筑物的高度(mm)。

6) 水工建筑物附属设施安装测量的偏差，不应超过表14-27的规定要求。

表 14-27 水工建筑物附属设施安装测量的允许偏差

设备种类	细部项目	允许偏差/mm		备　注
		平面	高程(差)	
压力钢管安装	始装节管口中心位置	±5	±5	相对钢管轴线和高程基点
	有连接的管口中心位置	±10	±10	
	其他管口中心位置	±15	±15	
平面闸门安装	轨间间距	-1~+4	—	相对门槽中心线
弧形门、人字门安装	—	±2	±3	相对安装轴线
天车、起重机轨道安装	轨距	±5		一条轨道相对于另一条轨道
	平行轨道相对高差	—	±10	
	轨道坡度	—	$L/1500$	

注：1. L 为天车、起重机轨道长度(mm)。

　　2. 垂直构件安装，同一铅垂线上的安装点点位中误差不应大于±2mm。

(4) 隧道施工测量

1) 隧道工程的相向施工中线在贯通面上的贯通误差，不应超过表14-28的规定。

表 14-28 隧道工程的贯通误差

类别	两开挖洞口间长度/km	贯通误差限差/mm
横向	$L<4$	100
	$4 \leqslant L<8$	150
	$8 \leqslant L<10$	200
高程	不限	70

注：作业时，可根据隧道施工方法和隧道用途的不同，当贯通误差的调整不会显著影响隧道中线几何形状和工程性能时，其横向贯通限差可适当放宽 1~1.5 倍。

2）隧道控制测量对贯通中误差的影响值，不应超过表 14-29 的规定。

表 14-29 隧道控制测量对贯通中误差影响值的限值

两开挖洞口间的长度 L/km	横向贯通中误差/mm				高程贯通中误差/mm	
	洞外控制测量	洞内控制测量		竖井联系测量	洞外	洞内
		无竖井的	有竖井的			
$L<4$	25	45	35	25	25	25
$4 \leqslant L \leqslant 8$	35	65	55	35		
$8 \leqslant L<10$	50	85	70	50		

3）隧道洞外平面控制测量的等级，应依据隧道的长度按表 14-30 选取。

表 14-30 隧道洞外平面控制测量的等级

洞外平面控制网类别	洞外平面控制网等级	测角中误差/″	隧道长度 L/km
GPS 网	二等	—	$L>5$
	三等	—	$L \leqslant 5$
三角形网	二等	1.0	$L>5$
	三等	1.8	$2<L \leqslant 5$
	四等	2.5	$0.5<L \leqslant 2$
	一级	5	$L \leqslant 0.5$
导线网	三级	1.8	$2<L \leqslant 5$
	四等	2.5	$0.5<L \leqslant 2$
	一级	5	$L \leqslant 0.5$

4）隧道洞内平面控制测量的等级，应根据隧道两开挖洞口间长度按照表 14-31 选取。

表 14-31 隧道洞内平面控制测量的等级

洞内平面控制网类别	洞内导线测量等级	导线测角中误差/″	两开挖洞口间长度 L/km
导线网	三等	1.8	$L \leqslant 5$
	四等	2.5	$2 \leqslant L<5$
	一级	5	$L<2$

5）隧道洞外、洞内高程控制测量的等级，应分别根据洞外水准路线的长度和隧道长度按表 14-32 选取。

表 14-32　隧道洞外、洞内高程控制测量的等级

高程控制网类别	等级	每千米高差全中误差/mm	洞外水准路线长度或两开挖洞口间长度 S/km
水准网	二等	2	$S>16$
	三等	6	$6<S\leqslant16$
	四等	10	$S\leqslant6$

4. 工程变形监测常用数据

（1）变形监测的等级划分及精度要求　变形监测的等级划分和精度要求，应符合表 14-33 的规定。

表 14-33　变形监测的等级划分及精度要求

等级	垂直位移监测		水平位移监测	适用范围
	变形观测点的高程中误差/mm	相邻变形观测点的高差中误差/mm	变形观测点的点位中误差/mm	
一等	0.3	0.1	1.5	变形特别敏感的高层建筑、高耸构筑物、工业建筑、重要古建筑。大型坝体、精密工程设施、特大型桥梁、大型直立岩体、大型坝区地壳变形监测等
二等	0.5	0.3	3.0	变形比较敏感的高层建筑、高耸构筑物、工业建筑、古建筑、特大型和大型桥梁、大中型坝体、直立岩体、高边坡、重要工程设施、重大地下工程、危害性较大的滑坡监测等
三等	1.0	0.5	6.0	一般性的高层建筑、多层建筑、工业建筑、高耸构筑物、直立岩体、高边坡、深基坑、一般地下工程、危害性一般的滑坡监测大型桥梁等
四等	2.0	1.0	12.0	观测精度要求较低的建（构）筑物、普通滑坡监测、中小型桥梁等

注：1. 变形观测点的高程中误差和点位中误差，是指相对于邻近基准点的中误差。

2. 特定方向的位移中误差，可取表中相应等级点位中误差的 $1/\sqrt{2}$ 作为限值。

3. 垂直位移监测，可根据需要按变形观测点的高程中误差或相邻变形观测点的高差中误差，确定监测精度等级。

（2）水平位移监测基准网

1）水平位移监测基准网的主要技术要求，应满足表 14-34 的规定。

表 14-34 水平位移监测基准网的主要技术要求

等　级	相邻基准点的点位中误差/mm	平均边长 L/m	测角中误差/″	测边相对中误差	水平角观测测回数	
					1″级仪器	2″级仪器
一等	1.5	≤300	0.7	≤1/300000	12	—
		≤200	1.0	≤1/200000	9	—
二等	3.0	≤400	1.0	≤1/200000	9	—
		≤200	1.8	≤1/100000	6	9
三等	6.0	≤450	1.8	≤1/10000	6	9
		≤350	2.5	≤1/80000	4	6
四等	12.0	≤600	2.5	≤1/80000	4	6

注：1. 水平位移监测基准网的相关指标，是基于相应等级相邻基准点的点位中误差的要求确定的。

2. 具体作业时，也可根据监测项目的特点在满足相邻基准点的点位中误差要求前提下，进行专项设计。

3. GPS 水平位移监测基准网，不受测角中误差和水平角观测测回数指标的限制。

2）水平位移监测基准网边长测距主要技术要求应满足表 14-35 的规定。

表 14-35 测距的主要技术要求

每边测回数	仪器精度等级	每边测回数		一测回读数较差/mm	单程各测回较差/mm	气象数据测定的最小读数		往返较差/mm
		往	返			温度/℃	气压/Pa	
一等	1mm 级仪器	4	4	1	1.5			
二等	2mm 级仪器	3	3	3	4	0.2	50	≤2(a+b×D)
三等	5mm 仪器	2	2	5	7			
四等	10mm 级仪器	4	—	8	10			

注：1. 测回是指照准目标一次，读数 2~4 次的过程。

2. 根据具体情况，测边可采取不同时间段代替往返观测。

3. 测量斜距，须经气象改正和仪器的加、乘常数改正后才能进行水平距离计算。

4. 计算测距往返较差的限差时，a、b 分别为相应等级所使用仪器标称的固定误差和比例误差系数，D 为测量斜距(km)。

（3）垂直位移监测基准网

1）垂直位移监测基准网的主要技术要求，应满足表 14-36 的规定。

表 14-36 垂直位移监测基准网的主要技术要求

等　级	相邻基准点高差中误差/mm	每站高差中误差/mm	往返较差或环线闭合差/mm	检测已测高差较差/mm
一等	0.3	0.07	$0.15\sqrt{n}$	$0.2\sqrt{n}$
二等	0.5	0.15	$0.30\sqrt{n}$	$0.4\sqrt{n}$
三等	1.0	0.30	$0.60\sqrt{n}$	$0.8\sqrt{n}$
四等	2.0	0.70	$1.40\sqrt{n}$	$2.0\sqrt{n}$

注：表中 n 为测站数。

2）垂直位移监测基准网水准观测的主要技术要求，应满足表 14-37 的规定。

表 14-37　水准观测的主要技术要求

等　级	水准仪型号	水准尺	视线长度/m	前后视的距离较差/m	前后视的距离较差累积/m	视线离地面最低高度/m	基本分划、辅助分划读数较差/mm	基本分划、辅助分划所测高差较差/mm
一等	DS05	因瓦	15	0.3	1.0	0.5	0.3	0.4
二等	DS05	因瓦	30	0.5	1.5	0.5	0.3	0.4
三等	DS05	因瓦	50	2.0	3	0.3	0.5	0.7
三等	DS1	因瓦	50	2.0	3	0.3	0.5	0.7
四等	DS1	因瓦	75	5.0	8	0.2	1.0	1.5

注：1. 数字水准仪观测，不受基、辅分划读数较差指标的限制，但测站两次观测的高差较差，应满足表中相应等级基、辅分划所测高差较差的限值。

2. 水准路线跨越江河时，应进行相应等级的跨河水准测量，其指标不受该表的限制。

（4）变形监测方法选择　变形监测的方法，应依据监测项目的特点、精度要求、变形速率以及监测体的安全性等指标，按表 14-38 选用。也可以同时采用多种方法进行监测。

表 14-38　变形监测方法的选择

类　别	监　测　方　法
水平位移监测	三角形网、极坐标法、交会法、GPS 测量、正倒垂线法、视准线法、引张线法、激光准直法、精密测（量）距、伸缩仪法、多点位移计、倾斜仪等
垂直位移监测	水准测量、液体静力水准测量、电磁波测距三角高程测量等
三维位移监测	全站仪自动跟踪测量法、卫星实时定位测量（GPS-RTK）法、摄影测量法等
主体倾斜	经纬仪投点法、差异沉降法、激光准直法、垂线法、倾斜仪、电垂直梁等
挠度观测	垂线法、差异沉降法、位移计、挠度计等
监测体裂缝	精密测（量）距、伸缩仪、测缝计、位移计、摄影测量等
应力、应变监测	应力计、应变计

（5）工业与民用建筑变形监测　工业与民用建筑变形监测项目，应依据工程需要按表 14-39 选择。

表 14-39　工业与民用建筑变形监测项目

项　目			主要监测内容	备　注
场地			垂直位移	建筑施工前
基坑	支护边坡	不降水	垂直位移	回填前
			水平位移	
		降水	垂直位移	降水期
			水平位移	
			地下水位	
	地基		基坑回弹	基坑开挖期
			分层地基土沉降	主体施工期、竣工初期
			地下水位	降水期

（续）

项 目		主要监测内容	备 注
场地		垂 直 位 移	建筑施工前
建筑物	基础变形	基础沉降	主体施工期竣工初期
		基础倾斜	
	主体变形	水平位移	竣工初期
		主体倾斜	
		建筑裂缝	发现裂缝初期
		日照变形	竣工后

（6）水工建筑物变形监测

1）水工建筑物变形监测项目应在符合工程需要和设计要求的基础上，按表 14-40 选择。

表 14-40　水工建筑物变形监测项目

阶 段	项 目		主要监测内容
施工期	高边坡开挖稳定性监测		水平位移、垂直位移、挠度、倾斜、裂缝
	堆石体监测		水平位移、垂直位移
	结构物监测		水平位移、垂直位移、挠度、倾斜、裂缝
	临时围堰监测		水平位移、垂直位移、挠度
	建筑物基础沉降观测		垂直位移
	近坝区滑坡监测		水平位移、垂直位移、深层位移
运行期	坝体	混凝土期	水平位移、垂直位移、挠度、倾斜、坝体表面接缝、裂缝、应力、应变等
		土石坝	水平位移、垂直位移、挠度、倾斜、裂缝等
		灰坝、尾矿坝	水平位移、垂直位移
		堤坝	水平位移、垂直位移
	涵闸、船闸		水平位移、垂直位移、挠度、裂缝张合变形等
	库首区、库区	滑坡体	水平位移、垂直位移、深层位移、裂缝
		地质软弱层	
		跨断裂（断层）	
		高边坡	

2）水工建筑物施工期变形监测的精度要求，不应大于表 14-41 的规定。

表 14-41　施工期变形监测的精度要求

项 目 名 称	位移量中误差/mm		备 注
	平面	高程	
高边坡开挖稳定性监测	3	3	岩石边坡
	5	5	岩土混合或土质边坡
堆石体监测	5	5	

（续）

项 目 名 称	位移量中误差/mm		备　注
	平面	高程	
结构物监测	根据设计要求确定		
临时围堰监测	5	10	
建筑物基础沉降观测	—	3	
裂缝观测	1	—	
	3	—	
近坝区滑坡监测	3	3	
	5~6	5	

注：1. 临时围堰位移量中误差是指相对于围堰轴线，裂缝观测是指相对于观测线，其他项目是指相对于工作基点而言。

　　2. 垂直位移观测，应采用水准测量；受客观条件限制时，也可采用电磁波测距三角高程测量。

3）混凝土水坝变形监测的精度要求，不应大于表 14-42 的规定。

表 14-42　混凝土水坝变形监测的精度要求

项　目			测量中误差
水平位移/mm	坝体	重力坝、支墩坝	1.0
		拱坝　径向	2.0
		拱坝　切向	1.0
	坝基	重力坝、支墩坝	0.3
		拱坝　径向	1.0
		拱坝　切向	0.5
垂直位移/mm			1.0
挠度/mm			0.3
倾斜/″	坝体		5.0
	坝基		1.0
坝体表面接缝、裂缝/mm			0.2

注：1. 中小型混凝土水坝的水平位移监测精度，可放宽一倍执行；土石坝，可放宽两倍执行。

　　2. 中小型水坝的垂直位移监测精度，小型混凝土水坝不应超过 2mm，中型土石坝不应超过 3mm，小型土石坝不应超过 5mm。

（7）地下工程变形监测　地下工程变形监测项目及内容，应根据埋深、地质条件、地面环境、开挖断面以及施工方法等因素综合确定。监测内容应根据工程需要和设计要求，按表 14-43 选择。

表 14-43　地下工程变形监测项目

阶　　段	项　　目		主要监测内容	
地下工程施工阶段	地下建(构)筑物基坑	支护结构	位移监测	支护结构水平侧向位移、垂直位移
				支柱水平位移、垂直位移
			挠度监测	桩墙挠曲
			应力监测	桩墙侧向水土压力和桩墙内力、支护结构界面上侧向压力、水平支撑轴力
		地基	位移监测	基坑回弹、分层地基土沉降
			地下水	基坑内外地下水位
	地下建(构)筑物	结构、基础	位移监测	主要柱基、墩台的垂直位移、水平位移、倾斜
				连续墙水平侧向位移、垂直位移、倾斜
				建筑裂缝
				底板垂直位移
			挠度监测	桩墙(墙体)挠曲、梁体挠度
			应力监测	倾向地层抗力及地基反力、地层压力、静水压力及浮力
	地下隧道	隧道结构	位移监测	隧道拱顶下沉、隧道底面回弹、衬砌结构收敛变形
				衬砌结构裂缝
				围岩内部位移
			挠度监测	侧墙挠曲
			地下水	地下水位
			应力监测	围岩压力及支护间应力、锚杆内力和抗拔力、钢筋格栅拱架内力及外力、衬砌内应力及表面应力
	受影响的地面建(构)筑物、地表沉陷、地下管线	地表面、地面建(构)筑物地下管线	位移监测	地表沉陷
				地面建筑物水平位移、垂直位移、倾斜
				地面建筑裂缝
				地下管线水平位移、垂直位移
				土体水平位移
			地下水	地下水位
地下工程运营阶段	地下建(构)筑物	结构、基础	位移监测	主要柱基、墩台的垂直位移、水平位移、倾斜
				连续墙水平侧向位移、垂直位移、倾斜

（续）

阶　段	项　目		主要监测内容	
地下工程运营阶段	地下建(构)筑物	结构、基础	位移监测	建筑裂缝
				底板垂直位移
			挠度监测	连续墙挠曲、梁体挠度
			地下水	地下水位
	地下遂道	结构、基础	位移监测	衬砌结构变形
				衬砌结构裂缝
				拱顶下沉
				底板垂直位移
			挠度监测	侧墙挠曲

（8）桥梁变形监测　桥梁变形监测的内容，应依据桥梁结构类型按表14-44选择。

表14-44　桥梁变形监测项目

类　型	施工期主要监测内容	运营期主要监测内容
梁式桥	桥墩垂直位移 悬臂法浇筑的梁体水平、垂直位移 悬臂法安装的梁体水平、垂直位移 支架法浇筑的梁体水平、垂直位移	桥墩垂直位移 桥面水平、垂直位移
拱桥	桥墩垂直位移 装配式拱圈水平、垂直位移	桥墩垂直位移 桥面水平、垂直位移
悬索桥斜拉桥	索塔倾斜、塔顶水平位移、塔基垂直位移 主缆线性形变(拉伸变形)索夹滑动位移 梁体水平、垂直位移散索鞍相对转动锚碇 水平、垂直位移	索塔倾斜、垂直位移　桥面水平、垂直位移
桥梁两岸边坡	桥梁两岸边坡水平、垂直位移	桥梁两岸边坡水平、垂直位移

细节：建筑工程测量技术资料

1. 施工测量放线报验申请

施工测量放线报验申请见表14-45。

表14-45　施工测量放线报验申请

工程名称：_____　　　　　　　　　　　　　　　　　　　　编号：_____

致：_____

我单位已完成了_____工作，现报上该工程报验申请表，请予以审查和验收。

附件：

（1）测量放线的部位及内容：

序号	工程部位名称	测量放线内容	专职测量员（岗位证书编号）	备注

（2）放线的依据材料____页。

（3）放线成果表____页。

承包单位（章）_____

项目经理_____

日期__ 年__月__日

审查意见：

项目监理机构_____

总/专业监理工程师_____

日期__ 年__月__日

填表说明：

1）附件收集：放线的依据材料，如"工程定位测量记录"与"楼层平面放线记录"等施工测量记录。

2）资料流程：由施工单位填写后报送监理单位，通过审批后返还，建设单位、施工单位及监理单位各存一份。

3）相关规定与要求：施工单位应在完成施工测量方案、红线桩的校核成果、水准点的引测成果及施工过程中各种测量记录后，并填写施工测量放线报验申请，报监理单位审核。

4）注意事项：测量员必须要由具有相应资格的技术人员签字，并填写岗位证书号。

2. 工程定位测量记录

工程定位测量记录见表14-46。

表 14-46 工程定位测量记录

编号：_____

工 程 名 称		委 托 单 位	
图纸编号		施测日期	
平面坐标依据		复测日期	
高程依据		使用仪器	
允许误差		仪器校验日期	
定位抄测示意图：			
复测结果：			

签字栏	建设(监理)单位	施工(测量)单位		测量人员岗位证书号		
		专业技术负责人		测量负责人		
		复测人		施测人		

填表说明：

1）附件收集：可以附水准原始记录。

2）资料流程：由施工单位填写，随相应的测量放线报验表进入资料流程。

3）相关规定与要求：

① 测绘部门按照建设工程规划许可证（附件）批准的建筑工程位置及标高依据，测定出建筑的红线桩。

② 施工测量单位应根据测绘部门提供的放线成果、红线桩及场地控制网（或建筑物控制网），测定建筑物位置、主控轴线及尺寸以及建筑物±0.000绝对高程，并填写工程定位测量记录报监理单位审核。

③ 工程定位测量完成后，应由建设单位报请政府具有相应资质的测绘部门申请验线，并填写建设工程验线申请报请政府测绘部门验线。

4）注意事项：

① "委托单位"填写建设单位或者总承包单位。

② "平面坐标依据、高程依据"由测绘院或建设单位提供，应以规划部门钉桩坐标作为标准，在填写时应注明点位编号，且同交桩资料中的点位编号一致。

5）本表由建设单位、监理单位、施工单位以及城建档案馆各保存一份。

3. 基槽验线记录

基槽验线记录见表14-47。

表 14-47 基槽验线记录

编号：_____

工 程 名 称		日　期	

验线依据及内容：
依据：

基槽平面、剖面简图（单位：mm）：

检查意见：

签字栏	建设（监理）单位	施工测量单位		
		专业技术负责人	专业质检员	施测人

填表说明：

1）附件收集：普通测量成果与基础平面图等。

2）资料流程：由施工单位填写，随相应部位的测量放线报验表进入资料流程。

3）相关规定与要求：施工测量单位应根据主控轴线及基槽底平面图，检验建筑物基底外轮廓线、集水坑、电梯井坑、垫层底标高（高程）、基槽断面尺寸及坡度等，填写基槽验线记录（表 14-47）并报监理单位审核。

4）注意事项：重点工程或者大型工业厂房应有测量原始记录。

5）本表由建设单位、施工单位以及城建档案馆各保存一份。

4. 楼层平面放线记录

楼层平面放线记录见表 14-48。

表 14-48 楼层平面放线记录

编号：_____

工 程 名 称		日 期	
放 线 部 位		放 线 内 容	

放线依据：

放线简图(单位：mm)：

检查意见：

签字栏	建设(监理)单位	施工单位		
		专业技术负责人	专业质检员	施测人

填表说明：

1）附件收集：可以附平面图。

2）资料流程：由施工单位填写，随相应部位的测量放线报验表进入资料流程。

3）相关规定与要求：楼层平面放线内容包括轴线竖向投测控制线、各层墙柱轴线、墙柱边线、门窗洞口位置线以及垂直度偏差等，施工单位应在完成楼层平面放线之后，填写楼层平面放线记录（表 14-48）并报监理单位审核。

4）注意事项："放线部位"和"放线依据"应详细、准确。

5）本表由施工单位保存。

5. 楼层标高抄测记录

楼层标高抄测记录见表 14-49。

表14-49   楼层标高抄测记录

编号：_____

工 程 名 称		日 期	
抄 测 部 位		抄 测 内 容	

抄测依据：

检查说明：

检查意见：

签 字 栏	建设(监理)单位	施工单位		
		专业技术负责人	专业质检员	施测人

填表说明：

1）附件收集：可附平面图和立面图。

2）资料流程：由施工单位填写，与相应部位的测量放线报验表进入资料流程。

3）相关规定与要求：楼层标高抄测内容包括楼层+0.5m(或+1.0m)水平控制线及皮数杆等，施工单位应在完成楼层标高抄测记录之后，填写楼层标高抄测记录(表14-49)报监理单位审核。

4）注意事项：基础及砖墙必须设置皮数杆，以此控制标高，借助水准仪校核(允许误差±3mm)。

5）本表由施工单位保存。

6. 建筑物垂直度、标高测量记录

建筑物垂直度及标高测量记录见表14-50。

表 14-50　建筑物垂直度、标高观测记录

编号：_____

工 程 名 称				
施 工 阶 段		观 测 日 期		

观测说明(附观测示意图)：

垂直度测量(全高)		标高测量(全高)	
观测部位	实测偏差/mm	观测部位	实测偏差/mm

结论：

签字栏	建设(监理)单位	施工单位		
		专业技术负责人	专业质检员	施测人

填表说明：

1) 资料流程：由施工单位填写，同相应部位的测量放线报验表进入资料流程。

2) 相关规定与要求：施工单位应在结构工程完成及工程竣工时，对建筑物进行垂直度测量记录及其标高全高进行实测并控制记录，填写建筑物垂直度、标高测量记录(表 14-50)报监理单位审核。超过允许偏差并且影响结构性能的部位，应由施工单位提出技术处理方案，并通过建设(监理)单位认可后进行处理。

3) 注意事项："专业技术负责人"栏内填写项目总工，"专业质检员"栏内填写现场质量检查员，"施测人"栏内填写具体测量人员。

4) 本表由建设单位与施工单位各保存一份。

附　录

实训一　水准仪的认识与操作

1. 实训目的

1）了解 DS_3 型水准仪的构造，熟悉各部件的名称、功能及作用。

2）初步掌握其使用方法，学会在水准尺上读数。

3）学会水准测量的观测步骤、记录和计算。

2. 实训器具

每组借领 DS_3 型水准仪 1 套，水准尺 1 对，尺垫 1 对，记录板 1 个，测伞 1 把。

3. 实训内容

1）熟悉 DS_3 型水准仪各部件的名称及作用。

2）学会使用圆水准器整平仪器。

3）学会瞄准目标，消除视差及利用望远镜的中丝在水准尺上读数。

4）学会测定地面两点间的高差，并计算高差。

4. 实训步骤

1）安置仪器：张开三脚架，使架头大致水平，高度适中，将脚架稳定（踩紧）。然后用连接螺旋将水准仪固定在三脚架上。

2）了解水准仪各部件的功能及使用

① 调节目镜，使十字丝清晰；旋转物镜调焦螺旋，使物像清晰。

② 转动脚螺旋使圆水准器气泡居中；转动微倾螺旋使水准管气泡居中或符合。

③ 用准星和缺口粗略照准目标；旋紧水平制动螺旋，转动水平微动螺旋精确照准目标。

3）精略整平练习：如附图 1a 所示的圆气泡处于 e 处而不居中。为使其居中，先按图中箭头的方向转动①、②两个脚螺旋，使气泡移动到 e' 处，如附图 1b 所示；再用右手按附图 1b 中箭头所指的方向转动第三个脚螺旋③，使气泡再从 e' 处移动到圆水准器的中心位置。一般需反复操作 2~3 次即可整平仪器。操作熟练后，三个脚螺旋可一起转动，使气泡更快地进入网圈中心。

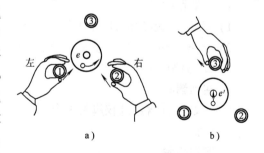

附图 1　概略整平方法

4）读数练习：概略整平仪器后，用准星和缺口瞄准水准尺，旋紧水平制动螺旋。分别调节目镜和物镜调焦螺旋，使十字丝和物像都清晰。此时物像已投影到十字丝平面上，视差已完全消除。转动微倾螺旋，使十字丝竖丝对准尺面，转动微倾螺旋精平，用十字丝的中丝读出米数、分米数和厘米数，并估读到毫米，记下四位读数。

5）高差测量练习

① 在仪器前后距离大致相等处各立一根水准尺，分别读出中丝所截取的尺面读数，记录并计算两点间的高差。

② 不移动水准尺，改变水准仪的高度，再测两点间的高差，两点间的高差值不应大于5mm。

5. 注意事项

1）安置测站应使前、后视距离大致相等。

2）瞄准水准尺一定要消除视差。

3）每次读数前，应使水准管气泡严格居中。读数时，水准尺要严格扶直，不得前、后、左、右倾斜，读数读至毫米。

4）临时水准点为已知高程点，不要放尺垫。待定点 P 也不要放尺垫。转点要放尺垫，观测时将水准尺放在尺垫半圆球的顶点上。

5）每站测完后，应立即计算，如两次高差值之差超出8mm，应立即重测。合乎要求后，后尺才可搬动，前尺不能挪动，以确保转点位置不变。

6）全程测完后，应当场计算高差闭合差，如超限应重测。

6. 应交作业

水准测量记录表格，并回答下列问题。

1）如何进行水准仪精平？为什么第一次旋转一对脚螺旋，第二次只能旋转另一个脚螺旋，而不是一对脚螺旋？

2）圆水准器气泡居中和管水准器气泡符合分别达到什么目的？

3）为什么在读完后视读数后，望远镜转到前视时，还必须重新调整管水准器气泡居中才能读数？

4）什么叫转点？本次实习哪几个点是转点？它在水准测量中起什么作用？

实训二 经纬仪的认识及水平角测量

1. 实训目的

1）认识 J_6 级经纬仪的基本构造及各螺旋的名称与功能。

2）练习经纬仪对中、整平、瞄准与读数的方法，掌握其操作要领。

3）练习测回法测量水平角。

2. 实训器具

经纬仪1台(含经纬仪脚架1个)，记录夹1个，班组领标杆3根，每人准备水平角观测记录表1张。

3. 实训步骤

（1）认识经纬仪

1）照准部：包括望远镜及其制动、微动螺旋，水平制动和微动螺旋，竖盘，管水准器，圆水准器以及读数设备(DJ6-1型与TDJ6型读数设备不同，以TDJ6型为主)。

DJ6-1型仪器有复测器扳手(度盘离合器)。

TDJ6型仪器有光学对中器及竖盘指标自动归零开关(或称补偿器开关)以及度盘变换螺

旋(或称拨盘螺旋)。

2）度盘部分：玻璃度盘，从 0°~360° 顺时针刻划，DJ6-1 型的最小刻划为 30′，TDJ6 型的最小刻划为 1°。

3）基座部分：有脚螺旋、轴座固定螺旋(不可随意旋松，以免仪器脱落)。

（2）经纬仪的安置

1）在地面上作一标志，可在水泥地上画十字作为测站点。

2）松开三脚架，安置于测站上，使高度适当，架头大致水平。打开仪器箱，手握住仪器支架，将仪器取出，置于架头上。一手紧握支架，一手拧紧连接螺旋。

3）对中：挂上垂球，平移三脚架，使垂球尖大致对准测站点，并注意架头水平，用脚踩固定三脚架。对中差较小(1~2cm)时，可稍松连接螺旋，两手扶住基座，在架头上平移仪器，使垂球尖端准确对准测站点，误差不超过 3mm。

TDJ6 型照准部有光学对中器，用这种仪器对中步骤如下：

① 用垂球对中：首先使三脚架面要基本安平，并调节基座螺旋大致等高，然后悬挂垂球对中。

② 粗平：圆水准器气泡居中，以便使仪器的竖轴基本竖直。

③ 操作光学对中器：旋转光学对中器的目镜使分划板分划圈清晰，推拉目镜筒看清地面的标志。略松中心连接螺旋，在架头上平移仪器(尽量不转动仪器)，直到地面标志中心与对中器分划中心重合，最后旋紧连接螺旋。这样做可保证对中误差不超过 1mm。

④ 整平：松开水平制动螺旋，转动照准部，使水准管平行于任意一对脚螺旋的连线，两手同时向内(或向外)转动这两只脚螺旋，使气泡居中。然后，将仪器绕竖轴转动 90°，使水准管垂直于原来两脚螺旋的连线，转动第三只脚螺旋，使气泡居中。如此反复操作，以使仪器在该两垂直的方向，气泡均为居中时为止。

（3）起始目标配置度盘为 0°00′00″ 的方法

1）DJ6-1 型经纬仪调为 0°00′00″ 的操作步骤。

① 扳上复测器扳手，首先转动测微轮，使测微尺上读数为 0′0″。

② 旋转照准部，边看水平度盘的度数，边旋转照准部，当靠近 0° 时，固定水平制动螺旋，旋转水平微动螺旋，使 0° 分划平分双指标线，当达到准确对准 0°00′00″ 时，扳下复测器扳手，此时度盘读数应保持住 0°00′00″。

③ 松开水平制动螺旋，望远镜精确瞄准左目标 A。

2）TDJ6 型经纬仪对 0°00′00″ 的步骤。

① 将望远镜精确瞄准左目标 A。

② 把拨盘螺旋的杠杆按下并推进螺旋，接着旋转拨盘螺旋使度盘的 0 分划线对准分微尺的 0 分划线，立即放松。

③ 再按一下杠杆，此时拨盘螺旋弹出，确保度盘处于正确的方位。

（4）瞄准目标的方法　先用望远镜上瞄准器粗略瞄准目标，然后再从望远镜中观看，若目标位于视场内，则固定望远镜制动螺旋和水平制动螺旋，仔细调物镜对光螺旋使目标影像清晰，并消除视差，再调望远镜和水平微动螺旋，使十字丝的纵丝单丝平分目标(或将目标夹在双丝中间)，直到准确瞄准目标。

（5）读数方法　TDJ6 型经纬仪属于分微尺测微器读数法，分微尺的长度正好是度盘 1°

分划间隔，分微尺的 0~60，表示 0'~60'，共 60 小格，每格为 1'，分微尺的 0 分划线就是读数指标线，0 分划线的位置就是读数的位置，先读整度数，再从 0 向整度分划线数有几个小格，估读到 0.1'，即 6"。

(6) 水平角测量方法　测回法测量水平角 $\angle AOB$ 步骤如下。

① 安置仪器于 O 点，对中，整平，垂球对中误差应小于 3mm，用光学对中器，应达到 1mm。整平不超过 1 格。

② 以正镜(盘左)位置，起始目标 A 对 0°00′00″(或略大于 0°)开始观测。读记水平度盘读数 a_1。

③ 观测右目标 B。当上一步完成左目标 A 观测之后(对于 DJ6-1 型，应先扳上复测器扳手,对于 TDJ6 型无此项操作)，松开水平制动螺旋，顺时针转照准部，瞄准右侧目标 B，读记水平度盘读数 b_1，求出上半测回(盘左)水平角角值 $\beta_左$ 为

$$\beta_左 = b_1 - a_1$$

④ 松望远镜和水平制动螺旋，纵转望远镜，逆时针旋转照准部以倒镜(盘右)位置瞄准目标 B，读记水平度盘读数 b_2。

⑤ 逆时针转动照准部瞄准目标 A，读记水平盘读数 a_2。求出下半测回(盘右)水平角角值 $\beta_右$ 为

$$\beta_右 = b_2 - a_2$$

上半测回角值与下半测回角值之差不应超过 40″，在限差范围内，取其平均值作为一测回角值 β。

4. 注意事项

1) 只有在盘左位置时，对起始目标度盘配置某一度数开始观测，盘右不得再重新配置，以确保正倒观测时，水平度盘位置不变。

2) 对于 TDJ6 仪器，用拨盘螺旋配置好度数之后，切勿忘记按一下杠杆，以使拨盘螺旋弹出。

3) 转动照准部之前，切记应先松开水平制动螺旋，否则会带动度盘，并会对仪器造成机械磨损。

5. 应交作业

每人应交测回法记录表，并回答下列问题。

1) 分别叙述 DJ6-1 型和 TDJ6 型经纬仪，起始目标水平度盘配置 90°00′00″ 的步骤。

2) 计算水平角时，为什么要用右目标读数减左目标读数(即箭头减箭尾)？如果不够减应如何计算？

3) 为什么使用光学对中器对中时，经纬仪必须先粗平？

实训三　视距测量

1. 实训目的

1) 学会视距测量的观测、记录和计算。

2) 掌握视距测量原理及误差。

2. 实训器具

经纬仪 1 台, 水准尺 1 根, 小钢直尺 1 个, 记录板 1 块, 测伞 1 把。

3. 实训内容

练习经纬仪视距测量的观测与记录。

4. 实训要求

1) 每人测量周围 4 个固定点, 将观测数据记录在实验报告中, 并用计算器算出各点的水平距离与高差。

2) 水平角、竖直角读数到分, 水平距离和高差均计算至 0.1m。

5. 实训步骤

1) 在测站上安置经纬仪, 对中、整平后, 量取仪器高 i(精确到 cm), 设测站点地面高程为 H_0。

2) 选择若干个地形点, 在每个点上立水准尺, 读取上、下丝读数、中丝读数 v(可取与仪器高相等, 即 $v=i$)、竖盘读数 L 并分别记入视距测量手簿。竖盘读数时, 竖盘指标水准管气泡应居中。

3) 用公式 $D=kl\sin^2 L$ 及 $h=D/\tan L+i-v$ 计算平距和高差。用下列公式计算高程。

$$H_i = \frac{H_0+D}{\tan L}+i-v$$

6. 注意事项

1) 视距测量前应校正竖盘指标差。

2) 标尺应严格竖直。

3) 仪器高度、中丝读数和高差计算精确到厘米、平距精确到分米。

4) 一般用上丝对准尺上整米读数, 读取下丝在尺上的读数, 心算出视距。

7. 应交作业

每人上交视距测量实训报告一份。

实训四 全站仪的操作与使用

1. 实训目的

1) 掌握全站仪的常规设置和基本操作。

2) 熟悉一种全站仪的测距、测角、坐标测量等功能。

2. 实训器具

全站仪 1 台, 棱镜 2 个, 木桩 2 个, 斧头 1 把, 记录板 1 块, 测伞 1 把。

3. 实训内容

1) 全站仪的构造。

2) 全站仪的基本操作与使用。

3) 进行水平角、距离、坐标测量。

4. 实训步骤

(1) 全站仪构造详解(OTS 全站仪为例)

1) 全站仪部件。

全站仪除键盘、显示屏外, 其他部件的功能与经纬仪同类部件均相同。

如附图2所示为OTS系列全站仪的键盘和显示屏。按压各个键，其结果均在显示屏上显示。使用操作全站仪，必须熟悉各个键的功能及操作方法。

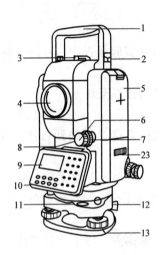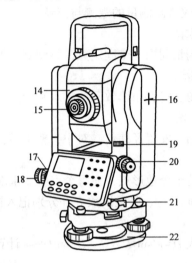

附图2 OTS全站仪的部件

1—提手 2—提手固定螺钉 3—粗瞄准器 4—物镜 5—电池盒 6—竖盘微动螺旋 7—竖盘制动螺旋 8—长水准器 9—显示屏 10—按键 11—圆水准器 12—基座锁紧扳手 13—脚螺旋 14—调焦螺旋 15—目镜 16—横轴中心 17—水平制动螺旋 18—水平微动螺旋 19—仪器号码 20—下对点器 21—RS232C接口 22—基座 23—仪器型号

2）键盘的功能及使用方法如下所述：

① F1、F2、F3、F4键：与显示屏显示第四排文字信息相对应的键。如附图3所示，F1键对应"瞄准"，F2键对应"记录"、F4键对应 P_1。

② ◄、►、▲、▼键：使显示的项目、数据、符号等左移、右移、上移、下移。

③ MENU键：菜单键，进入主菜单模式。

④ DISP键：切换键，切换角度、斜距、平距和坐标的测量模式。

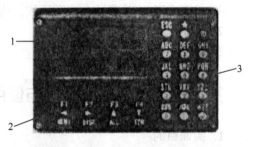

附图3 OTS全站仪的显示屏和键盘

1—显示屏 2—功能键（软键） 3—数字及字母键

⑤ ALL键：一键启动测量并记录。

⑥ EDM键：设置测距条件及模式的菜单。

⑦ ▮：显示屏上电池容量表示符号。如为▮、▯、▯，均表示有电，可以操作；如为▯，表示电池容量不足。当黑色部分很少时，仪器将发出连续蜂鸣声，应立即关机，更换电池或充电，以免丢失数据。

如仪器系用可充电的电池，应用配套的充电器插入电池盒插孔，充电器红灯亮，表示开始充电。当红灯快速闪亮时，表示充电完成，拔下插头，即可继续操作。

⑧ ESC键：退出各种菜单的功能。

⑨ 1、2、3、…8、9、0：数字键。

⑩ A、B、C、…X、Y、Z：英语字母键。

⑪ ★：夜照明开关键。

⑫ ●：电源开关键(红色)。

显示屏上显示符号的意义如下。

① VZ：天顶距。

② VH：高度角，又叫竖角、垂直角。

③ HR：水平角的右角(顺时针增加度数)。

④ HL：水平角的左角(逆时针增加度数)。

⑤ SD：倾斜距离。

⑥ HD：水平距离。

⑦ VD：高差。

⑧ N：北向坐标。

⑨ E：东向坐标。

⑩ Z：高程。

⑪ P_1、P_2、P_3：第1页、第2页、第3页。

还有一些符号，需用时，可查阅 OTS 系列全站仪说明书。

3）OTS 电子全站仪的主要技术指标：

① 望远镜筒长：158mm。

② 成像：正像。

③ 放大倍率：30×。

④ 最短视距：1.7m。

⑤ 可测到的测程：在良好天气条件时，无棱镜的白色反射面为 0.2~60m；专用 30mm×30mm 反光片为 1.0~500m；专用 60mm×60mm 反光片为 1.0~700m；单反光棱镜(附觇牌)为 1.0~5000m。

⑥ 精测测距精度：±3mm±3×10^{-6}×D。

⑦ 电池(仪器附专用电池)：7.2V，DC(可充电 Ni-MH 电池)，两只，可轮换使用。

⑧ 水准器角值：圆水准器为 8′/2mm；长水准器(水准管)为 30″/2mm。

⑨ 仪器尺寸：高 360mm、宽 160mm、长 155mm。

⑩ 仪器质量(带电池)：小于 5.3kg。

4）OTS 系列电子全站仪应选配的附件。

① 反光棱镜：附有反光片。与光电测距仪的反光棱镜相同。尺寸有 30mm×30mm 及 60mm×60mm 两种。

② 对中杆及脚架：也与光电测距仪附件相同。

按[电源]键开机显示以前设置的温度和气压。上下转动望远镜进入基本测量状态(绝对编码度盘不需此项操作)。

(2) 角度测量　角度测量是测定测站至两目标间的水平夹角，同时可测定相应视线的天顶距，设地面上有 A、B、C 三点，A 为测站点，测定角 BAC 的步骤如下：

1）在测站点安置仪器，开机进入基本测量模式。

2）将仪器望远镜瞄准起始目标点 B。

3）按[角度]键全站仪显示角度测量菜单，将起始方向值置于零。

4) 将全站仪望远镜瞄准目标点 C，全站仪屏幕即显示所测角度。

5) 在水平角测量时可以将起始方向置于零，也可以将起始方向设置于所需的方向值，其方法是在照准第一目标后，在基本测量模式下按[角度]键全站仪显示角度测量菜单，输入所需的方向值后按回车键即可。输入格式为：例如，角度值为 90°02′06″ 时应输入 90.0206。

（3）距测量　在进行距离测量之前应进行目标高输入、气象改正、棱镜类型设定、棱镜常数值设定、测距模式设置并观察返回信号的大小，然后才能进行距离测量。

1) 目标高输入和气象改正。

① 目标高输入。在基本测量状态下选第一项目标高，按相应数字键输入目标高。输入格式为：例如，目标高为 1.230m 时应输入 1.230，按回车键确认。

② 气象改正。先测出当时的温度和气压值，然后输入到全站仪中，全站仪会自动计算大气改正值(也可以直接输入大气改正值)，并对测距结果进行改正。

2) 测距。用望远镜十字丝精确照准棱镜上的觇牌，按[测量]键，距离测量开始，经数秒即可测出距离并显示在屏幕上，屏幕上显示斜距、平距和高差。

全站仪的测距模式有精测模式、跟踪模式和粗测模式三种。精测模式是目前最常用的测距模式，最小显示单位为1cm，测量时间约2s；跟踪模式常用于跟踪移动目标或放样时连续测距，最小显示单位为1cm，测量时间约0.2s；粗测模式测量时间约0.4s。在距离测量或坐标测量时可采用不同的测距模式。

（4）建站

1) 已知点建站。将全站仪所在已知点的数据和后视点的数据输入全站仪(要求输入测站点点号、坐标、代码、仪器高)，以便全站仪调用内部坐标测量和施工放样程序，进行坐标测量和施工放样。当全站仪在已知点上架设时，必须选择第一项进行建站，否则全站仪默认上一个已知点的数据，测出的坐标和放样数据都是错误的。

2) 快速建站。选择快速项，是将全站仪架设在未知点上，默认 $X=0$、$Y=0$、$Z=0$；也可将全站仪架设在已知点上进行建站。对于后视可有可无，方位角也可假定，是一种独立坐标系的建站。

实训五　民用建筑物定位测量

1. 实训目的

掌握民用建筑物定位测量的基本方法。

2. 实训器具

J_6 经纬仪 1 台，卷尺 1 个，标杆 2 个，记录夹 1 个，斧头 1 把，木桩 8 个。

3. 实训步骤

如附图 4 所示，西边为原有的旧建筑物，东边为待建的新建筑物。假设新建筑物轴线 AB 在原建筑物轴线 MN 的延长线上。两建筑物的间距及新建筑物的长与宽，根据场地大小由教师规定。实习步骤如下。

1) 引辅助线：作 MN 的平行线 M′N′，即为辅助线。做法是：

先沿现有建筑物外墙面 PM 与 QN 墙面向外量出 MM′ 与 NN′，大约 1.5~2.0m，并使

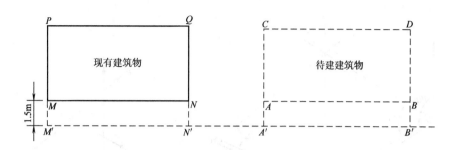

附图 4　民用建筑物定位测量

$MM' = NN'$，在地面上定出 M' 和 N' 两点，定点需打木桩，桩上钉钉子，以表示点位。连接 M' 和 N' 两点即为辅助线。

2）经纬仪置于 M' 点，对中整平，照准 N' 点，然后沿视线方向，根据图纸上所给的 NA 尺寸（要注意如图上给出的是建筑物间距,还应化为现有建筑物至待建建筑物轴线间距,并查待建建筑物长 AB。本次实习由教师规定），从 N' 点用卷尺量距依次定出 A'、B' 两点，地面打木桩，桩上钉钉子。

3）仪器置于 A' 点，对中整平，测设 90°角在视线方向上量 $A'A = M'M$，在地面打木桩，桩顶钉钉子定出 A 点。再沿视线方向量新建筑物宽 AC，在地面打木桩，桩顶钉钉子定出 C 点。注意，需用盘右重复测设，取正倒镜平均位置最终定下 A 点和 C 点。

同样方法，仪器置于 B' 点测设 90°，定出 B 点与 D 点。

4）检查 C、D 两点之间距离应等于新建筑物的设计长，距离误差允许为 1/2000。在 C 点和 D 点安置经纬仪测量角度应为 90°，角度误差允许为±30″。

实训六　用前方交会法测设点的平面位置

1. 实训目的

掌握用前方交会法测设点的平面位置的方法。

2. 实训器具

经纬仪、花杆、测钎、钢直尺、木桩、计算器（自备）、记录板、测伞 1 把。

3. 实训内容

1）计算点的平面位置的（前方交会法）放样数据。

2）用前方交会法放样的方法、步骤。

4. 实训要求

如附图 5 所示。

1）按所给的假定条件和数据，先计算出放样元素 α_{AP_1}、α_{BP_1}、β_{1_1}、β_{1_2}、α_{AP_2}、α_{BP_2}、β_{2_1}、β_{2_2}（施工放样中,β_{1_1}、β_{1_2}、β_{2_1}、β_{2_2} 分别相当于附图 5 中的 β_1、β_2、β_3、β_4）。

2）根据计算出的放样元素进行测设，要求每组测设两个点。

3）计算完毕和测设完毕后，都必须进行认真的校核。

5. 实训步骤

1）在现场选定两点 A、B 在一条直线上，将经纬仪安置在 $A(10.000,10.000)$ 点，用钢

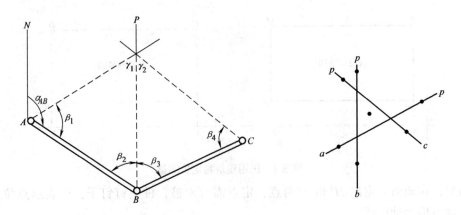

附图 5　前方交会法测设 P 点

直尺量出 $B(10.000, 30.000)$ 点。

2）已知建筑物轴线上点 P_1 和点 P_2 的距离为 2.000m，其设计坐标为：$P_1(20.000, 20.000)$，$P_2(20.000, 22.000)$。

3）计算点 P_1 和点 P_2 的放样数据。

4）进行测设。

6. 应交作业

每人上交用前方交会法测设点的平面位置的实训报告一份。

参 考 文 献

[1] 中华人民共和国住房和城乡建设部. GB 50026—2007 工程测量规范[S]. 北京：中国计划出版社，2007.

[2] 中华人民共和国国家质量监督检验检疫总局. GB/T 18314—2009 全球定位系统(GPS)测量规范[S]. 北京：中国标准出版社，2009.

[3] 合肥工业大学，等. 测量学[M]. 3 版. 北京：中国建筑工业出版社，1990.

[4] 王侬，过静珺. 现代普通测量学[M]. 北京：清华大学出版社，2001.

[5] 张文春，李伟东. 土木工程测量[M]. 北京：中国建筑工业出版社，2002.

[6] 吴来瑞，邓学才. 建筑施工测量手册[M]. 北京：中国建筑工业出版社，1997.

[7] 王广进. 测量放线工[M]. 北京：中国建筑工业出版社，1989.

[8] 王根虎. 建筑施工测量[M]. 呼和浩特：内蒙古大学出版社. 1996.